U0241347

纺织科学与工程学科研究生试用教材

纺织品功能整理

田俊莹　杨文芳　牛家嵘　等编著

中国纺织出版社

内 容 提 要

《纺织品功能整理》是纺织化学与染整工程专业研究生教材，内容包括功能整理的发展状况、安全防护功能整理、卫生保健功能整理、舒适性功能整理、环境友好型功能整理技术、功能整理的评价与标准以及功能整理的最新研究进展七大部分。其中安全防护功能整理主要介绍阻燃整理、防紫外线整理、防辐射整理、拒水拒油整理等；卫生保健功能整理主要包括抗菌整理、皮肤保健整理、负离子保健整理和远红外保健整理等；舒适性功能整理主要包括防水透湿整理、吸湿排汗快干整理、蓄热保温整理等；环境友好型功能整理技术主要包括生物酶整理技术、涂层整理技术和泡沫整理技术；功能整理评价方法与标准主要包括各种功能整理效果的评价方法与标准。本书系统论述各种特殊功能的整理方法、原理、整理剂的结构与性能、整理工艺以及整理效果的评价方法。本书的编写在注重内容丰富的同时，强调理论知识和实际应用相结合，注重培养学生实际应用能力和分析问题、解决问题的能力，适应 21 世纪对培养高素质纺织染整专业人才的需求。

图书在版编目（CIP）数据

纺织品功能整理/田俊莹等编著. —北京：中国纺织出版社，2015.10（2024.8重印）

纺织科学与工程学科研究生试用教材

ISBN 978 – 7 – 5180 – 1979 – 3

Ⅰ. ①纺… Ⅱ. ①田… Ⅲ. ①织物整理—研究生—教材 Ⅳ. ①TS195

中国版本图书馆 CIP 数据核字（2015）第 221304 号

策划编辑：孔会云　　责任编辑：朱利锋　　责任校对：王花妮
责任设计：何　建　　责任印制：何　建

中国纺织出版社出版发行

地址：北京市朝阳区百子湾东里 A407 号楼　邮政编码：100124

销售电话：010—67004422　传真：010—87155801

http：//www.c-textilep.com

中国纺织出版社天猫旗舰店

官方微博 http：//weibo.com/2119887771

北京虎彩文化传播有限公司印刷　各地新华书店经销

2024 年 8 月第 6 次印刷

开本：787×1092　1/16　印张：15.5

字数：273 千字　定价：48.00 元

前言

　　随着科学技术的发展和人们生活水平的提高，纺织品的作用不再局限于遮蔽、保暖功能，人们希望纺织品具有更好的舒适性或具有某些特殊功能，比如拒水拒油、防电磁辐射、防紫外线等防护功能，吸湿排汗、抗菌防臭、亲肤护肤等舒适性和卫生保健功能。因此，纺织品功能整理越来越受到人们的关注，功能整理是纺织品加工的一个崭新的发展领域，纺织品经过功能整理，不仅满足人们对美观和舒适性的要求，而且赋予纺织品特殊功能性；不仅满足人们在不同场合或特殊工作环境下穿着的要求，而且拓宽了纺织产品的应用领域。同时，功能整理产品在国际纺织品市场上属于高端纺织品，增长速度大于传统纺织品，功能整理是提高印染产品市场竞争力和产品附加价值的重要途径。

　　本书系统地介绍了安全防护功能整理、卫生保健功能整理、舒适性功能整理、环境友好型功能整理技术、功能纺织品的评价与标准以及功能整理的最新研究进展。其中安全防护功能整理主要介绍阻燃整理、防紫外线整理、防辐射整理、拒水拒油整理等；卫生保健功能整理主要包括抗菌整理、皮肤保健整理、负离子保健整理和远红外保健整理等；舒适性功能整理主要包括防水透湿整理、吸湿排汗快干整理、蓄热保温整理等；环境友好型功能整理技术主要包括生物酶整理技术、涂层整理技术和泡沫整理技术；功能整理评价方法与标准主要包括功能整理效果的评价方法与标准。本书系统论述各种特殊功能的整理方法、原理、整理剂的结构与性能、整理工艺等，既可以作为生产企业、研究机构从事功能纺织品开发人员的参考书，也可以作为高校师生的教学参考书。

　　本书共分为八章，其中第一章、第八章由田俊莹编写；第二章、第三章、第四章由田俊莹、杨文芳、牛家嵘、何天虹编写；第五章由巩继贤编写；第六章由霍瑞亭编写；第七章由杨文芳编写。本书由田俊莹负责全书的修改和统稿。

　　随着纺织技术的发展，新技术、新材料不断出现，纺织品功能整理的种类和工艺方法也在日新月异，功能纺织品的性能在不断提高，应用范围也在不断扩大。本书在编写过程中虽然参阅了大量的文献资料，收集了关于纺织品功能整理的各种新技术成果的资料，并结合作者长期教学和科研工作实践，力求准确、全面地对纺织品的各种功能整理进行论述和讨论，但由于作者水平有限，难免有遗漏、不足和错误之处，资料收集也有不完善之处，敬请专家和读者批评指正。

田俊莹

2015 年 6 月

　　本课程设置的意义　纺织品功能整理是纺织化学与染整工程专业硕士研究生的一门重要的专业课，内容主要包括阻燃整理、防紫外线整理、防辐射整理、拒水拒油整理；抗菌整理、皮肤保健整理、负离子保健整理、远红外保健整理；防水透湿整理、吸湿排汗快干整理、蓄热保温整理；生物整理技术、涂层整理技术和泡沫整理技术。通过这门课程的学习，使学生系统掌握纺织品功能整理的专业知识，了解功能整理在纺织品加工中的重要性。

　　本课程教学建议　纺织品功能整理作为纺织化学与染整工程专业硕士研究生的学位课，建议安排 40 学时，其中防护功能整理、护肤保健功能整理和舒适性功能整理是本课程的重点内容，其他部分可作为学生自学内容。

　　本课程教学目的　通过本课程学习，使学生系统掌握纺织品各种功能整理的方法和原理；基本掌握典型整理剂的结构与性能、整理工艺及整理效果的评价方法；了解各种功能整理的研究进展与发展方向。为今后从事织物功能整理技术的研发及生产奠定理论基础。

　　（说明：本课程指导仅供参考，各学校可根据实际教学情况进行适当的调整。）

目录

第一章 纺织品功能整理概述

本章知识点

1. 纺织品功能整理的定义和分类
2. 纺织品功能整理的方法
3. 纺织品功能整理新技术

一、纺织品功能整理的定义

纺织品功能整理是为了满足纺织品某些特殊使用要求而赋予纺织品新的特殊功能的整理加工方法，以适应生产、生活、科学技术等方面的需要，扩大应用范围，提高服用性能，延长使用寿命。从广义上讲，功能整理是赋予纺织品通常不具备的特殊服用性能的物理和化学加工，是纺织品加工的组成部分，是提升纺织品附加值的重要手段。按照功能分类，纺织品功能整理可分为耐久压烫整理、阻燃整理、拒水拒油整理、抗静电整理、防辐射整理、抗菌防臭整理、加香整理等。

二、纺织品功能整理的目的

纺织品功能整理的目的是提高纺织品固有的品质或赋予纺织品特殊功能性，从而提高纺织品的附加值，并拓宽其应用领域。科技发展给人们生活带来便利的同时，给人们生产、生活带来潜在的危险性，如随着人类信息化技术的发展，移动电话、计算机、微波炉、电磁炉、电视机等电子产品在人们日常生活中日益普及，在使用过程中都会产生不同波长和频率的电磁波，而电磁波的脉冲辐射会对人类心血管系统、神经系统、免疫系统等造成伤害。因此，通过功能整理赋予纺织品各种特殊功能性，可减少或消除各种危险因素对人体的伤害。

此外，随着各项科学技术的发展，新型功能纺织品在科技、航空、国防、医学、工业、建筑等领域发挥着越来越多的用途。

三、纺织品功能整理的发展

健康和环保是 21 世纪人们生活的主题，人们对纺织品的要求越来越高，个性化、高档化、功能性纺织品已成为纺织品的发展趋势。功能整理技术从简单的化学整理，发展到目前的高新技术，如纳米技术、微胶囊技术、生物技术等。生产各种功能性纺织品，需要在纺织品整理中注入许多高新整理技术，如等离子体整理、防水透湿整理、抗菌除臭整理、纳米材料整理等新型整理技术，整理新技术的不断提高，对促进功能性纺织品的开发，起到至关重要的作用。最近几年，纺织品整理技术发展异常迅猛。

1. 表面处理技术

涂层技术是近年来发展比较活跃的表面处理技术，涂层整理是在织物表面均匀地涂布功能性高聚物，赋予织物某种功能的表面整理技术。涂层整理中，整理剂不渗入织物内部，能保持织物柔软的特点。涂层整理的主要目的是改变织物的外观和风格。根据涂层材料和整理剂的不同可使织物增加许多新的功能，如防水、透湿、防污、防霉、防静电、防紫外线、抗辐射、耐磨、防油、阻燃等。涂层加工后不经水洗，没有污水排放问题，染色与涂层可以一步完成，效率高，生产简便，节约能源，不受纤维种类的限制，适用于各种纤维织物加工。

2. 化学功能整理技术

纺织品化学整理是具有特定功能的整理剂与纤维作用，它们之间可能发生共价键结合，也可能是离子键、配位键、氢键或范德华力结合，甚至可以是借助黏合剂将整理剂固着在纤维上。纺织品的化学整理具有以下特点：一是使用合成的化学品；二是整理效果的耐久性；三是能赋予纺织品新的服用功能。最近几年化学功能整理发展很快，主要表现在气候适应功能整理（温度保持、防水透湿、防风拒水等），运动休闲功能（柔软、弹性、吸湿散热、抗拉伸与撕破等），卫生保健与医疗功能（防污、抗菌、保健与皮肤护理、芳香治疗、负离子生成等），易护理功能（机可洗、快干、免烫等）和防护功能（抗静电、阻燃、隔热、介质防护、辐射防护等）。

3. 复合功能整理技术

复合功能整理是将两种或多种功能复合于一种纺织品上的技术，以提高产品的档次和附加值。在纺织品多功能整理中，各种功能整理剂之间的协同效应是一个难题，例如，在阻燃、抗菌防臭复合整理中，由于目前市场上的抗菌整理剂品种很多，已阻燃整理的织物再进行抗菌防臭整理，如果抗菌防臭整理剂选用不当，不但面料原有的阻燃性丧失，而且也无法确保织物具有抗菌防臭性能，因此，需要对抗菌整理剂进行筛选和整理工艺优化。在阻燃、三防（防水、防油、防污）复合整理中，由于目前使用的三防整理剂大部分为含氟化合物，若不经过选择就用于阻燃整理中，阻燃和三防效果都不好。

目前，多功能复合整理使纺织产品向深层次和高档次方向发展，已取得了一些成果，如纪俊玲等利用纳米技术成功地开发出具有抗紫外、抗菌、三防、免烫、负离子等多种功能的新型纺织品[1]；罗维新等开发出了四防（防水、防油、防沾污、防皱）和易去污复合功能的棉织物等[2]。

4. 功能整理中的高新技术[3,4]

随着学科间相互交叉渗透日益频繁，现代高新技术在纺织品功能整理中所发挥的作用越来越明显，例如，等离子体技术、纳米技术、超声波技术、微胶囊技术等已在纺织品功能整理中得到广泛应用，这些技术在缩短加工时间、降低环境污染、节约能源和提高纺织品质量及功能性方面起到了重要作用。

（1）等离子体技术：等离子体技术作为纺织品整理中的新技术具有很强的吸引力，是一种清洁加工技术。具备以下优点：

①操作简单，反应速率快，生产效率高；

②织物改性处理在表面层，加工层在 100nm 以内，对织物原有特性改变很小，理论上可

适用于各种纺织品；

③干法加工，无污染，在处理过程中不用水和其他化学试剂，节水节能。

等离子体在纺织品功能整理中的主要作用是提高纤维和整理剂的黏结力，赋予纤维疏水疏油性能，或进行各种功能整理，如防皱、阻燃、抗菌、抗静电等。

（2）纳米技术：由于纳米粒子具有较大的比表面积、体积比及较高的表面能，既可使纳米材料和纤维之间拥有很好的亲和力，提高整理产品的功能持久性，又能赋予织物诸多功能，因此，采用纳米技术，可有效地生产用途广泛、耐久的功能纺织品。

目前，纳米技术在纺织品功能整理上的研究和应用还处于起步阶段，因此，关于纳米技术在功能纺织品中的应用还有许多问题需要解决。主要包括：

①由于纳米粉体颗粒具有很高的表面能，在整理加工过程中极易发生"团聚"，从而影响其在纺织品中的应用效果，因此，纳米材料表面改性技术成为纳米技术的研究方向；

②虽然纳米整理在不影响纺织品美观的前提下可提高其附加值，但它对环境和人类健康的危害尚待考证，因此，纳米材料的制备和使用过程中的安全问题有待研究。

（3）微波技术：微波辐射对纺织品整理中的化学反应有较好的促进作用，可激发分子转动，促进化学键的断裂。可应用于织物的阻燃整理、拒水拒油整理、免烫整理等加工中，在整理后的焙烘过程中，利用微波的热效应机理进行加热处理，充分利用微波快速加热的特性，样品升温均匀迅速。用微波照射含有整理剂的织物，可以解散纤维大分子间的物理连接，提高纤维对整理剂的可及度，同时赋予整理剂更强的运动能力，促进整理剂向纤维内部渗透，从而改善整理剂与纤维的反应性能。

（4）微胶囊技术：微胶囊技术是利用天然或合成的高分子成膜包囊材料，将固体、液体或气体的微小囊核物质包覆，形成直径为 $1 \sim 5000 \mu m$ 的具有半透性或封闭膜的微胶囊。包在内部的物质称作内相或芯相，外部的高聚物薄膜称作外相或壳材。在微胶囊中，囊芯与外界环境隔开，可免受外界的湿气、氧气、酸度、紫外线等因素的影响，能有效地保持其物理化学性质，在适当条件下，破坏壁材将芯材物质释放出来。微胶囊技术在纺织品功能整理加工应用中逐渐增多，将各种功能整理剂制成微胶囊，用于制备具有阻燃、抗静电、拒水拒油、抗紫外线辐射、抗菌防臭、芳香等功能的纺织品。

👉 思考题

1. 纺织品功能整理的定义。

2. 功能整理新技术有哪些？

参考答案：

1. 纺织品的功能整理是为了满足纺织品某些特殊使用要求而赋予纺织品新的特殊功能的整理加工方法。

2. （1）表面处理技术；（2）化学整理技术；（3）复合整理技术；（4）功能整理中的高新技术包括等离子体技术、纳米技术、微波技术、微胶囊技术等。

参考文献

[1] 纪俊玲，李玉燕，蒋菲. 多功能整理工艺探讨 [J]. 印染助剂，2006 (3)：42 – 44.

[2] 罗维新，韩丽，刘江波，等. 四防/易去污复合整理工艺 [J]. 印染，2007 (12)：25 – 28.

[3] 曾林泉. 纺织品整理技术现状及发展（Ⅰ）[J]. 纺织科技进展，2011 (2)：8 – 15.

[4] 曾林泉. 纺织品整理技术现状及发展（Ⅱ）[J]. 纺织科技进展，2011 (3)：22 – 28.

第二章 防护功能整理

第一节 阻燃整理

本节知识点

1. 了解纺织品阻燃整理的发展现状
2. 掌握纺织品阻燃整理的机理
3. 分析各种纺织材料的燃烧特性及其阻燃机理
4. 阻燃效果的评价标准及方法

一、阻燃整理概述

随着纺织工业的不断发展，纺织品在为人们提供美观、舒适的同时，其易燃性也时刻威胁着人们的生命财产安全。据统计，2014 年全国共发生火灾 39.5 万起，死亡 1817 人，直接财产损失 43.9 亿多元[1]。由纺织品直接或间接引起的火灾约占火灾总数的半数以上，其中床上用纺织品、室内装饰用纺织品和衣着用纺织品为起火的主要材料。为了阻止火灾发生，除采取防火措施外，广泛使用具有阻燃性能的纺织品也是有效的措施之一，使用阻燃纺织品可以延缓火灾的扩大，使人们有时间撤离或采取措施进行灭火。

纺织品阻燃整理（flame retardant finishing）是通过化学键合、化学黏合、吸附沉积及非极性范德华力结合等作用，使阻燃剂固着在纤维和织物上，从而使织物获得阻燃性能的加工过程[2]。对于再生纤维和合成纤维，可通过共聚或共混改性、阻燃整理的方法；对于天然纤维，只能采用后整理的阻燃方法，本章主要讨论后整理阻燃方法。

二、纺织品的阻燃机理

关于阻燃理论的研究，1970 年以前发展缓慢。近年来，随着先进测试仪器的出现，使阻燃基础理论的研究不断深入，从而促进了阻燃科学的发展。

（一）纺织品的燃烧[3]

纺织品的燃烧是一个非常复杂的过程，首先由火源提供给纺织品足够的热量使之分解产生可燃性气体，然后可燃性气体与空气中的氧气混合，并着火燃烧。燃烧过程中产生的热量又使纺织品进一步裂解。在气相、液相和固相中发生的物理和化学反应十分复杂，同时受到纺织品的种类与组织结构、周围环境等多种因素的影响，所以，至今仍难对纺织品燃烧过程进行明确的解释，从热裂解或分解机理的观点看，纺织品的燃烧过程为：

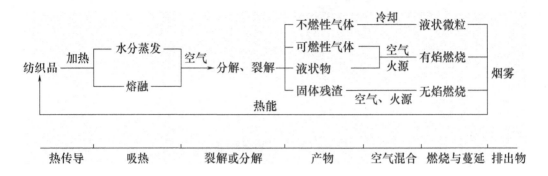

纺织品受热首先发生水分蒸发、软化和熔融等物理变化，继而是裂解和分解等化学变化。物理变化与纺织纤维的热物理常数有关，如比热、热导率、熔融热和蒸发潜热等；化学变化取决于纤维的分解和裂解温度、分解潜热的大小。只有当裂解和分解生成的可燃性气体与空气混合并达到可燃浓度范围时才能着火。燃烧产生的热量使气相、液相和固相的温度上升，燃烧才能继续维持下去，影响因素主要是可燃性气体与空气中氧气的扩散速度和纤维的燃烧热。要使燃烧向邻近部分蔓延，在燃烧过程中散失的热量必须不影响邻近纺织品达到燃烧所需的热量条件，续燃才有可能。纺织品燃烧过程中，热裂解是一个重要的步骤，它决定裂解产物的组成和比例，影响纺织品能否续燃。

纤维分为热塑性纤维和非热塑性纤维。热塑性纤维玻璃化温度（或熔融温度）小于热裂解温度（或燃烧温度）；非热塑性纤维的玻璃化温度（或熔融温度）大于热裂解温度（或燃烧温度）。这两类纤维燃烧过程中有一个显著区别，非热塑性纤维在加热过程中，不会软化、收缩和熔融，热裂解的可燃性气体与空气混合后，燃烧生成碳化物。各种天然纤维属于非热塑性纤维。而热塑性纤维在加热过程中，当温度超过玻璃化转变温度时就会软化，若达到熔融温度就会生成黏稠橡胶状，在燃烧时熔融物容易滴落，从而造成续燃困难；但高温熔融物会黏着皮肤造成深度烧伤，加重灾难。聚酯、聚酰胺等合成纤维属于热塑性纤维。热塑性纤维与非热塑性纤维的混纺产品燃烧时产生一种新情况，混纺产品燃烧时，非热塑性纤维的炭化对热塑性纤维的熔融物起骨架作用，使熔融物滴落受阻，因此，混纺织物比单独一种纤维更容易燃烧，这种现象称为骨架效应。

（二）纺织品的阻燃机理

纺织品的阻燃是指降低纺织品在火焰中的可燃性，减缓火焰蔓延速度，当火焰移去后能很快自熄，减少燃烧。从燃烧过程看，要达到阻燃目的，必须切断由可燃物、热和氧气三要素构成的燃烧循环。

纺织品的阻燃理论可归纳为覆盖层作用、气体稀释作用、吸热作用、熔滴作用、提高热裂解温度、凝聚相阻燃和气相阻燃等[4]。

1. 覆盖层作用

阻燃剂受热后，在纺织品表面熔融形成玻璃状覆盖层，成为纺织品和火焰之间的屏障，既隔绝空气，又可阻止可燃性气体的扩散，还可阻挡热传导和热辐射，减少反馈给纺织品的热量，从而抑制纺织品的热裂解和燃烧反应。

2. 气体稀释作用

阻燃剂吸热分解后释放出不燃性气体，如氮气、二氧化碳、氨、二氧化硫等，这些气体稀释了可燃气体，或使燃烧过程供氧不足。另外，不燃性气体还有散热降温作用。

3. 吸热作用

热容量高的阻燃剂在高温下发生相变或脱水、脱卤化氢等吸热分解反应，降低了织物表面和火焰的温度，减慢热裂解反应的速度，抑制可燃性气体的生成。如三水合氧化铝分解时释放出水，水再由液相变为气相，需要消耗大量的热。

4. 熔融作用

在阻燃剂的作用下，纺织品中纤维发生解聚，熔融温度降低，增加了熔点和着火点之间的温差，使纤维材料在裂解之前软化、收缩、熔融，成为熔滴滴落，大部分热量被带走，从而中断了燃烧产生的热量反馈到纺织品上的过程，最终中断燃烧。

5. 提高热裂解温度

在纤维大分子中引入芳环或芳杂环，增加大分子链间的密集度和内聚力，提高纤维的耐热性；或通过大分子链交联环化、与金属离子螯合等方法，改变纤维分子结构，提高炭化温度，抑制热裂解，减少可燃性气体的产生。

6. 气相阻燃机理

气相阻燃机理指气相中使燃烧中断或延缓链式燃烧反应的阻燃作用，气相阻燃作用对纤维的化学结构不敏感。属于气相阻燃的情况有：

①阻燃材料受热或燃烧时能产生自由基抑制剂，从而使燃烧链式反应中断；

②阻燃材料受热或燃烧时生成微小粒子，它们能促进自由基相互结合以终止链式反应；

③阻燃材料受热或燃烧时释放出大量惰性气体或高密度蒸汽，前者可稀释氧气和可燃气态产物，并降低可燃气体的温度，使得燃烧终止；后者则覆盖在可燃气体表面上，隔绝它与空气的接触，从而使燃烧窒息终止。

7. 凝聚相阻燃机理

凝聚相阻燃机理是指在凝聚相中改变纤维大分子链的热裂解历程，促进发生脱水、缩合、环化、交联等反应，增加炭化残渣，减少可燃性气体的产生。凝聚相作用的效果，与阻燃剂和纤维在化学结构上的匹配与否有密切关系。属于凝聚相作用的阻燃有：

①阻燃剂在固相中延缓或阻止能够产生可燃性气体和自由基的热分解；

②阻燃剂在受热分解时吸收热量，使阻燃材料升温减缓或中止；

③阻燃材料燃烧时在其表面生成多孔的炭层，炭层难燃、隔热、隔氧，又能够阻止可燃性气体进入燃烧气相，使燃烧中断。

燃烧和阻燃都是十分复杂的过程，涉及很多制约因素的影响，将一种阻燃体系的阻燃机理严格划分为一种是很难的，实际上，阻燃体系同时以几种阻燃机理共同起作用。

（三）纺织品的热裂解及阻燃整理

纺织品的燃烧与组成其纤维的热稳定性及热裂解产物有关，自 20 世纪 60 年代开始，人们就借助热分析技术对各种纺织纤维的耐热稳定性进行了研究，并用气相色谱—质谱技术对纤维的热裂解行为及热裂解产物进行了系统研究[5]。

1. 纤维素纤维

纤维素纤维主要为碳水化合物，受热不熔融，遇火焰后燃烧较快。纤维素受热后产生热裂解，裂解产物为固态、液态物质和挥发性气体，热裂解时可能产生如下反应：

$$纤维素 \rightarrow CO + CO_2 + C \rightarrow 焦油（左旋葡聚糖）\rightarrow 可燃性气体$$

纤维素的裂解是个相当复杂的过程，一般认为纤维素纤维的裂解反应分两个方向：一个方向是纤维素脱水炭化，产生水、CO_2 和固体残渣；另一个方向是纤维素通过解聚生成不挥发的液体左旋葡萄糖，而后左旋葡萄糖进一步裂解，产生低分子质量的裂解产物，并形成二次焦炭。在氧的存在下，左旋葡萄糖的裂解产物发生氧化，燃烧产生大量热，又引起更多纤维素发生裂解。这两个反应始终存在于纤维素裂解的整个过程中[6,7]。

对于纤维素纤维来说，所用的阻燃剂大多是含磷化合物。受热时含磷化合物首先分解释放出磷酸，受强热时生成偏磷酸和聚偏磷酸，它们都是脱水催化剂，使纤维素脱去水留下焦炭。磷酸也可使纤维素磷酰化，特别是在有含氮物质存在的情况下更易进行。纤维素磷酰化（主要是纤维素中的羟甲基上发生酯化反应）后，使吡喃环易破裂，进行脱水反应。形成的焦炭层起着隔绝内部聚合物与氧接触的作用，使燃烧窒息；同时焦炭层导热性差，使聚合物与外界热源隔绝，减缓热分解反应；脱出来的水分能吸收大量潜热，使温度降低。这是磷化物的凝聚相阻燃机理。

磷化物在气相中也有阻燃作用。阻燃纤维素裂解后的产物中含 PO·自由基，同时火焰中氢自由基浓度大大降低，表明 PO·捕获 H·。

2. 蛋白质纤维

羊毛、蚕丝等蛋白质纤维中，氮和硫是阻燃元素，因此与纤维素纤维相比，蛋白质纤维不易燃烧。但由于含有氮元素，燃烧后的气体中含有氢氰酸，毒性大。

目前蛋白质纤维阻燃主要是用钛、锆、钨等络合物处理。其对羊毛的阻燃机理还不很清楚。所用的络合物主要是氟锆酸钾或氟钛酸钾，受热时，氟化物逐步分解，温度至 300℃ 时产生的 $ZrOF_2$ 和 $TiOF_2$ 均为微粒，本身不能燃烧，它覆盖在羊毛纤维表面，阻止空气中氧气的充分供应，同时阻止可燃性裂解气体的逸出，从而起到阻燃作用。

3. 合成纤维

（1）涤纶：涤纶的热裂解产物主要为气体、焦油状高沸点物和残渣，在不同的裂解温度下，其裂解产物的比例不同，其中气体组分随温度升高而增加，焦油状组分在 600℃ 时出现最大值，而残渣则随温度升高而减少，气体和焦油状组分是决定其燃烧性的关键。涤纶经阻燃整理后，其阻燃剂的作用主要发生在气相中，涤纶的裂解机理推测如下。

涤纶织物大多用卤素类和磷系阻燃剂。卤素类阻燃剂主要是通过阻燃剂受热分解，生成卤化氢等含卤素气体，一方面在气相中捕获活泼的自由基，另一方面由于含卤素的气体的密度比较大，能覆盖在燃烧物表面，一定程度上起到隔绝氧气与燃烧区域接触的作用。溴类阻燃剂的阻燃作用比氯类明显。锑类化合物与卤素有阻燃协效作用。磷系阻燃剂对含碳、氧元素的合成纤维具有良好的阻燃效果，它们通过促进聚合物成炭，减少可燃性气体的生成量，从而在凝聚相起到阻燃作用。经磷系阻燃剂改性的涤纶燃烧时，表面生成的无定形碳能够有效地隔绝与氧气以及热量的接触，同时磷酸类物质分解吸收热量，也在一定程度上抑制了聚酯的降解反应。

（2）腈纶：腈纶属易燃纤维，受热容易燃烧。腈纶的燃烧是一个循环过程，在低温下发生环化分解产生杂环化合物，这些化合物在高温下发生裂解，产生·OH和H·自由基，自由基进一步引发断链反应，并放出可燃性挥发气体，这些气体在氧的作用下着火燃烧，生成含HCN、CO、NH_3等有毒烟雾。燃烧时放出的热量，除了部分散发外，还会进一步加剧纤维的裂解，从而使燃烧过程得以循环和继续。

腈纶的阻燃大多利用磷和卤素为主要阻燃成分，其阻燃作用与应用在涤纶上类似。

（3）锦纶：锦纶遇火燃烧比较缓慢，纤维强烈收缩，容易熔融滴落，而且燃烧过程容易自熄。这主要是锦纶的熔融温度与着火点温度相差较大的缘故。由于其熔融温度较低，熔融后黏度较小，燃烧过程中生成的热量足以使纤维熔融，因此锦纶比许多天然纤维容易点燃。虽然锦纶燃烧收缩，熔融滴落而具有自熄灭的性质，但当其与其他非热塑性纤维混纺或交织时，由于非热塑性纤维起到"支架"作用，锦纶更易燃烧。

锦纶大分子主链上含有氧、氮等杂原子，热分解时由于不同键的断裂形成各种产物，裂解比较复杂。真空条件下，锦纶在300℃以上裂解生成非挥发性产物和部分挥发性产物，挥发性产物主要为CO_2、CO、H_2O、C_2H_5OH、C_6H_6、C_5H_8O、NH_3及其他脂肪族、芳香族饱和与不饱和化合物等。

锦纶的阻燃也主要是通过两种机理进行，一是凝聚相阻燃，通过促进聚酰胺燃烧向生成更多炭的方向进行，降低可燃性气体的生成；二是通过气相自由基捕获机理，阻燃剂分解后与空气中的氧结合，减少活泼自由基的生成，达到阻燃目的。

4. 混纺织物

以棉和涤纶混纺织物为例，由棉和涤纶的热裂解过程变化看，两种纤维阻燃整理后热裂解行为比较如表2-1-1所示。

表2-1-1　棉和涤纶阻燃整理后热裂解行为的变化

阻燃整理棉纤维	阻燃整理涤纶
残渣量增大且残渣内含阻燃剂	残渣量不变，且其中不含阻燃剂
裂解产物组成变化	裂解产物组成基本不变
不存在气相作用	阻燃剂的作用主要发生在气相中
阻燃剂的种类影响较大	阻燃剂的种类影响不大
阻燃作用对氧化剂不敏感	阻燃作用对氧化剂敏感
裂解温度下降	裂解温度基本不变

因此，棉纤维经含磷阻燃剂整理后，由于降低了裂解起始温度，阻燃剂在较低的温度下分解生成磷酸，随着温度的升高变成偏磷酸，继之缩合成聚偏磷酸，聚偏磷酸是一种强烈的脱水剂，促使纤维素炭化，抑制了可燃性裂解产物的生成，从而起阻燃作用；此外，分解产生的磷酸又会形成不挥发的保护层，既能隔绝空气，又是纤维素燃烧中使碳氧化成一氧化碳的催化剂，因而，减少了二氧化碳的生成。由于碳生成一氧化碳的生成热（110.46kJ/mol）小于二氧化碳的生成热（394.97kJ/mol），这样有效抑制了热量的释放，能防止纤维素的续燃产生，故其阻燃作用主要是发生在凝固相部分。

但是，涤纶经阻燃整理后，其裂解温度和产物基本不变，残渣中不含阻燃剂成分，因此，认为燃烧是遵循连锁反应，过程为：

a. 形成过氧化物　$RH + O_2 \rightarrow ROOH$

b. 生成游离基　$ROOH \rightarrow R\cdot + \cdot OOH$（或 $RO\cdot + \cdot OH$）

c. 链增长

反应可以在分子内或分子间进行，所以，在涤纶燃烧的气相中有大量高能量的游离基，如$R\cdot$、$\cdot OOH$、$\cdot OH$等，阻燃剂是一种受热后生成低能量游离基的化合物，如卤化物的游离基$\cdot X$，能在火焰中捕获高能量游离基而产生链转移反应，由于少量卤素游离基能有效夺取涤纶燃烧中链增长的高能量游离基，故能延缓燃烧作用，若与火焰中$\cdot OH$等游离基作用，会生成卤化氢，在火焰中能反复发挥阻燃作用，如下式：

$$X\cdot + \cdot OH \rightarrow HX + O\cdot$$

$$X \cdot + H \cdot \rightarrow HX$$

因此，涤纶的阻燃作用主要是发生在气相部分。

三、阻燃整理剂及整理工艺

（一）纺织品常用阻燃整理剂

阻燃剂是一种能降低高分子材料燃烧性能的物质。用于纺织品阻燃剂的主要是元素周期表中第Ⅲ族中的硼和铝，第Ⅳ族中的钛和锆，第Ⅴ族中的氮、磷和锑，第Ⅵ族中的硫以及第Ⅶ族中的卤素的化合物。按其化学成分可以分为有机阻燃剂和无机阻燃剂两大类，有机阻燃剂按阻燃元素分主要有卤系、有机磷系及卤—磷系、磷—氮系；无机阻燃剂主要有锑系、铝镁系、硼系、钼系。

按使用方式和在聚合物中的存在形态，阻燃剂分为反应型和添加型两大类。添加型阻燃剂主要是将阻燃剂分散到聚合物中或涂布在聚合物表面，属于物理分散性的混合，不发生化学反应；反应型阻燃剂通过化学反应在高分子材料中引入阻燃基团，从而提高材料的抗燃性，阻燃剂能够长期稳定地存在于材料内部而不渗出流失。在阻燃剂类型中，添加型阻燃剂占主导地位，使用广泛，约占阻燃剂的85%[8-10]。

（二）阻燃剂的阻燃机理

1. 磷系阻燃剂的阻燃机理

无机磷系阻燃剂在燃烧时生成磷酸、偏磷酸、聚偏磷酸等，由于它们具有强脱水性，可使聚合物炭化形成致密的炭化层，聚偏磷酸则呈现黏稠熔融玻璃状覆盖在未燃材料的表面，这种固体或液体膜既能阻止自由基的逸出，又能隔绝氧气，起到阻燃作用；有机磷系阻燃剂在燃烧时与聚合物基体或其分解产物反应生成P—O—C键，形成了保护层，或发生交联反应生成热稳定性好的多芳结构网状化合物，从而起到阻燃作用。另外，磷系阻燃剂的阻燃作用还表现在捕获游离基上，其过程反应式为：

$$H_3PO_4 \rightarrow HPO_2 + PO \cdot$$
$$H \cdot + PO \cdot \rightarrow HPO \cdot$$
$$H \cdot + HPO \cdot \rightarrow H_2 + PO \cdot$$
$$OH \cdot + PO \cdot \rightarrow HPO \cdot + O \cdot$$

在燃烧中分解生成PO·和HPO·等自由基，在气相状态下捕捉活性H·自由基或OH·自由基。此外，磷系阻燃剂还能够促进燃烧物表面形成多孔质的发泡炭化层，隔绝热和氧。

2. 氮系阻燃剂的阻燃机理

氮系阻燃剂受热分解，释放出氨气、氮气、氮氧化物、水蒸气等不燃性气体，阻燃剂分解时吸热（包括阻燃剂的升华吸热）带走了大部分热量，降低了聚合物的表面温度。不燃性气体不仅起到了稀释空气中的氧气和高聚物受热分解产生的可燃性气体浓度的作用，还能与空气中的氧气反应，消耗材料表面的氧气，达到阻燃目的。

3. 有机硅阻燃剂阻燃机理

当高分子材料燃烧时，有机硅分子中Si—O键形成—Si—C—键，生成的白色残渣与炭化物构成复合无机层，阻止燃烧生成的挥发物外逸，隔绝空气，防止熔体滴落，达到阻燃目的。

4. 卤素化合物的阻燃机理

卤素的阻燃效果顺序为氯＜溴＜碘，含卤阻燃剂主要是有机化合物，其中以溴化合物为多，其阻燃作用是在燃烧气体中生成的卤元素游离基，与高能量游离基产生链转移反应而阻止燃烧进行，其中生成的卤化氢气体本身有稀释作用，也能起一定抑制燃烧功能，因而，这类阻燃剂的作用主要是在气相中进行的。

5. 协同阻燃的阻燃机理

不同的阻燃元素或阻燃剂之间，往往会产生协同阻燃效应，如氮—磷、磷—卤、卤—锑可以产生协同阻燃效应，协同阻燃的机理比较复杂。例如，磷、硅、氮三种元素协同阻燃，其阻燃机理通常认为：含磷基团能使聚合物炭化形成致密的炭化层；含氮阻燃剂受热放出 CO_2、NH_3、N_2 等不燃性气体，稀释可燃性气体，覆盖或环绕在聚合物的周围，使聚合物与空气隔绝，并且使炭化层膨胀，同时氮气还可以捕获自由基，抑制聚合物燃烧连锁反应发生；含硅化合物分解产生 SiO_2 或 Si 覆盖在膨胀炭层的表面，赋予炭层较高的热稳定性和抗氧化性，发挥较好的阻燃作用[5]。

（三）纺织品阻燃整理工艺[3,5]

纺织品常用阻燃整理工艺有四种，即浸渍烘燥法、浸轧焙烘法、涂层法和喷雾法。

浸渍烘燥法是将织物用含阻燃整理剂的整理液浸渍一段时间后再烘燥，使阻燃整理剂渗透到纤维内部并附着，阻燃整理剂与纤维分子间靠范德华力吸附，因此，浸渍烘燥法所获得的阻燃效果不耐久，水洗后阻燃剂容易脱落，织物失去阻燃效果。

浸轧焙烘法工艺流程为：

浸轧→烘燥→焙烘→水洗后处理

浸轧液一般由阻燃剂、交联剂、催化剂、添加剂及表面活性剂等组成，轧液率根据织物种类、阻燃性能要求确定，烘燥温度一般在100℃左右，焙烘温度根据阻燃剂、交联剂和纤维种类确定，后处理主要是去除织物表面没有反应的阻燃剂及其他试剂，改善织物的手感。浸轧焙烘法获得的阻燃效果可耐多次水洗，是耐久整理工艺。

涂层法是将阻燃剂混入涂层液中，经过涂层机将涂层剂敷于织物表面，烘干后涂层剂交联成膜，阻燃剂均匀分布在涂层薄膜中，起到阻燃作用，当阻燃剂不溶于水或阻燃剂不能和纤维大分子形成交联时可使用涂层法工艺。

喷雾法主要用于不能在普通设备上加工的产品，如大型幕布，地毯以及表面蓬松的花纹、簇绒、绒头起毛的织物等，一般采用喷雾法。

1. 棉织物的阻燃整理工艺

棉织物的阻燃整理分为暂时性阻燃整理、半耐久性阻燃整理和耐久性阻燃整理，暂时性或半耐久性阻燃整理主要是将磷酸氢二铵、磷酸二氢铵、尿素、硼砂、硼酸、聚磷酸铵等用浸渍烘燥法或浸轧焙烘法处理到织物上，典型的耐久性阻燃整理工艺是 Proban 整理。

Proban 整理工艺：

工艺处方：

三羟甲基膦盐（Proban）	430 g/L
NaOH（100%）	10 g/L
渗透剂	2 g/L

工艺流程：

浸轧（轧液率90%）→烘干（105℃）→氨熏→氧化（10% H_2O_2，40℃，30s）→水洗（清洗至中性）→烘干

2. 蛋白质纤维织物的阻燃整理工艺

羊毛和蚕丝具有较高的回潮率和含氮量，属难燃纤维，但若要满足更高的阻燃标准，则需要进行阻燃整理。金属络合物是目前羊毛织物普遍应用的阻燃整理方法之一，主要有钛、锆、钨等金属络合物整理。六氟钛酸钾和六氟锆酸钾为常用的氟络合物阻燃剂，在处理液中可离解出氟钛或氟锆离子，在酸性条件下能被带正电的羊毛分子吸收：

$$MF_6^{2-}+2H_3^+N—羊毛\longrightarrow 羊毛—NH_3^+MF_6^{2-}H_3^+N—羊毛$$

金属络合物整理时加入一定比例的 α-羟基羧酸，如柠檬酸，可提高阻燃效果。

丝织物阻燃研究工作不多，人们利用棉织物的阻燃方法对真丝绸进行阻燃，或用有机锡化合物处理。单独用钛、锆络合物处理真丝织物达不到满意的阻燃效果，但用溴化双酚A衍生物处理后再用钛、锆络合物处理，可得到耐久性良好的阻燃真丝织物。

3. 合成纤维织物的阻燃整理

（1）涤纶织物的阻燃整理：美国 Mobil Cherm Co 推出一种 Antiblazel 9T 阻燃剂，适于纯涤纶织物，结构如下：

$$(CH_3)_x—P[OCH_2C\begin{array}{c}CH_2CH_3\\CH_2O\\CH_2O\end{array}P—CH_3]_{2-x}$$

$$x=0，1$$

工艺处方：

Antiblazel 9T	100g/L
pH（磷酸氢二钠调节）	6.0～6.5
润湿剂	0.2g/L

工艺流程：

浸渍→烘干（100℃，5min）→焙烘（190℃，1.5min）→水洗→烘干

（2）锦纶织物的阻燃整理：锦纶织物的阻燃整理相对来说研究得不多，磷、卤系阻燃剂对于锦纶阻燃效果不理想，相反，在低温时会使织物更快燃烧，目前还没有关于锦纶的理想阻燃剂。

硫系阻燃剂能降低锦纶的熔点和熔体黏度，使熔滴脱离火源。常用的硫系阻燃剂有硫脲、硫氰酸铵、氨基磺酸钠等，其中硫脲对锦纶的阻燃效果较好，当锦纶6用硫脲处理增重7%时，极限氧指数从24%增至34%。聚硼酸酯也可作为锦纶6的阻燃整理剂。用羟甲基脲树脂对锦纶进行阻燃整理，含脲量高时阻燃效果好；加入含硫阻燃剂可提高阻燃效果，脲和硫通过促进锦纶燃烧时滴落达到阻燃的目的。

工艺处方：

    硫脲　　　　　　　　　　200 g/L

    尿素　　　　　　　　　　20 g/L

工艺流程：

浸轧（轧液率85%）→烘干→焙烘（170℃，3min）

（3）腈纶织物的阻燃整理：腈纶织物比涤纶和锦纶容易燃烧，极限氧指数仅18% ~ 18.5%，是一种易燃纤维。但腈纶燃烧后残渣较多，可达58.5%，这又相对降低了腈纶的可燃性。腈纶的阻燃整理，有效而理想的方法不多，目前主要是研究阻燃腈纶。

4. 混纺织物的阻燃整理

在混纺织物中，一种纤维组成在85%以上，混纺织物的可燃性与该纤维基本相似，可根据主要成分纤维的特性进行阻燃处理；如果两种纤维组分均低于85%时，需对两种纤维分别选择合适的阻燃剂和阻燃工艺。

以涤棉混纺织物为例，涤纶和棉纤维燃烧性能不同，混纺后使燃烧过程更为复杂。棉纤维燃烧后炭化，而涤纶燃烧时熔融滴落，由于棉纤维成为支撑体，能使熔融纤维集聚，并阻止它滴落，使熔融纤维燃烧更加剧烈，即形成"支架效应"；涤纶和棉两种纤维以及裂解产物的相互热诱导，加速了裂解产物的逸出，因此涤/棉织物的着火速度比纯涤纶和纯棉要快得多，使涤/棉织物的阻燃更加困难。

涤/棉织物阻燃整理举例：

工艺处方：

    有机膦阻燃整理剂　　　　100g/L

    尿素　　　　　　　　　　50g/L

    渗透剂　　　　　　　　　5 g/L

工艺流程：

浸轧整理液（二浸二轧，轧液率80%）→预烘（90℃，5min）→焙烘（165℃，3min）→皂洗→水洗→烘干

四、阻燃整理效果的评价

纺织品燃烧性能的测试方法有多种，阻燃性能测试方法有垂直法、倾斜法、水平法、氧指数法等。水平法要求最低，垂直法要求最高[11]。

（一）垂直法

国家标准 GB/T 5455—1997 纺织品燃烧性能测试方法为垂直法。该方法是将试样（300mm×80mm）垂直放置在试样箱中（图 2 - 1 - 1），在试样下方用规定的燃烧器点燃，调整火焰高度为（40±2）mm，点火时间为12s，测定规定点火时间后，试样的续燃时间（在规定的实验条件下，离开火焰后材料持续有焰燃烧的时间）、阴燃时间（在规定的实验条件下，当有焰燃烧终止后，或者移开火源后，材料持续无焰燃烧的时间）及损毁长度（在规定的实验条件下，在规定方向上材料损毁面积的最大长度。试样在火焰中燃烧后，样

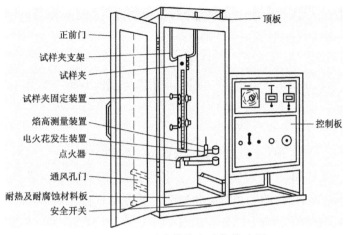

图2-1-1 垂直燃烧实验仪构造图

品原长和剩下未燃烧长度之差。也叫炭长），同时注意是否有熔融、滴落物引起试验箱底部脱脂棉的燃烧或阴燃，此方法是最为常用的测定阻燃性能的方法之一。

（二）氧指数法

国家标准 GB/T 5454—1997 纺织品燃烧性能测试方法为氧指数法，该方法是将试样夹于试样夹上垂直放在燃烧筒内，点燃点火器，调整火焰高度为 15～20mm，在向上流动的氧、氮气流中，点燃试样上端，点火时间控制在 10～15s，待试样上端全部点燃后，移去点火器，观察试样燃烧特性，并与规定的极限值（续燃时间或阴燃时间为 2min，损毁长度为 40mm）比较其续燃时间或损毁长度。通过在不同氧浓度中的一系列试验，可以测得维持试样燃烧时氧气的最低浓度值（limited oxygen index，简称 LOI）。氧指数测定仪结构示意图见图2-1-2。

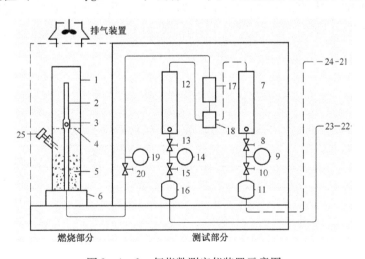

图2-1-2 氧指数测定仪装置示意图

1—燃烧筒 2—试样 3—试样支架 4—金属网 5—玻璃珠 6—燃烧筒支架 7—氧气流量计
8—氧气流量调节器 9—氧气压力计 10—氧气压力调节器 11、16—清净器 12—氮气流量计
13—氮气流量调节器 14—氮气压力计 15—氮气压力调节器 17—混合气体流量计 18—混合器
19—混合气体压力计 20—混合气体供给器 21—氧气钢瓶 22—氮气钢瓶 23、24—气体压力计
25—混合气体温度计

极限氧指数（LOI）是指试样在氧气和氮气组成的混合气体中维持燃烧所需氧的最低值。

$$LOI = \frac{[O_2]}{[O_2] + [N_2]} \times 100\% \qquad (2-1-1)$$

一般来说，易燃性织物的 LOI 在 20% 以下，阻燃织物的 LOI 为 20% ~ 26%，难燃织物的 LOI 在 30% 以上。

（三）倾斜法

倾斜法有两种方法：一种是测定损毁面积和接焰次数（GB/T 14645—1993）；另一种是测定燃烧速率（GB/T 14644—1993）。前者适用于测定阻燃纺织品；后者适用于测定易燃纺织品穿着时，一旦点燃后燃烧的剧烈程度和速度，不适用于阻燃纺织品。

1. 损毁面积的测定

将试样放入试样夹，与水平呈 45° 角放置在试验箱中，在试样下端施加规定的点火源，火焰高度为（45 ±2）mm，点火时间为 30s，点火时间结束后，测量织物的续燃时间、阴燃时间、损毁面积及损毁长度。

2. 接焰次数的测定

此方法适用于测定遇火熔融收缩的纺织品。每块试样长 100mm，质量为 1g，将试样卷成筒状塞入试样支撑螺旋线圈中，螺旋圈与水平呈 45° 角放置在燃烧箱中，用规定的点火器对试样下端点火，火焰高度为（45 ±2）mm，测量织物燃烧距实验下端 90mm 处需要接触火焰的次数。

（四）水平法

我国行业标准 FZ/T 01028—1993 纺织品燃烧性能测试方法为水平法。实验时，将试样放在试样夹上，水平放置于试验箱中，在试样的头端点火 15s，测定火焰在试样上蔓延的距离以及蔓延此距离所用的时间，计算出燃烧速率，水平法主要用于对汽车内部装饰材料进行考核。

☞ 思考题

1. 纺织品的阻燃机理。

2. 现有两个阻燃整理织物样品，它们的某些测试数据如下表：

	极限氧指数 LOI（%）	热重分析（TGA）残渣量（mg）
阻燃整理样品 1	38	12. 2
未阻燃样品 1	19. 3	2. 1
阻燃整理样品 2	36	1. 2
未阻燃样品 2	18. 6	1. 0

试分析两个阻燃整理的样品，各自遵循的阻燃机理有何不同？为什么？

参考答案：

1.（1）覆盖层作用；（2）气体稀释作用；（3）吸热作用；（4）溶滴作用；（5）提高热

裂解温度；（6）凝聚相阻燃；（7）气相阻燃。

2. 阻燃整理样品 1 其阻燃机理是缩合相机理。

缩合相阻燃机理的实质是改变材料的裂解方式，减少可燃性气体的产生，增加炭化残余物。以含磷阻燃剂对纤维素纤维的阻燃机理为例，阻燃剂受热分解，在高温下分解成酸性物质，对纤维素具有强烈的催化脱水作用，使纤维炭化，炭生成量增加，且阻燃剂保留在被阻燃物中，残渣含量大。

阻燃整理样品 2 其阻燃机理是气相机理。

气相阻燃机理的实质是改变材料的燃烧机理，降低燃烧产生的热量，使回到织物表面的热量减少，进而起到阻燃作用。在此过程中，残余物的量没有明显变化。因此，阻燃与非阻燃织物残渣含量基本不变。

第二节　防紫外线整理

本节知识点

    1. 紫外线及其对人体的危害

    2. 防紫外线整理剂及防紫外线原理

    3. 纺织品防紫外线性能的测试方法

紫外线是波长为 200 ~ 400nm 的电磁波。紫外线辐射具有杀菌、促进维生素 D 的合成等作用，接受适量的紫外线照射，有利于身体健康。然而从 20 世纪初，由于人类生产、生活大量地排放氯氟化烃化合物，造成大气平流层中臭氧含量下降，大气对日光中的紫外线辐射屏蔽能力减弱，导致皮肤癌患者及其死亡人数的逐年上升。因此，开发具有抗紫外线功能的纺织品具有重要的意义。

一、紫外线辐射对人体的影响

不同波长紫外线辐射对人体的危害情况见图 2 - 2 - 1。

图 2 - 2 - 1　不同波长紫外线对人体的危害

由图 2 - 2 - 1 可知，对人体有害的紫外线波长主要在 200 ~ 320nm 之间，特别是波长在 280 ~ 320nm 之间的紫外线辐射对人体危害最大，有罹患皮肤癌的危险。开发防紫外线织物时应重点考虑此波段范围。

二、普通织物的防紫外线性能

织物通常具有比较复杂的表面，它们除了吸收光之外，还有散射和反射光线的作用，因此对于未经防紫外线整理的普通织物而言，也具有一定的防紫外线性能。其防紫外线性能与纤维种类、纤维的表面形态、织物组织结构、颜色和处理方法有关。

（一）纤维种类

纤维种类不同，其紫外线透过率、紫外线防护系数 UPF（ultraviolet protection factor）也不同，几种常见纤维的紫外线透过率如表 2 - 2 - 1 所示。聚酯纤维分子、腈纶、羊毛纤维、麻纤维等比棉和黏胶纤维的紫外线透过率低，紫外线防护系数高。原因在于聚酯纤维分子结构中的苯环和羊毛蛋白质分子中的芳香族氨基酸残基（色氨酸、酪氨酸和苯丙氨酸）对小于 300nm 的光都具有较高的吸收性。腈纶的分子结构中含有大量的 —CN，能吸收紫外线能量并转变成热能散失，所以传导到纤维中的能量很少，起到防紫外线的作用。而麻类纤维具有独特的果胶质斜偏孔结构。苎麻、罗布麻纤维中间有沟状空腔，管壁多孔隙；大麻纤维中心有细长的空腔并与纤维表面纵向分布着的许多裂纹和小空洞相连。这些结构使麻纤维对紫外光有很好的屏蔽作用[12]。而棉织物防紫外线的能力相对较差。

表 2 - 2 - 1　常见纤维的紫外线透射率

纤维	紫外线透射率（%）	
	UV - A	UV - B
普通聚酯纤维	22. 3	4. 5
锦纶	43. 2	36. 3
棉纤维	35. 7	31. 5
黏胶纤维	38. 7	35. 0

（二）织物结构

织物几何形态和它的孔隙结构影响织物对紫外线的散射和透射，进而影响织物的防紫外线性能。织物的厚度、布面覆盖系数等参数对防紫外线性能有显著的影响。对于组织相同的纺织品而言，布面覆盖系数与紫外线防护系数的关系可用式（2 - 2 - 1）近似表示[13,14]。

$$UPF = \frac{1}{1 - 布面覆盖系数} \tag{2 - 2 - 1}$$

由式（2 - 2 - 1）可知，布面覆盖系数越高，UPF 越大，防护性能越好。但是，布面覆盖系数越高，织物结构越紧密，织物的热湿舒适性越差。织物的厚度也有类似的影响规律。不同纤维、组织结构相似的织物的 UPF 值如表 2 - 2 - 2 所示。另外，普通织物防紫外线性能的一般规律是：短纤织物优于长丝织物，加工丝产品好于化纤原丝产品，细纤维织物比粗纤维织物好，异形化纤织物优于圆形截面化纤织物，机织物好于针织物。

表 2-2-2 不同纤维、结构相似的织物的 UPF 值

织物	覆盖系数（%）	织物重量（g/m²）	UPF
涤纶塔夫绸	98	149	34
纯棉斜纹布	100	265	13
涤纶针织布	81	106	17
棉针织物	83	124	4
涤纶机织物	83	133	12
棉印花织物	81	106	4

（三）织物颜色

织物上的染料对其紫外线透过率有相当大的影响，这种影响与染料的结构有关，其间的联系是复杂的，有待深入而细致的研究。简单地根据织物颜色来判断防紫外线的性能是不可靠、不科学的，例如，黑色的染料未必提供最好的紫外线防护性，而其他颜色也有可能得到较好的防护性。织物用一些染料染色后的紫外线透过率及 UPF 值见表 2-2-3。

表 2-2-3 染色织物防紫外线性能

Dyes	0.5% owf bath					1% owf bath				
	Dyeing rate（%）	T（%）			UPF	Dyeing rate（%）	T（%）			UPF
		UV	UV-A	UV-B			UV	UV-A	UV-B	
Undyed		24.7	25.6	22.5	4.1	—	—	—	—	—
Direct yel 12	60	6.0	5.3	7.8	13.1	58	4.3	3.8	5.6	18.6
Direct yel 28	86	4.3	4.0	5.0	19.9	86	3.0	2.8	3.5	29.3
Direct yel 44	58	4.4	3.9	5.7	18.4	61	3.0	2.7	3.7	28.6
Direct yel 106	68	4.5	4.4	5.0	19.3	58	3.2	3.1	3.5	27.6
Direct red 24	80	4.9	5.3	3.7	27.6	74	3.4	3.7	2.7	37.1
Direct red 28	88	2.7	2.8	2.8	38.7	89	2.1	2.1	2.2	50.7
Direct red 80	74	6.6	7.2	5.1	17.3	73	4.6	5.0	3.7	24.7
Direct violet 9	80	5.5	6.0	4.4	20.9	75	3.9	4.2	3.3	28.8
Direct blue 1	76	5.9	6.3	4.8	21.5	70	4.1	4.4	3.5	30.2
Direct blue 86	36	7.0	7.2	6.6	16.2	33	6.1	6.2	5.7	18.6
Direct blue 218	68	8.1	8.5	7.2	13.1	67	5.6	5.9	5.1	19.0
Direct green 26	72	4.4	4.5	4.0	22.3	65	3.3	3.4	3.1	29.2
Directbrown154	82	3.6	3.3	4.4	22.8	80	2.8	2.6	3.3	30.6
Direct black 38	76	3.4	3.4	3.4	29.8	77	2.6	2.5	2.6	40.2

(四) 处理方法

在纺织品的处理中，漂白对织物紫外光透过率有明显影响。例如，漂白棉印花织物的紫外光透过率为23.7%，而未漂白该织物的紫外光透过率为14.4%，主要原因是织物中的色素和杂质对紫外光有吸收作用，经漂白后这些杂质的屏蔽作用随之消失或减弱。

三、织物防紫外线整理

尽管某些普通织物具有一定的防紫外性能（见表2-2-3），但是远远不能满足需求，需通过一定的处理提高防紫外线性能。通常，提高织物的防紫外线性能主要有两种途径：

（1）选用适当的纤维或用紫外线吸收剂整理织物，提高织物对紫外线的吸收能力；

（2）选用适当的纤维或用紫外线反射剂整理织物，提高织物对紫外线的反射能力，也可以优化织物结构以增强对光线的反射和散射性能。

纺织品防紫外线技术目前主要有两大类：一种技术是在纺丝液中加入紫外线屏蔽剂，使生产出的纤维具有防紫外线的功能。例如，可乐丽公司生产的ESMO纤维，用氧化锌及陶瓷微细粉末掺入聚酯共混纺丝，得到皮芯结构的异形截面长丝，其紫外辐射透过率约为棉织物的1/15、常规聚酯织物的1/6，UV-B的透过率仅3%左右。这类通过共混纺丝得到的纤维防紫外性能的耐洗涤性较好。

另外一种使用较为广泛的技术是通过染色或后整理加工，使紫外线屏蔽剂固着在纤维上，织物获得防紫外线性能。

(一) 防紫外线整理剂

1. 无机类紫外线屏蔽剂

无机类紫外线屏蔽剂，主要通过对入射紫外线的反射或折射达到防紫外线辐射的目的。它们没有光能的转化作用，只是增加织物表面对紫外线的反射和散射作用，防止紫外线透过织物。这类紫外线屏蔽剂有高岭土、碳酸钙、滑石粉、氧化铁、氧化锌、氧化亚铅等。氧化锌和氧化亚铅对310~370nm的紫外线的反射效果较好，二氧化钛和高岭土也有一定的作用。无机类紫外线屏蔽剂的耐光性、防紫外线能力优越，耐热性能好。常用无机化合物对紫外线辐射的透过率见表2-2-4。

表2-2-4　常用无机化合物紫外线辐射透过率（%）

无机化合物 波长（nm）	ZnO	TiO$_2$	瓷土	CaCO$_3$	滑石
313	0	0.5	55	80	88
366	0	18	59	84	90
436	46	35	63	87	90

纳米级的二氧化钛和氧化锌微粒防紫外线能力相对更强。它们对长波紫外线和中波紫外线都有屏蔽作用，是一类广谱屏蔽剂[15]。

2. 有机类紫外线整理剂

有机类紫外线整理剂主要通过吸收紫外线并进行能量转换，将紫外线变成低能量的热能或波长较短的电磁波，从而达到防紫外线辐射的目的，因此也被称为紫外线吸收剂。能在纺织品上使用的紫外线吸收剂应具有如下性质[15]：

① 安全无毒，特别是对皮肤应无刺激和过敏反应；

② 吸收紫外线范围广和效果良好；

③ 对热、光和化学品稳定，无光催化作用；

④ 吸收紫外线后无着色现象；

⑤ 不影响或少影响纺织品的色牢度、白度、强力和手感等；

⑥ 耐常用溶剂和耐洗性良好。

国内外紫外线吸收剂品种很多，按照分子结构特征有水杨酸酯类、薄荷酯类、苯并三唑类、二苯甲酮类、苯甲脒类和苯并噁嗪酮类等。这些紫外线吸收剂分子结构中缺乏反应性基团，如果在紫外线吸收剂分子结构中引入反应性基团，使之与纤维分子链的侧基反应形成共价键结合，则可提高整理的耐久性。例如，o-羟基苯-二苯基三唑的衍生物，可用于高温染色、轧染、印花等，有优良的升华牢度和热固着性能；科莱恩公司开发的 Rayosan 系列助剂可与纤维素纤维上的羟基和聚酰胺上的氨基反应，耐久性很好。

（1）水杨酸酯类紫外吸收剂：水杨酸酯类化合物是最早用于防晒的紫外线吸收剂。应用较多的该类吸收剂有水杨酸苯酯、水杨酸-4-叔丁基苯酯、水杨酸戊酯、对异丙基水杨酸苯酯和水杨酸盐等。这类有机化合物分子结构简单，熔点较低，易升华，紫外线吸收率较低，吸收波段偏向近紫外区，在强烈的紫外光照射下有变色现象，目前应用较少。

水杨酸酯类化合物可以形成分子内氢键，本身吸收紫外光的能力很低，吸收的波长范围也较窄，但在吸收了一定光能（hv）后，分子发生重排，形成烯醇式互变异构体，将能量（hv'）消除，从而获得光稳定效果，反应式为：

（2）二苯甲酮类紫外线吸收剂：二苯甲酮衍生物是目前紫外线吸收剂中应用最广泛的一类。该类化合物在整个紫外区都有较强的吸收作用，但是对波长在 280nm 以下的紫外线吸收作用较小。含有多个羟基的二苯甲酮衍生物可与棉、麻等纤维通过氢键形成良好的结合，耐久性好，成本低廉。常用的紫外线吸收剂的分子结构为：

R= OH, OCH₃, O(CH₂)₇CH₃   R= OH, OCH₃, OC₂H₅

R=R'= OH, R=H, R'=OCH₃, R=R'= OCH₃

在二苯甲酮类紫外线吸收剂中，苯环上的羟基氢与羰基氧之间形成的分子内氢键构成螯合环。当它吸收紫外光能量后，分子发生热振动，氢键断裂，螯合环打开，将紫外光转化为热能释放。此外还可通过生成烯醇结构消散能量，反应式为：

（3）苯丙三唑类紫外线吸收剂：苯并三唑类化合物熔点较高，热稳定性较好，对紫外光的吸收区域宽，特别是对 300~400 nm 的紫外光吸收率高，而对可见光几乎不吸收，故无着色的缺点。常见苯并三唑类紫外吸收剂的分子结构为：

UV-P: R₁=R₂, R₃=CH₃

UV-234: R₁=H, R₂=R₃=C(CH₃)₂

UV-326: R₁=Cl, R₂=C(CH₃)₃, R₃=CH₃

UV-5411: R₁=R₂=H, R₃=C(CH₃)₂CH₂C(CH₃)₃

由于分子中没有反应性基团，可采用类似分散染料高温高压染色法，使整理剂进入纤维，获得耐洗性。苯并三唑类整理剂对涤纶有较高的分配系数，例如 Ciba 公司的 Tinuvin326。为了提高紫外线吸收剂的耐升华牢度，可增加相对分子质量。为适用于锦纶、羊毛、蚕丝和棉织物，可在分子中引入适当数量的磺酸基，以增加水溶性及与纤维的亲和力。

苯并三唑类紫外线吸收剂的作用机理与二苯甲酮类相似，能量转化方式为；

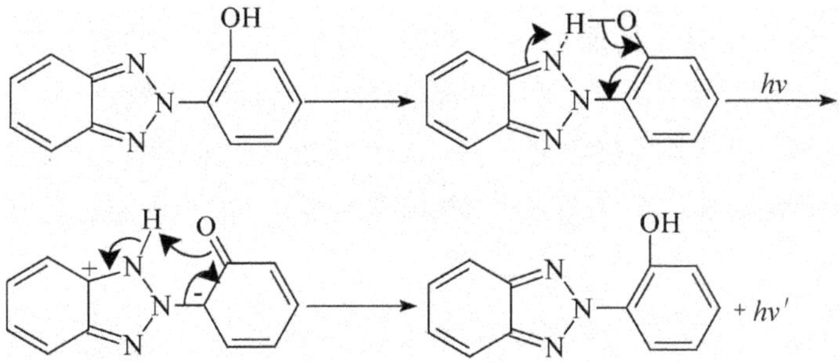

（4）三嗪类紫外线吸收剂：三嗪类紫外线吸收剂的分子结构较大，紫外线吸收效率高。棉织物经如下所示的化合物整理后，在 200~400nm 的范围内紫外线透过率小于 5%。

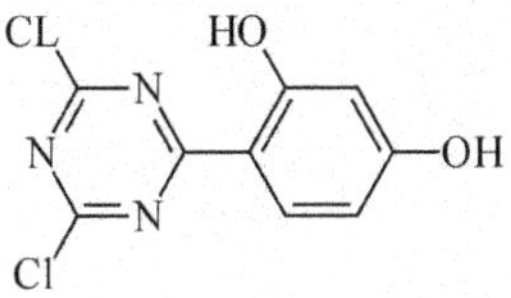

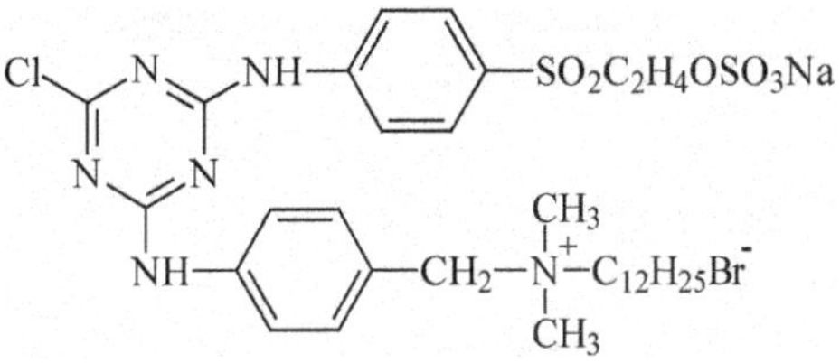

盛学斌等以含三嗪结构的中间体 M 为偶合组分，以对氯苯胺、对硝基苯胺等为重氮组分，合成了单偶氮分散染料，结构式为：

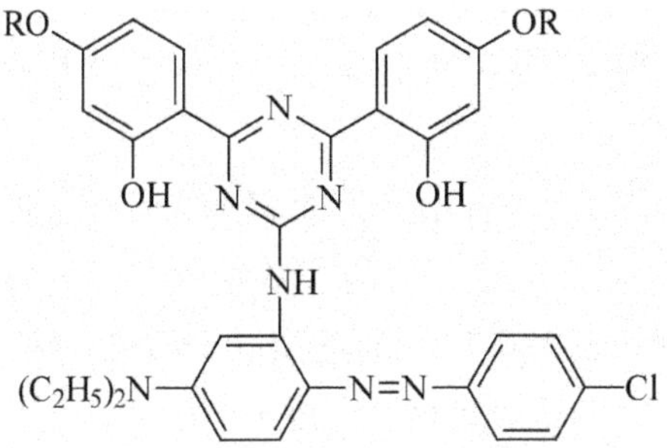

Y1:R=H, Y2:R=CH₃, Y3:R=C₂H₅

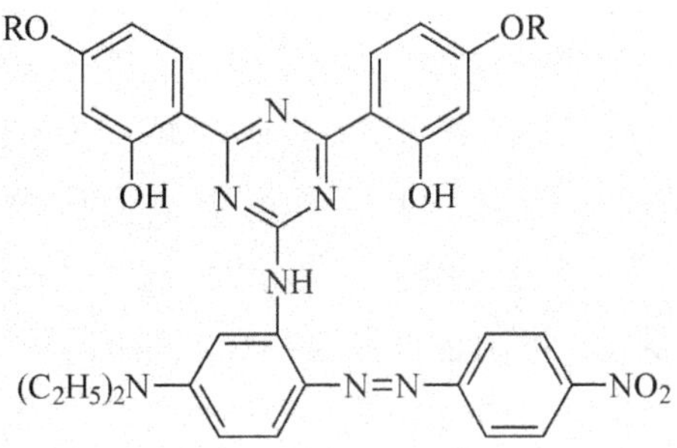

R1:R=H, R2:R=CH₃, R3:R=C₂H₅

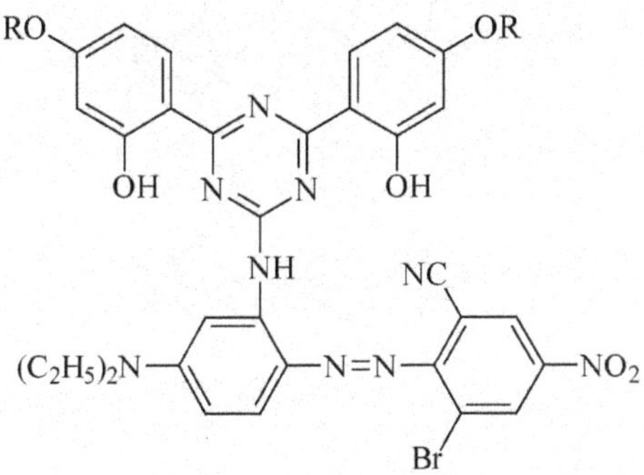

B1:R=H, B2:R=CH₃, B3:R=C₂H₅

这些染料在 UV-A 和 UV-B 区域对紫外线有强烈的吸收[16]。孙艳等以 2-（3-氨基苯基氨基）－4，6－二（2，4－二羟基苯基）均三嗪基团为封闭基，对位酯或磺化对位酯为重氮组分合成了具有紫外线吸收性能的活性染料。染色后，织物的紫外线透过率大大降低，UPF 从 113 降至 30 以下，在 UV－A 区域表现出优异的紫外线吸收性[17]。

（5）其他类型的有机紫外线吸收剂：除了上面介绍的紫外线吸收剂，还有三甲氧基苯甲酸酯类、对氨基苯甲酸酯类、苯甲脒类、苯并噁嗪酮类等，它们的结构通式为：

三甲氧基苯甲酸酯类　　　对氨基苯甲酸酯类　　　樟脑衍生物

二苯甲酰甲烷类　　　　苯甲脒类　　　　苯并噁嗪酮类

这些类型的紫外线吸收剂在水溶性、光稳定性、热稳定性、吸收波段、相容性等方面各有特色。但是，有一些品种存在有异味、刺激皮肤等问题，难以用在服用纺织品上[18]。

（6）水滑石类紫外线吸收剂：水滑石是一种阴离子型层状化合物，对紫外线的吸收范围宽、吸收性能高，作为紫外线吸收剂近年来受到重视。

水滑石一般由两种金属的氢氧化物构成，因此又称为层状双羟基复合金属氧化物（LDHs）。经离子交换，可向 LDHs 层间引入新的客体阴离子，材料层状结构和组成随即产生相应的变化，可制备很多有特殊性质的功能材料。此类 LDHs 的插层化合物称为柱撑水滑石[19]。水滑石、类水滑石和柱撑水滑石统称为水滑石类层状材料。LDHs 层间阴离子及带正电荷的层板结构如图 2－2－2 所示。

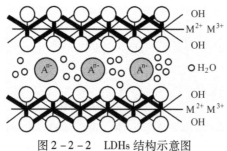

图 2－2－2　LDHs 结构示意图

其中 M^{2+} 代表 2 价金属离子，包括 Mg、Fe、Mn、Zn、Co、Ni、Cu 等二价离子；M^{3+} 代表 3 价金属离子，包括 Al、Cr、Fe、Co、Mn 等三价金属离子。自然界常见的水滑石矿物如表 2－2－5 所示。

表 2 - 2 - 5 自然界常见的水滑石矿物

M^{2+}	M^{3+}	Chemical formula
Mg	Al	$Mg_6Al_2(OH)_{16}CO_3 \cdot 4H_2O$
Mg	Fe	$Mg_6Fe_2(OH)_{16}CO_3 \cdot 4.5H_2O$
Mg	Cr	$Mg_6Cr_2(OH)_{16}CO_3 \cdot 4H_2O$
Ni	Fe	$Ni_6Fe_2(OH)_{16}CO_3 \cdot 4H_2O$
Mg	Mn	$Mg_6Mn_2(OH)_{16}CO_3 \cdot 4H_2O$
Mg	NiFe	$Mg_6(NiFe)_2(OH)_2CO_3 \cdot 4H_2O$

A^{n-} 代表阴离子。无机阴离子、有机阴离子、药物活性分子、配合物阴离子、聚合物、生物活性分子等都可以用作层状氢氧化物的层间阴离子。

LDHs 可以通过共沉淀法、返混沉淀法、水热法、离子交换法、焙烧复原法、溶胶—凝胶法等进行合成。邢颖等以锌铝水滑石 ZnAl—CO_3 LDHs 为前体（主体），以乙二醇为分散介质，用离子交换法组装了水杨酸根（客体）插层水滑石 ZnAl - [o - HO（C_6H_4）COO] LDHs。通过控制离子交换条件，水杨酸根阴离子可取代锌铝水滑石前体层间的碳酸根离子，组装得到晶体结构良好的水杨酸根插层水滑石。

锌铝 LDHs 前体的小尺寸（$d = 88$ nm）及较好的分散性，使其在保持较好可见光透过率的前提下具有一定的紫外线屏蔽性，尤其对短波长的紫外光屏蔽较明显。而水杨酸根插层 LDHs 则在前体屏蔽性的基础上具有水杨酸根的紫外线吸收特性，在 320 ~ 350 nm 的 UV - A 范围也出现了吸收，使吸收范围宽化[20]。锌铝 LDHs 在紫外—可见光的透过率如图 2 - 2 - 3 所示。

康志强采用镁铝碳酸根型 LDHs 前体，有机酸阴离子为客体，以返混沉淀法引入水滑石层间，对水杨酸根插层样品的紫外线屏蔽和吸收作用进行了研究[21]；李蕾等制备了磺基水杨酸、4 - 羟基 - 3 - 甲氧基肉桂酸和 2 - 羟基 - 4 - 甲氧基二苯甲酮 - 磺酸为阴离子插层的锌铝水滑石。由于紫外线吸收剂进入层间，插层产物的紫外线吸收范围和能力显著增强[22]。

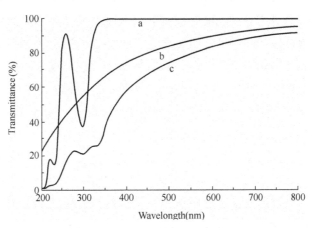

图 2 - 2 - 3 锌铝 LDHs 紫外—可见光透射率曲线

a—水杨酸钠（0.019‰，质量分数） b—锌铝 LDHs 前体（0.037‰，质量分数）

c—水杨酸根插层 LDHs（0.05‰，质量分数）

（二）纺织品防紫外线整理工艺[23]

防紫外线整理工艺与整理剂性质、纺织品性质、纺织品的最终用途等有关，常用的整理方法有以下四种。

1. 吸尽法

对涤纶、尼龙等合成纤维，可以在高温高压的条件下，与分散染料同浴进行处理。在染色过程中，添加苯基苯酚之类的载体可以显著提高紫外线吸收剂的利用效率。然而载体在染色过程中如果和紫外线吸收剂发生反应，会使染料的耐光牢度下降[24,25]。

对于水溶性的紫外线吸收剂，在处理羊毛、蚕丝、棉以及锦纶纺织品时，在常压下做吸尽处理即可。因此，这类紫外线吸收剂可以与染料同浴对织物进行处理。

2. 浸轧法

由于紫外线屏蔽剂大多不溶于水，对棉、麻等天然纤维亲和力低，因此不能用吸尽法。对于这种情况，可将紫外线吸收剂分散在水中，同时加入树脂或交联剂、渗透剂、柔软剂等助剂。织物经轧—烘—焙处理，紫外线屏蔽剂通过树脂或交联剂固着在纤维表面。但这种处理通常会影响织物的手感和舒适性。陈英在纳米 ZnO 的分散体系中加入聚丙烯酸酯，提高浸轧液中纳米 ZnO 分散体系的稳定性，同时，还可作为黏着剂[26,27]。另外，也可以将紫外线屏蔽剂溶解在适当的溶剂中，然后对织物进行浸轧处理。例如，可将苯并三唑类或二苯甲酮类紫外光吸收剂溶解在乙酸乙酯中，制备具有一定浓度的浸轧液[28]。但是这种方法要使用大量溶剂，不便于工业化生产，环保和安全方面也存在问题。

3. 泡沫整理

泡沫整理技术是一种节能环保的低给液加工技术，整理后的织物手感柔软，透气性好。为了获得理想的防紫外线效果，需要提高整理液中紫外线吸收剂的用量，这样才能保证在低给液的条件下，织物获得足够的整理剂。

4. 涂层法

在涂层树脂中加入适量紫外线屏蔽剂，在织物上刮涂后烘干或焙烘即可。涂层法虽然简单，但是要想充分发挥各种组分的功能，织物获得优良性能，需要对涂层剂精心筛选，涂布方式也要充分配合。涂层法使用的紫外线屏蔽剂，大多是折射率较高的无机化合物。和传统的无机紫外线屏蔽剂相比，纳米金属氧化物具有用量少、性能稳定、屏蔽效率高等优点，但是其在涂层剂中难以分散，而溶胶—凝胶技术在工艺上要简单得多[29,30]。

5. 防紫外线整理新工艺

溶胶—凝胶技术的基本原理是以金属的醇盐或无机盐为前体，将其溶于水、有机溶剂或它们的混合物中，形成均一体系；在催化剂（酸或碱）的作用下，前体水解或醇解，水解或醇解产物发生缩合反应，生成直径约为 1nm 的粒子，即形成"溶胶"。只要条件适当，溶胶体系非常稳定，而且在水解或醇解阶段金属成分可任意组合或掺杂，形成复合溶胶体系。改变溶胶所处条件，溶胶粒子进一步缩合，形成三维网状结构，体系失去流动性，生成"凝胶"。溶胶体系稳定，黏度低，调节浓度后可直接处理织物，或在保持其稳定性的前提下与其他助剂配合使用。溶胶处理的织物经过烘干，生成的凝胶网络可牢固地附着在纤维或织物表面，大小在数十纳米。

邓桦等通过溶胶—凝胶技术自制了纳米 TiO_2，经过对增稠剂的筛选和优化，将纳米 TiO_2 溶胶与适量邦浆 A 混合，高速搅拌后制得涂层剂。棉卡其织物经过涂层后，获得了优异的抗紫外线性能，耐久性优异。同时，织物基本保留了原有的舒适性[31]。

对于服用织物而言，无论采用哪种整理方法，耐洗性都是需要重点予以考虑的。如前所述，反应型的紫外线吸收剂可以获得良好的效果。例如，沈华等以三聚氯氰、受阻胺哌啶醇、多元胺磺化物为原料合成的自身带有水溶性基团和活性基团的反应型受阻胺类紫外线吸收剂。通过竭染法对织物进行整理，以 Na_2CO_3 为催化剂，在 75 ~ 90℃ 处理 20 ~ 40min。经过 50 次洗涤后，UPF 值保持在 80% 以上，表现出良好的耐久性[32]。冯云等制备的反应型紫外线吸收剂可以通过氢键与纤维分子结合，耐洗性能优异[33]。

最后，关于纺织品抗紫外线整理需要指出的是，整理方式与产品的最终用途有关。作为服装面料，特别是夏季服装面料，消费者对织物的热湿舒适性要求较高，整理工艺要尽量避免对织物的透气性、透湿性甚至织物重量造成负面影响。而对于装饰用织物、产业用纺织品，则不必考虑服用性能方面的问题，有些场合甚至耐洗涤性能要求也不高，这时可选用涂层法，将具有防紫外线性能的涂料直接涂覆在织物表面即可。

四、防紫外线性能的评价

紫外线防护性能评价主要采用紫外线防护系数和紫外线透过率两项指标评价。

（一）紫外线防护系数

紫外线防护系数是紫外线对未防护的皮肤的平均辐射量与经测试物遮挡后紫外线辐射量的比值。UPF 的数值及防护等级如表 2 - 2 - 6 所示。

表 2 - 2 - 6 UPF 的数值及防护等级

UPF 范围	防护分类	紫外线透过率（%）	UPF 等级
15 ~ 24	较好防护	6.7 ~ 4.2	15，20
25 ~ 39	非常好的防护	4.1 ~ 2.6	25，30，35
40 ~ 50，50 +	非常优异的防护	≤2.5	40，45，50，50 +

UPF 的计算如式（2 - 2 - 1）所示：

$$UPF = \frac{\sum_{290}^{400} E_\lambda \times S_\lambda \times \Delta\lambda}{\sum_{\lambda=290}^{400} E_\lambda \times S_\lambda \times T_\lambda \times \Delta\lambda} \qquad (2 - 2 - 1)$$

式中：λ：紫外线波长，nm；E_λ：相对红斑的紫外线光谱效能；S_λ：太阳光谱辐射能，$W/(m^2 \cdot nm)$；T_λ：波长为 λ 时的紫外线透过率，%；$\Delta\lambda$：紫外线光波长度间距，nm。

对防紫外线纺织品来说，波长为 λ 的 UPF 值与紫外线透过率 T_λ 有式（2 - 2 - 2）的关系：

$$UPF = \frac{1}{T_\lambda} \qquad (2-2-2)$$

（二）紫外线透过率

紫外线透过率是表示有试样时的紫外线透射辐射通量与无试样时的紫外线透射辐射通量之比。常分为 UV-A 波段的紫外线透过率 $T(UV-A)_{AV}$ 和 UV-B 波段的紫外线透过率 $T(UV-B)_{AV}$，计算方法如式（2-2-3）和式（2-2-4）所示：

$$T(UV-A)_{AV} = \frac{\sum\limits_{\lambda=315}^{400} T_\lambda \times \Delta\lambda}{\sum\limits_{\lambda=315}^{400} \Delta\lambda} \qquad (2-2-3)$$

$$T(UV-B)_{AV} = \frac{\sum\limits_{\lambda=290}^{315} T_\lambda \times \Delta\lambda}{\sum\limits_{\lambda=290}^{315} \Delta\lambda} \qquad (2-2-4)$$

由于物体对光的反射率与吸收率之和即为该物体对光的遮蔽率，遮蔽率与透过率的关系如式（2-2-5）所示：

$$遮蔽率 = 1 - 透过率 \qquad (2-2-5)$$

我国国标将 UPF 值和 $T(UV-A)_{AV}$ 共同作为评价织物防紫外线性能的指标，只有 UPF 值大于 30，并且 $T(UV-A)_{AV}$ 不大于 5% 时，才能称为防紫外线产品。

☞ 思考题

1. 影响纺织品防紫外线性能的因素有哪些？
2. 防紫外线整理剂及其防紫外线原理。
3. 纺织品防紫外线性能评价方法有哪些？

参考答案：

1. 纤维性质、纱线和织物结构、织物颜色及防紫外线整理加工方法。
2. 防紫外线整理剂有无机类和有机类两种：

（1）无机类紫外线屏蔽剂，如高岭土、碳酸钙、滑石粉、氧化铁、氧化锌、氧化亚铅等。主要通过对入射紫外线反射或折射达到防紫外线辐射的目的。利用陶瓷或金属氧化物等颗粒与纤维或织物结合，增加织物表面对紫外线反射和散射作用，防止紫外线透过织物。

（2）有机类紫外线整理剂，如水杨酸、二苯甲酮、苯并三唑、三嗪类紫外线整理剂，主要通过吸收紫外线并进行能量转换，将紫外线变成低能量的热能或波长较短的电磁波，从而达到防紫外线辐射的目的，因此也被称为紫外线吸收剂。

3. 紫外线防护系数（UPF）和紫外线透过率。

第三节　防电磁辐射整理

本节知识点

1. 电磁辐射对人体的危害及纺织品防电磁辐射整理的原理
2. 防电磁辐射纺织品的制备方法
3. 纺织品防电磁辐射性能的评价方法

电磁辐射是能量以电磁波形式由波源发射到空间的现象。自然界中的电磁波按照波长或频率范围的划分见图 2-3-1。广义而言，辐射包括电离辐射和非电离辐射，但是习惯上将属于非电离辐射的紫外线、可见光、红外线、激光以及与人类生活有密切关系的微波（电子波段）称为电磁辐射（Electromagnetic Radiation）。

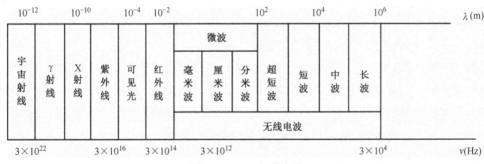

图 2-3-1　电磁波谱

随着科技进步，人们在日常生活中接触各种电子产品的机会和时间较过去大大增加。很多电子产品工作时都会发出不同频率和强度的电磁波，由此造成的电磁辐射会危害人体健康。因此，电磁辐射被视为环境的"第四大污染"，对电磁辐射的防护日益受到重视。

一、电磁辐射的来源及其对人体的危害

电磁辐射污染既有天然的，也有人为产生的。其中人为产生的电磁辐射按频段的不同可分为工频辐射和射频辐射；按人为制造的系统大致可分为五类：广播电视类、通讯发射类、工科医类、交通系统类和高压电力类。辐射频率跨度较广，从数 MHz 到数 GHz。

电磁辐射对人体产生的危害主要表现在三个方面：热效应、非热效应和累积效应。

（1）热效应：人体70%以上是水。水分子受到电磁波辐射后，可以将所吸收的电磁波的能量转化为内能，引起肌体升温，进而影响到体内器官的正常工作。电磁场场强越大、频率越高，热效应越明显。电磁辐射对人体的作用强度为：微波＞超短波＞短波＞中波＞长波。

（2）非热效应：长时间低频率的电磁辐射，会产生非热效应。人体器官和组织都存在微弱的电磁场，正常情况下是稳定和有序的；外界电磁场会干扰体内处于平衡状态的微弱电磁

场，细胞分子产生共振作用，导致生物体神经系统功能紊乱或失调，影响心血管系统。

（3）累积效应：电磁辐射对人体的伤害具有累积效应。对于长期接触电磁波辐射的群体，即使功率小、频率低，也可能造成伤害。累积效应主要表现为致癌、致畸和致突变，这些变化需要对几代人进行观察研究才能做出结论。

二、防电磁辐射基本原理

（一）电磁屏蔽原理

利用导电或导磁材料制成屏蔽体，将需要保护的对象从电磁污染环境中隔离，是防电磁辐射的有效手段。屏蔽体通过反射、吸收和材料内部多次反射作用消除或降低电磁辐射的危害。这些作用与屏蔽结构表面及屏蔽体内感生电荷、电流和极化现象密切相关。电磁屏蔽按其作用原理分为电场屏蔽、磁场屏蔽和电磁场屏蔽。

1. 电场屏蔽

电场屏蔽是为了消除或抑制由于电场耦合引起的干扰。利用金属屏蔽体可以对电场起屏蔽作用。屏蔽体必须充分接地，否则起不到应有的屏蔽作用。对于交变电场，若某导体有一交变电压，金属屏蔽体可将电场限制在该导体和屏蔽体之间。电场屏蔽应采用良导体，接地电阻越小，屏蔽效果越好。同时，屏蔽体必须是完善的。

2. 磁场屏蔽

对于静磁场及低频交变磁场，主要利用铁、镍钢、坡莫合金等高磁导率的材料实现屏蔽。这类材料磁阻低，磁力线将被封闭在屏蔽体内，起到磁屏蔽的作用。磁场屏蔽体接地状况不影响磁屏蔽效果，但磁屏蔽体对电场也有一定的屏蔽效果，因此一般也接地。为了获得好的磁屏蔽效果，材料的磁阻要足够小。

对高频磁场而言，屏蔽体表面产生的涡流会产生感生磁场，抵消原磁场的作用，同时使磁力线绕行而过。涡流越大，屏蔽效果越好。因此，对于高频磁场的屏蔽应选用良导体，如银、铜、铝等材料。随着磁场频率增大，涡流亦增大，磁屏蔽效果更好。由于集肤效应，涡流在材料的表面产生，因此很薄的金属材料即可满足屏蔽要求。

3. 电磁场屏蔽

对于高电压、小电流的干扰源，近场以电场为主，其磁场分量可以忽略；而对于低电压、大电流的干扰源，近场以磁场为主，其电场分量可以忽略。对上述这两种情况，可以分别按照电屏蔽和磁屏蔽原理进行处理。但是在频率较高或在远场条件下，不论辐射源本身特性如何，均可看作平面波电磁场，此时需将电场和磁场同时屏蔽。

高频电磁波穿过金属屏蔽体时产生波反射和波吸收。电磁波到达屏蔽体表面时，由于金属—空气界面阻抗不连续，入射波产生反射。反射作用不要求材料很厚，只要求阻抗不连续。电磁波的波阻抗与金属屏蔽体的特征阻抗相差越大，反射引起的损耗也越大；电磁波频率越低，反射越严重。

电磁波在穿透屏蔽体时产生的吸收损耗主要由感生涡流引起。感生涡流可产生一个感生磁场，抵消原干扰磁场；同时感生涡流在屏蔽体内产生热损耗。电磁波频率越高、屏蔽体越厚，涡流损耗越大。

在屏蔽体内未衰减的能量到达屏蔽体另一侧时，由于界面阻抗不连续而再次产生反射，电磁波折回屏蔽体内。这种反射在两界面之间可以发生多次。

（二）电磁屏蔽性能指标[34,35]

电磁屏蔽性能的好坏通常用屏蔽效能 SE（Shielding Effectiveness）来表示。电场及磁场的屏蔽效能如式 2-3-1 及式 2-3-2 所示：

$$SE_E(dB) = 20lg(\frac{E_2}{E_1}) \tag{2-3-1}$$

$$SE_H(dB) = 20lg(\frac{H_2}{H_1}) \tag{2-3-2}$$

式中：E_1、H_1——分别为加上屏蔽后待测点的电场强度和磁场强度；

E_2、H_2——分别为未加屏蔽前待测点的电场强度和磁场强度；

SE_E、SE_H——分别为电场屏蔽效能和磁场屏蔽效能。

对于远场而言，电磁场是统一的整体，所以

$$SE = SE_E = SE_H \tag{2-3-3}$$

根据 Schelkunoff 理论，电磁波在遇到屏蔽层后，会发生透射、吸收、反射、折射等多种现象，总的电磁屏蔽效能 SE 为电磁波反射损耗 R、吸收损耗 A 及内部反射损耗 B 的总和，如式 2-3-4 所示：

$$SE = A + R + B \tag{2-3-4}$$

对于平板型的金属导体，吸收损耗 A 表示电磁波进入金属体内部时被其吸收后的衰减程度，它与电磁波的类型无关，与屏蔽体厚度 b 呈线性关系，如式 2-3-5 所示：

$$A(dB) = 0.1314b\sqrt{f\mu_r\sigma_r} \tag{2-3-5}$$

式中：f——频率，Hz；

μ_r——金属的相对磁导率；

σ_r——金属相对于铜的电导率（铜电导率 $\sigma_c = 5.8 \times 10^7 \Omega/m$）。

各种金属屏蔽材料的性能如表 2-3-1 所示。

表 2-3-1 各种金属屏蔽材料性能（假设金属尚未饱和）

金属	相对电导率	f=150kHz 时 相对磁导率 μ_r	f=150kHz 时 A （dB/mm）
铜	1.05	1	52
铜—退火	1.00	1	51
铜—冷轧	0.97	1	50
金	0.70	1	42
铝	0.61	1	40
镁	0.38	1	31
锌	0.29	1	28
黄铜	0.26	1	26
镉	0.23	1	24

金属	相对电导率	$f=150\text{kHz}$ 时 相对磁导率 μ_r	$f=150\text{kHz}$ 时 A （dB/mm）
镍	0.20	1	23
磷青铜	0.18	1	22
铁	0.17	1000	650
锡	0.15	1	20
钢 SAE1045	0.10	1000	500
铍	0.10	1	16
铅	0.08	1	14
高磁导率镍钢	0.06	80000	3500 *
钼	0.04	1	10
μ 合金	0.03	80000	2500 *
坡莫合金	0.03	80000	2500 *
不锈钢	0.02	1000	220

＊假设金属尚未饱和。

反射损耗 R 表示电磁波在屏蔽材料入射表面的反射衰减，与材料的表面阻抗、电磁波辐射源类型及屏蔽材料到辐射源的距离 r 有关。

磁屏蔽体的表面阻抗与空间的磁场波阻抗非常接近。因此，磁屏蔽体表面对磁场波的反射损耗很小，磁屏蔽的效果主要由吸收损耗 A 决定。而电屏蔽体的表面阻抗很小，对于被屏蔽的高阻抗电场而言，屏蔽效果主要由表面反射损耗 R 决定，电场屏蔽体可以用比较薄的金属材料制成。

内部多次反射衰减 B 是表示在电磁波屏蔽材料的内部多次反射衰减，与材料的表面阻抗、电磁波辐射源类型及屏蔽材料到辐射源的距离有关。此项在 $B \leqslant 15\text{dB}$ 时才有意义。

$$B(\text{dB}) = 20\lg(1 - e^{-2b/\delta}) \tag{2-3-6}$$

式中：b——材料厚度；

δ——集肤深度。

对于 Ag、Cu、Al 等相对电导率大的材料，反射损耗 R 大，即对高频电磁场的屏蔽作用主要取决于表面反射损耗，且金属的相对电导率越大，SE 越高。而对铁、铁镍合金等高磁导率材料而言，相对磁导率越大，吸收损耗 A 越大，即对低频电磁场屏蔽时，吸收损耗将起主要作用。因此，用于低频屏蔽的导电材料既要有良好的电导率，也要有较高的磁导率，同时还要有足够的厚度。

另外，在低频阻抗场中，实心型屏蔽体的屏蔽效能 SE 可用式 2-3-7 近似表达。

$$SE(\text{dB}) = 20\lg[1 + (\mu_r b/2r)] \tag{2-3-7}$$

式中：μ_r——金属的相对磁导率；

r——屏蔽材料到辐射源的距离。

很多在基材上生成屏蔽金属膜的材料属于薄膜屏蔽，此处对薄膜屏蔽略作阐述。设在屏蔽层传播的电磁波波长为 λ，屏蔽层的厚度为 b，当 $b < \lambda/4$ 时，将屏蔽称为薄膜屏蔽。

薄膜屏蔽的屏蔽层很薄，由 $A(\text{dB}) = 0.1314b\sqrt{f\mu_r\sigma_r}$ 可知，吸收损耗 A 非常小，甚至可以忽略。屏蔽效果主要取决于反射损耗 R。对于多次反射吸收项 B 而言，由于薄膜很薄，多次反射的相位接近，能量相互叠加，致使 B 趋于较大的负值，使总屏蔽效能 SE 有所降低。表 2-3-2 为铜薄膜对频率为 1MHz 和 1GHz 的屏蔽效果计算值（假设入射波为平面波）。

由表 2-3-2 数据可知，对于薄膜屏蔽而言，随着屏蔽层厚度的增加，SE 显著提高；屏蔽效果几乎与频率无关，但是实测值在低频范围内会有较大误差，需要注意甄别与校正。

表 2-3-2 铜薄膜屏蔽效果计算值

屏蔽层厚度（μm）	1.05		12.5		21.96		219.6	
频率（Hz）	1M	1G	1M	1G	1M	1G	1M	1G
A（dB）	0.014	0.44	0.16	5.2	0.29	9.2	2.9	92
R（dB）	109	79	109	79	109	79	109	79
B（dB）	−47	−17	−26	−0.6	−21	0.6	−3.5	0
SE（dB）	62	62	83	84	88	90	108	71

三、防电磁辐射织物的制备

普通纺织品导电性不好，对电磁波几乎无屏蔽作用。为使织物获得屏蔽性能，目前主要是通过改善织物的导电性，使织物或织物表面形成较为完整的导电层，其屏蔽原理近似金属薄膜屏蔽原理；而在织物的织造过程中，按一定比例加入防电磁辐射纤维，形成电磁屏蔽织物，其屏蔽原理与网孔结构材料屏蔽原理近似。防电磁辐射织物对电磁波的屏蔽主要通过如下途径实现。

（1）由于空气/金属界面阻抗不连续，入射电磁波在屏蔽体表面发生反射。

（2）未被表面反射的电磁波进入屏蔽体内，在继续传播的过程中被屏蔽材料衰减，能量转化为其他的形式被吸收，吸收的多少取决于电磁波的波长，波长越短吸收越多。

（3）一部分电磁波传播到材料的另一表面，在阻抗不连续的金属/空气界面再次形成反射，回到屏蔽体内，继而发生多次反射和衰减。

（4）少量衰减的电磁波透过织物。

通常，根据屏蔽效能可将电磁波防护效果划分为以下几个等级，0~10dB：几乎没有屏蔽作用；10~30dB：屏蔽作用较小；30~60dB：屏蔽效果中等，用于一般工业或电子设备；60~90dB：屏蔽效果较好，可用于航空航天及军用仪器设备的屏蔽；高于90dB：屏蔽效果优秀。

在实际应用中，大多数电子产品的电磁辐射在 30~1000MHz，其屏蔽效能 SE 应高于 35dB（相对应的体积电阻率在 10Ω·cm 以下）。对一般的日常生活和工作来说，屏蔽效能在 30~60dB 的产品即具有防护效果。

按照我国电磁辐射防护服的要求，对于大功率射频应用设备的强场防护，屏蔽效能值在 30dB 以上；而对于一般设备，屏蔽效能值在 10~20dB。常用电磁辐射个体防护产品及其屏蔽效能见表2-3-3。

表2-3-3 常用电磁辐射个体防护纺织品及其屏蔽效能

品名	采用功能性的材料	屏蔽效能（标称值，dB）
衬衫	不锈钢纤维	20~30
防护围裙（马甲）	不锈钢纤维	20~30
	金属化镀膜材料	20~30
防护大褂	不锈钢纤维	30~40
	金属化镀膜材料	30~40
孕妇裙	不锈钢纤维	20~30
夹克防护套装	不锈钢纤维	30~40
屏蔽布	不锈钢纤维布	50~58
	化学镀镀膜布	50~58
屏蔽布（面料）	不锈钢纤维	20~30
屏蔽里子绸	不锈钢纤维	10~18

（一）金属丝及金属纤维在制造防电磁辐射织物中的应用

获得导电纺织品最直接的方法是用细度较高的金属丝或金属纤维与普通纤维混纺或交织。这种导电织物的电磁屏蔽效能主要取决于金属纤维的连续性或接触性。

常用的金属丝有铜丝、镍丝、不锈钢丝及一些合金丝。屏蔽效能要求较高时用银丝或铅丝。金属交织物的屏蔽效能在0.15M~20GHz范围内可以达到60dB以上[38]。为获得良好的防辐射效果，织造时要注意织物组织结构的设计，金属丝应保证足够的交织密度。

对于绝大部分的磁屏蔽材料，影响材料内部磁畴排列方向的所有操作都会降低材料的磁导率，使磁屏蔽性能下降，甚至工作温度变化较大时也会造成影响[39]。

常用的金属纤维包括镍纤维和不锈钢纤维，纤维直径在2~10μm之间。金属纤维混纺织物比金属丝交织物屏蔽效果好，手感明显改善。目前纺织上多用4μm、6μm、8μm的软化不锈钢纤维纺制28tex或20tex的纱线，混纺比在15%~30%之间，屏蔽效能在0.15M~3GHz内可达15~30dB，满足服用要求。王瑄考查了金属纤维含量、纱线线密度、织物结构参数等对织物的电磁屏蔽性能的影响[40]。

在金属交织或混纺织物的设计与织造中要注意如下问题：

（1）织物组织结构的影响。有研究表明，在常见的三种原组织中，平纹组织由于交织点多，结构紧密，金属纤维网较密，电磁屏蔽效果较好；缎纹组织由于经、纬浮长线较长，交织点少，金属纤维网较疏松，屏蔽效能较差；斜纹组织则介于两者之间。

（2）纱线结构的影响。对于金属长丝，有包覆纱和包芯纱。在包覆纱中，金属长丝沿螺旋线规则地包覆在短纤维上；在包芯纱中，金属长丝则位于纱线条干的内部，普通纤维包缠在外面。对于金属短纤维，金属短纤维在混纺纱中的分布介于包覆纱与包芯纱之间。织物内金属纤维形成的网络，包芯纱网距较小，金属短纤混纺纱次之，包覆纱最大。因此，织物结构相近时，包芯纱屏蔽效能最好，金属短纤维混纺纱次之，包覆纱最差[41]。

（3）金属长丝/纤维的影响。通常，金属纤维长度相同的情况下，直径越大，导电性越好，织物屏蔽效能越高。但是纤维直径的增加会影响可纺性。另外，经纱和纬纱都采用金属纤维的织物，屏蔽效果好于经纱或纬纱单独使用金属纤维的织物[41]。

除了用于织造，金属纤维还用于聚合物复合屏蔽材料的制造。Bagwell R M 等在聚对苯二甲酸丁二酯中添加黄铜纤维，电磁屏蔽效能较添加铝纤维的材料高 10 ~ 18 dB；将体积比为 15%、直径为 0.162 mm 铜短纤维加入环氧树脂中，对频率为 1.0 GHz 的电磁波的屏蔽效能达到 45dB。铜短纤维直径增加，屏蔽效能降低。这点与金属短纤维混纺织物完全不同。金属纤维直径增加，在含量一样的情况下，彼此接触的概率降低，导电性下降，屏蔽性能随之降低。因此，在纤维—聚合物复合材料中，应当重视金属纤维的细微化与分散性[42]。Chen Chunsheng 等用铁纤维填充聚酰胺、聚碳酸酯等制成复合材料，当填充量体积百分比为20% ~ 27%时，屏蔽效能 SE 高达 60 ~ 80 dB[43]。

（二）防电磁辐射聚合物纤维

复合型导电纤维是将具有电磁屏蔽功能的无机粒子与聚合物共混后进行纺丝，制备防电磁辐射纤维。欲使电磁屏蔽效能在30dB以上，纤维的体积电阻率需在 $10\Omega \cdot cm$ 以下，此时必须增加导电粒子的用量。由此导致纤维可纺性降低，甚至不能成纤。喷丝孔对各种无机导电填料（如炭黑、碳纤维、石墨、金属粉、金属氧化物等）的粒径也有较高的要求。这类纤维的强度、弹性、耐久性、耐磨性较好，成本低，使用寿命长，但屏蔽性能不高，特别是高频屏蔽性能较差。

本征型导电聚合物纤维是用 AsF_3、I_2、BF_4 等物质以电化学掺杂方法合成的具有导电功能的共轭聚合物，如聚乙炔类、聚苯撑类、聚吡咯类、聚噻吩类、聚苯胺类、聚杂环类，其中一些掺杂聚合物的电导率甚至超过银。但是这类材料尚存在成纤困难、导电稳定性差、成本较高等问题，其作为电磁屏蔽材料的实用性受到限制[44,45]。

获得规模应用的主要是复合型导电聚合物纤维，但是种类较少。例如，将 Cu 粉加入湿纺黏胶中，制成线密度在 1.1 ~ 16.5dtex 的长丝及 38 ~ 171mm 的短纤[46]。或将粒径约 $1\mu m$ 的铁氧体按一定比例加入黏胶浆粕中纺丝，以此纤维织成的织物具有较好的电磁屏蔽性能[47]。杨鹏等利用不同金属盐的凝固浴，制备了多种海藻酸盐纤维[48]，其中海藻酸钡纤维的效果最好，在 30 ~ 600MHz 其屏蔽效能接近 20dB。

碳纤维具有一定的导电性，而且具有高强、高模、化学稳定性好、相对密度小等优点，但其自身导电能力尚不能满足电磁屏蔽的要求，还需在纤维表面生成导电膜，以改善电磁屏蔽效果。Paligova 等采用聚苯胺包覆碳纤维，研究了材料的电磁参数，发现这种聚合物在频率为 0 ~ 1300MHz 的电磁波辐射下的屏蔽效能达 35dB[49]。

（三）聚合物基电磁屏蔽复合材料

1. 聚合物基电磁屏蔽复合材料的组成

聚合物基电磁屏蔽复合材料通常由导电（或导磁）填料、聚合物基体及偶联剂、分散剂、稀释剂等组成。

常用的导电填料包括导电性能优良的金属纤维（银系、铜系和镍系）、金属片、镀金属的碳纤维、石墨纤维或云母、炭黑、石墨等。其中应用较多的是金属纤维，如黄铜纤维、铁纤维以及不锈钢纤维等。此外，导电聚合物填料值得关注，例如聚乙炔、聚吡咯、聚噻吩、聚苯胺等，有一些独具特色的优点。常用的聚合物基体有聚丙烯腈—丁二烯—苯乙烯树脂（ABS）、聚丙烯（PP）、聚苯醚（PPO）、聚碳酸酯（PC）、聚氯乙烯（PVC）、聚乙烯（PE）、聚酰胺（PA）等。

美国 Mobay Chemical 公司研制出铝片与 PC/ABS 的复合材料，有 ME－2540 和 ME－6540两种。前者在 1～960MHz 频率范围内的 SE 为 65～54dB；后者相应的 SE 则为 50～45dB。

日本钟纺公司开发了铁纤维与 PA6、PP、PC 等聚合物基体复合而成的电磁屏蔽材料。例如牌号分别为 FE－125、FE－125MC 和 FE－125HP 的材料中铁纤维的填充量在 20%～27%体积分数之间，屏蔽效能 SE 可达 60～80dB。

用不锈钢纤维作填料制成的电磁屏蔽材料也有很好的屏蔽效能。当不锈钢纤维直径为7μm，填充量为 6% 质量分数时，屏蔽效能 SE 可达 40dB[34]。

黄铜纤维也是一种能使复合材料获得优良屏蔽效能的填料。当黄铜纤维体积分数为 10%时，材料的体积电阻率低于 $10^{-2}\Omega \cdot cm$，屏蔽效能 SE 可达 60dB。利用高频振动切削法制造的黄铜纤维性能更好，通常其长度为 2～15mm，直径为 40～120μm，容易同聚合物进行混炼。其与聚丙烯腈—丙烯酸—苯乙烯复合制成的电磁屏蔽材料，不仅具有较高的屏蔽效能，而且由于丙烯酸取代了丁二烯，还改善了对氧的稳定性，具有良好的耐热性。在频率为100MHz、500MHz 和 1000MHz 时屏蔽效能分别达到 67dB、48dB 和 32dB。黄铜纤维填充 PA等聚合物基体也可获得类似的效果[34]。镀镍云母片也可以与 ABS、PP、PBT 等聚合物基体复合制成电磁屏蔽材料。利用碳纤维或石墨纤维也具有电磁屏蔽性能，利用这类复合填料制备的电磁屏蔽材料，可以改善用纯金属作填料时所造成的材料密度过大的缺点。例如，美国氰胺公司采用直径为 7μm、镀层厚为 0.5μm 的镀镍石墨纤维作填料，当填充量为 40% 质量分数时，与 ABS 基体复合制得的材料在 1000MHz 时，屏蔽效能达到 80dB。镀镍石墨纤维不仅导电性能好，不生锈，而且还能提高复合材料的力学性能。

聚苯胺（PANI）是一种较为典型的导电聚合物。PANI 具有金属光泽，分子链有很强的共轭性。因其电导率可控，成本低，热稳定性和化学稳定性好，易于制备等优点受到极大的关注。但是聚苯胺的难溶性一度成为其加工应用的障碍，通过对聚苯胺进行质子酸掺杂，可以显著改善可溶性问题，提高其应用性能[50]。

袁冰倩等用乙醇助溶法加强石墨烯与聚苯胺的混合，然后压片制备石墨烯/聚苯胺屏蔽材料[51]。黄大庆等合成了导电聚苯胺纳米薄膜均匀包覆的碳纳米管/导电聚苯胺纳米复合纤维，发现导电聚苯胺材料在射频段对电磁干扰有很大的屏蔽性能。潘玮国等以涤纶为基体纤维，采用原位聚合制取聚苯胺/涤纶导电纤维。导电聚苯胺复合物的屏蔽效能可达 20～60dB，并随着基体中导电聚合物引入量的增加而提高。

通常，用金属填料制备的复合材料在低频段具有较好的屏蔽效能，但在高频段屏蔽效能较差；而导电聚合物为填料的电磁屏蔽材料在低频段难以得到令人满意的屏蔽效果。金属填料和导电聚合物混合使用，可以在较宽频段范围得到较好的电磁屏蔽效果[52]。另外，对导电聚合物进行掺杂处理，可以提高导电聚合物的导电性，增强复合材料的电磁屏蔽效果。例如用樟脑磺酸（CSA）对聚苯胺进行二次掺杂以提高导电聚苯胺的电导率，其电导率由原来的 0.29s/cm 增加到 8～12s/cm。

2. 影响聚合物基电磁屏蔽复合材料屏蔽效能的因素

影响聚合物基电磁屏蔽复合材料屏蔽效能的因素较为复杂，不仅与导电填料的性质、用量有关，还与填料的形态、聚合物基体的种类、复合工艺等因素有关[34]。

导电填料在聚合物基体中的用量存在"渗滤阈值"。通常，随着导电填料用量的增加，复合材料的体积电阻率逐渐下降。当导电填料的用量达到某一临界值时，材料的电阻率急剧下降，电阻率—导电填料曲线上出现一个突变区域。用量越过这一临界值后，电阻率随导电填料用量的变化又趋平缓。不同的导电填料有不同的临界填充量；而同一导电填料填充不同的聚合物基体时，其渗滤阈值也不同。与其他聚合物复合材料相同，导电材料用量也会对材料的力学性能造成影响，特别是添加量较高的时候，复合材料的力学性能会明显降低。常用的导电填料用量一般为 12%～20% 体积分数。

导电填料的形态对复合材料的屏蔽效能也有显著的影响。填料长径比越大，导电性越好。细长的填料更利于聚合物内导电网络的构建。目前常用的金属纤维的长径比一般为 50～60，当填充量为 10%～15% 体积分数时，便具有足够的导电性能。粉末状导电填料的用量则要达到 40% 体积分数左右。如果条件允许，应提高填料的长径比。

导电填料的表面形态以及在聚合物基体中的分散状况等也会影响复合材料的屏蔽效能。采用多孔质、比表面大以及分散性好的导电填料，则容易获得好的屏蔽效果。

聚合物作为复合材料的连续相和黏结基体，其种类和结构对材料的屏蔽效能也有明显的影响。聚合物的黏度和表面张力是影响分散性的重要因素。填料在表面张力较小的聚合物中容易浸润和分散，其导电性能和电磁屏蔽效能相应提高。而对于同一种聚合物基体，黏度越低，填料的分散效果越好，导电性能越好。

聚合物基体的结晶度对屏蔽效果也有影响。有研究认为，结晶度越高，则导电性能越好，屏蔽性能随之提高。导电填料主要分布在聚合物基体的非晶区，因此当结晶相比例增大时，在填料用量相同的情况下聚合物非晶区中导电填料的分布密度增加，形成导电通路的概率增大。例如，以不锈钢纤维为导电填料，分别与 ABS 和 PP 两种聚合物复合制成电磁屏蔽材料，其"渗滤阈值"在结晶性的 PP 基体中比在无定形 ABS 基体中低[53]。

聚合物的聚合度和交联度也会影响复合材料的导电性能和屏蔽效能[50]。聚合度越高，价带、导电带的能隙越小，则导电性越好。但过高的聚合度会影响材料的加工性能以及与其他材料的相容性。较高的交联度会降低聚合物的结晶度，同时阻碍了导电粒子的迁移和运动能力，使复合材料的导电性能下降。选择聚合物基体时，要综合考虑各组分的性能及目标材料的性能，适当取舍。

复合材料的导电性能和电磁屏蔽效能很大程度上取决于导电填料与聚合物基体的分散状况和导电结构的形成过程。为保证各组分充分混合，必须进行混炼。但在高温和剧烈的剪切作用下，导电填料的结构可能会遭到破坏，进而影响导电性能和屏蔽效能。因此，选择合理的混炼工艺参数和混炼设备的技术参数十分关键。例如，挤出时受力应尽可能小，剪切速度尽可能低，以保持导电组织结构的完整性。提高流体熔体指数，可以降低复合体系的黏度和剪切应力。延长成型时间也有利于保持导电结构的完整性[34]。

（四）纺织品金属化整理

通过化学镀层、真空镀层、涂层等方法在纤维表面形成金属导电层，纤维比电阻可降至 $10^{-4} \sim 10^{-2} \Omega \cdot cm$。金属化涂层由于加工手段灵活，材料来源广泛，适用性广，屏蔽效果优良，应用越来越广泛。

1. 化学镀

化学镀能够实施连续化生产，生产效率高，镀层厚度便于调节；当电磁波屏蔽效果相同时，金属耗用量更低。但化学镀有重金属离子污染问题。另外，目前的化学镀铜或镍工艺需用钯或其他贵金属充当活化剂，导致产品成本较高。化学镀的一般工艺流程为：

清洗（去油）→粗化→敏化→活化→强化→化学镀

PET、PA 等合成纤维表面光滑、浸润性差，为提高纤维的浸润性、增加制品表面的粗糙度及表面积，使化学镀顺利进行，镀层获得良好的附着力，在活化前要先对织物进行清洁和粗化。例如，利用低温等离子体，通过刻蚀作用可使纤维粗化[54]。

敏化是将粗化过的织物放入敏化液中浸渍。典型的敏化液是氯化亚锡溶液。亚锡盐水解生成氢氧化亚锡或氧化亚锡均匀沉积在织物表面，作为活化处理的金属析出中心。

活化剂一般为对待镀金属有催化活性的贵金属盐，常用的为氯化钯或氯化金的胶体溶液。例如，在活化过程中，亚锡离子把活化液中的钯离子还原成金属钯粒子，在织物表面沉积下来形成钯金属晶粒或金属膜，该膜起催化剂作用，加快化学镀进程。

化学镀溶液一般由金属盐、还原剂、缓冲剂、络合剂和稳定剂等组成。其中，还原剂的选择是关键。常用的还原剂是次磷酸盐和甲醛，此外，还有硼氢化物、氨基硼烷及它们的衍生物。还原剂将金属离子还原成金属原子或分子沉积在纤维表面，活化后形成的金属钯催化该过程，最终在织物上形成金属膜。

化学镀工艺中较为常见的是化学镀银、镀镍和镀铜织物。

化学镀银是利用"银镜反应"，将银氨络盐还原，在纤维表面沉积金属银。镀液含有银盐和还原剂。银盐基本是银氨络合物溶液；还原剂包括糖类、酒石酸盐、甲醛和肼类等。其中葡萄糖和酒石酸盐的还原能力较弱，醛类和肼类还原能力较强。为了获得均匀、平整的镀层，满足屏蔽性能要求，需要多次镀银，成本极高。

化学镀镍是在强还原剂次亚磷酸钠的作用下，镍离子还原成金属镍，同时次亚磷酸盐解析出磷，在催化界面上形成 Ni—P 合金镀层。此反应是自催化氧化—还原反应。反应速率与反应界面的 pH 有关：pH 较高时，金属离子易还原；pH 较低时，次磷酸根中的磷容易还原，化学镀镍层中磷含量随 pH 升高而降低。化学镀镍磷织物的主要特点是质地轻柔，透气性好，耐磨性强，价格低廉，抗氧化腐蚀能力强，但电磁屏蔽性能较化学镀银及化学镀铜弱，尤其是当镀层中含磷较高的情况下屏蔽性能更弱。

化学镀铜也是通过自催化氧化—还原反应，使 Cu^{2+} 还原成金属铜，进而沉积在纤维表面。铜的导电率仅次于银，其电磁波屏蔽性能良好，例如用甲醛作还原剂化学镀铜制备的镀铜织物，屏蔽效能在 100M ~ 1.5GHz 范围内可达 35 ~ 68dB，但是铜镀层在空气中容易氧化，影响屏蔽作用的耐久性。因此，化学镀铜织物一般需要防氧化后处理。

从"绿色工艺"角度来看，无甲醛化学镀技术是一种发展趋势，其中对以次磷酸钠为还原剂的化学镀铜技术研究得最多。

2. 真空镀

真空镀主要有真空沉积法和真空磁控溅射法两种。真空沉积法制备的薄膜均匀度、致密性较差，附着力低，屏蔽层耐久性差。磁控溅射法得到的金属化织物效果好得多[55]。

磁控溅射是在阴极溅射的基础上加以改进发展而来的一种新型镀膜法。该法克服了效率低和基片温度升高的致命弱点。其过程为：将溅射靶放在真空室内，在阳极和阴极靶材之间加上足够的直流电压，形成一定强度的静电场；然后往真空室内充入氩气，在静电场的作用下，氩气电离产生高能 Ar^+ 和二次电子 e_1；Ar^+ 在电场作用下加速飞向溅射靶，使靶材表面发生溅射；溅射粒子中，中性的靶原子或分子沉积在基材上形成薄膜[56]。

例如，山东天诺光电材料公司采用真空磁控溅射，在真空度 0.38Pa、电流 8.7A、电压 560V 条件下进行镀层，金属镀层的厚度在 $3\mu m$ 以下[57]。J. L. Huang 等用磁控溅射法在丙烯酸树脂上沉积氧化铟锡薄膜，研究发现薄膜厚度对导电性能的影响与对电磁屏蔽效能的影响非常相似，当镀膜厚度在 100nm 以上时，薄膜屏蔽效能超过 40dB，并且随着薄膜厚度的增加，屏蔽效能逐渐增大[58]。

磁控溅射法虽然操作简单，薄膜沉积速度快，污染小，但设备费用高昂，能源消耗大，制成的金属化织物表面电阻仍较高，电磁屏蔽效能有待进一步提高。

3. 涂层整理

目前常用的电磁屏蔽涂料与聚合物电磁屏蔽复合材料相似，由树脂、导电填料、添加剂及溶剂组成，混合均匀后要满足涂层加工的需要，例如能够制成具有一定黏度的溶液或熔体，满足涂层加工对流变性的要求。树脂是屏蔽涂层的成膜物质，对导电填料起黏结和分散的作用，同时决定屏蔽涂层的力学性能和化学性能。

电磁屏蔽涂料按导电填料的不同可以分为本征型和复合型两类。

本征型电磁屏蔽涂料主要以导电聚合物（聚苯胺、聚吡咯等）与其他树脂混合组成复合涂料。由于导电聚合物的导电性和屏蔽频段的局限性，本征型电磁屏蔽涂料屏蔽效果较差，需要对导电聚合物掺杂改性，以提高涂层的导电性。王进美等利用纳米管状聚苯胺制备涂层剂，优化涂层织物的最低表面电阻率达到 $16\Omega \cdot m$，整理后织物的导电性显著提高。利用波导管法测得涂层织物的微波段电磁屏蔽效能达到 48dB[59]。

复合型电磁屏蔽涂料主要由树脂、导电填料、添加剂及溶剂组成。所选用的导电填料与聚合物电磁屏蔽复合材料类似[60]。聚合物基体多为聚丙烯酸树脂。在常用的导电填料中，金属导电填料的屏蔽性能较好。陈颖等研究了石墨涂层、镍涂层在织物及导电涤纶上的制备技术及屏蔽效果[61]。研究结果显示镍双面屏蔽涂层织物的屏蔽效能值最佳，在 30M ~ 1500MHz

范围内，屏蔽效能可达 47.1~62.0dB，屏蔽率为 99.56%~99.92%。

纳米吸波填料以加工方便、性能可调、屏蔽性能好等优点受到重视。目前应用较多的纳米吸波填料有超微磁性金属粉、金属基超细粉、无机铁氧体等。汪桃生等人以纳米石墨微片作为导电填料，高分子树脂作为黏结剂，制备高导电性复合涂料，涂膜的表面电阻率低至 0.6Ω·m，在 1.5GHz 的电磁波下，电磁屏蔽效能达到 38dB[62]。

电磁屏蔽涂层受导电填料的影响，在各频段的电磁屏蔽效能是不同的，规律与聚合物基电磁屏蔽复合材料相近。利用导电高分子与金属粉末复合可以在较宽的电磁波频率范围内均表现出较好的电磁屏蔽效能。例如金属粉末和聚苯胺粉末构成的复合电磁屏蔽组分，可以减少高频电磁波的穿透能力，有效地拓宽了复合电磁屏蔽材料的屏蔽带宽[52]。

另外，涂层剂中导电填料的含量、分散程度及均匀性、涂层厚度、涂布的平整度以及导电填料与基体的亲和性有关。提高导电填料在基体中的含量及分散的均匀度有利于其形成完善的导电网络，从而有利于提高材料的电导率和电磁屏蔽效能[63]。导电填料与基体的亲和性适中也有利于提高导电性及电磁屏蔽性能。因此，要重视基体的选择。电磁屏蔽导电涂料虽然加工方便，电磁屏蔽效果好，但是由于树脂基体大部分为聚丙烯酸树脂，导致织物透气性、手感和服用性差。而且，国内电磁屏蔽导电涂料主要是溶剂型的，在加工过程中使用大量溶剂，使用过程中挥发有害物质，会对环境和使用者造成危害。因此，开发无有机溶剂的涂层工艺是未来的发展方向。孙天厚等以水性聚氨酯和水性丙烯酸的混合乳液为成膜树脂，镀银铜粉为导电填料制备导电涂料，做了有益的尝试[64]。

总之，在开发防电磁辐射织物时需要注意：

（1）提高织物对电磁波的吸收，减少反射和透射，扩展屏蔽频段，开发高吸收型防电磁辐射织物；

（2）开发多功能电磁防护织物；

（3）采用绿色环保整理工艺；

（4）注重保持织物的服用性能。

四、电磁辐射安全标准

为防止电磁辐射污染，保护环境，保护公众健康，世界上许多国家和组织都相继制订了具有一定的指导性和建议性的人体暴露在射频电磁场环境中的安全防护标准。

（一）国外电磁辐射标准

美国在 1982 年以前，对频率在 10M~300GHz 的电磁波规定功率密度为 10mW/m²，是以微波的热效应和热交换原则为依据。1982 年，依据动物实验数据资料，美国制订了新的射频电磁场卫生标准，仍然以热效应为主要依据。该标准采用剂量学概念——比吸收率 SAR（specific adsorption rate，单位为 W/kg 或 mW/g）来设定接受电磁辐射的安全阈值。由于 1.75m 高的成人共振频率在接地条件下可低至约 30MHz，而幼儿约为 300MHz，故在超短波段的标准最严格，为 1mW/cm²；300M~1.5GHz 以下为 5mW/cm²。3MHz 以下的电场标准为 632V/m，磁场标准为 1.6A/m²。很多西方国家也采用了相似的标准。

原苏联在制订标准时，对实际暴露人员进行定期体检，以人体和现场调查为主，同时参考动物实验结果。其对中长波波段最早提出场强为10V/m的职业暴露电场卫生标准。1965年将电场标准修订为20V/m，磁场为5A/m。1977年再次修订后成为现行标准。该标准规定电场强度为50V/m，频率下限扩展到60kHz；对短波和超短波则分频段制订了场强520V/m的限值。环境的射频暴露卫生标准约为职业暴露标准的1/2。关于微波辐射，该标准按每日8h计，作业场所容许辐射强度为功率密度25μW/cm²，日剂量限值为200μW/cm²。对环境公众暴露限值定为10μW/cm²。

（二）我国的电磁辐射标准

我国有关电磁辐射的标准有两个：国家环境保护总局发布的国家标准GB 8702—1988《电磁辐射防护规定》及卫生部发布的国家标准GB 9175—1988《环境电磁波卫生标准》。

GB 8702—1988所规定的电磁辐射防护的适用频率范围为100k~300GHz，防护限值是可接受防护水平的上限值，包括各种可能的电磁辐射污染的总量值。涉及职业照射和公众照射两个标准。标准中对于职业照射的基本防护限值规定，在每天8h工作时间内，任意连续6min按全身平均的SAR不能超过0.1W/kg；而公众照射要求在1天24h内，任意连续6min按全身平均的SAR不能超过0.02W/kg。导出限值分别为：对于职业照射，在每天8h的工作时间内，电磁场的场量参数在任意连续6min内的平均值应满足表2-3-4的要求。

表2-3-4　国标GB 8702—1988电磁辐射职业照射导出限值（f为频率，MHz）

频率范围（MHz）	电场强度（V/m）	磁场强度（A/m）	功率密度（W/m²）
0.1~3	87	0.25	20
3~30	$150/\sqrt{f}$	$0.40/\sqrt{f}$	$60/f$
30~3000	28	0.075	2
3000~15000	$0.5\sqrt{f}$	$0.0015\sqrt{f}$	$f/1500$
15000~30000	61	0.16	10

公众照射在1天24h内，电磁场的常量参数在任意连续6min内的平均值应满足表2-3-5要求。

表2-3-5　国标GB 8702—1988电磁辐射公众照射导出限值（f为频率，MHz）

频率范围（MHz）	电场强度（V/m）	磁场强度（A/m）	功率密度（W/m²）
0.1~3	40	0.1	40
3~30	$67/\sqrt{f}$	$0.17/\sqrt{f}$	$12/f$
30~3000	12	0.032	0.4
3000~15000	$0.22\sqrt{f}$	$0.001\sqrt{f}$	$f/7500$
15000~30000	27	0.073	2

GB 9175—1988以电磁波辐射强度及其频段对人体可能引起潜在性不良影响的阈值为界，

将环境电磁波容许辐射强度标准分为二级。一级标准为安全区，在该环境电磁波强度下长期居住、工作和生活的人群不会受到有害影响；二级标准为中间区，在该环境电磁波强度下长期居住、工作和生活的人群可能引起潜在性不良反应；超过二级标准的区域，人体可能会受到有害影响。环境电磁波允许辐射强度分级标准如表2-3-6所示。

表2-3-6　环境电磁波容许辐射强度分级

波长	单位	容许场强	
		一级（安全区）	二级（中间区）
长、中、短波	V/m	<10	<25
超短波	V/m	<5	<12
微波	$\mu V/cm^2$	<10	<40
混合	V/m	按主要波段场强；若各波段场分散，则按复合场强加权确定	

☞ **思考题**

1. 电磁屏蔽的原理是什么？
2. 纺织品防电磁辐射的途径有哪些？
3. 防电磁辐射纺织品的制备方法有哪些？

参考答案：

1. 电磁屏蔽原理：利用导电或导磁材料制成屏蔽体，将需要保护的对象从电磁污染环境中隔离，是防电磁辐射的有效手段。屏蔽体通过反射、吸收和材料内部多次反射作用消除或降低电磁辐射的危害。这些作用与屏蔽结构表面及屏蔽体内感生电荷、电流和极化现象密切相关。

2. 纺织品防电磁辐射的途径：一是由于空气/金属界面阻抗不连续，入射电磁波在屏蔽体表面发生反射；二是未被表面反射的电磁波进入屏蔽体内，在继续传播过程中被屏蔽材料衰减，能量转化为其他的形式被吸收，吸收的多少取决于电磁波的波长，波长越短吸收越多；三是一部分电磁波传播到材料的另一表面，在阻抗不连续的金属/空气界面再次形成反射，回到屏蔽体内，继而发生多次反射和衰减；四是少量衰减的电磁波透过屏蔽织物。

3. 防电磁辐射纺织品的制备方法：

①金属丝或金属纤维与普通纤维混纺或交织；

②将具有电磁屏蔽功能的无机粒子与聚合物共混后进行纺丝；

③由导电（或导磁）填料、聚合物基体及偶联剂、分散剂、稀释剂等制备聚合物基电磁屏蔽复合材料；

④通过化学镀、真空镀、涂层等方法对纺织品进行金属化整理。

第四节　拒水拒油整理

本节知识点

　　1. 纺织品的润湿性能

　　2. 拒水拒油整理机理

　　3. 拒水拒油整理剂及整理方法

　　纺织纤维的表面能普遍比水高，因此水在大部分表面洁净的织物表面都会铺展，并很快渗入织物内部，常用纤维与水的接触角见表 2 - 4 - 1。然而在很多产业和家用场合，要求织物具备拒水甚至拒油的功能，以实现某种防护或不易沾污的功能。为此，通常采用低表面能的整理剂对织物进行处理，降低织物表面张力，实现拒水拒油。

　　拒水拒油整理一般仅仅改变纤维表面性能，而纤维和纱线之间仍保存着大量空隙，这样的织物既能透气又不易被水（或油）浸润，穿着舒适性良好。只有在水压较高的情况下，才会发生透水现象。

表 2 - 4 - 1　常用纤维与水的接触角

纤维种类	棉	羊毛	黏胶纤维	锦纶	涤纶	腈纶	丙纶
接触角（°）	59	81	38	64	67	53	90

一、拒水拒油整理

（一）光滑固体表面的润湿性

　　当液体滴于均匀光滑的固体表面并达到平衡时，在固—液—气三相交界处形成一定的角度，称为接触角 θ，如图 2 - 4 - 1 所示。接触角是固体表面与液体间界面张力、固体表面与空气间界面张力以及液体与空气间界面张力——γ_{SL}、γ_{SG}、γ_{LG} 共同作用的结果，通常用它来表示液体对固体的润湿性能。三种界面张力之间的关系如杨氏方程所示：

$$\gamma_{SG} = \gamma_{SL} + \gamma_{LG}\cos\theta \tag{2-4-1}$$

$$\cos\theta = (\gamma_{SG} - \gamma_{SL})/\gamma_{LG} \tag{2-4-2}$$

　　由式 2 - 4 - 2 可知，γ_{SG} 越小，$\cos\theta$ 越小，则接触角 θ 越大，固体表面的疏水性就越好。习惯上将 $\theta = 90°$ 定义为固体表面能否被水润湿的标准。当 $\theta > 90°$ 时，固体表面为不润湿；当 $\theta < 90°$ 时，固体表面被水润湿；当 $\theta = 0°$ 时，水完全铺展于固体表面，称为完全润湿；当 $\theta = 180°$ 时，理论上水仅与固体表面发生点接触，称为完全不润湿。在自然界中，$\theta = 0°$ 和 180°的情况都不存在。

　　常见纤维及液体的表面张力列于表 2 - 4 - 2。由表可知，雨水的表面张力为 53mN/m，食

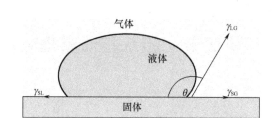

图 2-4-1　水在固体表面的接触角

用油的表面张力 32～35mN/m。要实现拒水，织物界面张力必须小于 53mN/m；而要实现拒油，界面张力则须小于 35mN/m。

表 2-4-2　常见纤维及液体的 γ_c 及 γ

纤维或固体的表面张力 γ_c（mN/m）		液体的表面张力 γ（mN/m）	
纤维素纤维	200	水	72
锦纶	46	雨滴	53
涤纶	43	红葡萄酒	45
氯纶	37	牛乳	43
石蜡类拒水整理品	29	花生油	40
有机硅类拒水整理品	26	石蜡油	33
聚四氟乙烯	18	橄榄油	32
含氟类拒水整理品	10	重油	29

（二）常规拒水拒油整理工艺[65]

目前染整行业使用的整理剂主要为有机硅类和有机氟类整理剂，通过轧—烘—焙工艺使织物获得拒水拒油功能。有机硅类拒水整理剂在纤维表面形成柔性薄膜，产生拒水效果的同时往往会使织物手感变得柔软。这类整理剂有溶剂型和乳液型两种形式。乳液型拒水整理剂使用便捷，但是乳化剂的存在可能会降低拒水性。

有机硅类拒水整理剂的分子结构中多含有反应性基团，在催化剂作用下，通过氧化作用或水解作用交联成膜。整理剂也能与纤维素分子上的羟基反应，提高耐久性。

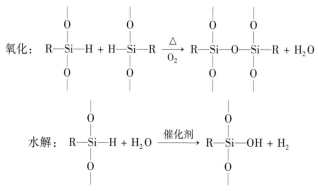

$$交联: \quad R-\underset{\underset{O}{|}}{\overset{\overset{O}{|}}{Si}}-OH + H-\underset{\underset{O}{|}}{\overset{\overset{O}{|}}{Si}}-R \longrightarrow R-\underset{\underset{O}{|}}{\overset{\overset{O}{|}}{Si}}-O-\underset{\underset{O}{|}}{\overset{\overset{O}{|}}{Si}}-R + H_2O$$

$$R-\underset{\underset{R}{|}}{\overset{\overset{R}{|}}{Si}}-O\left[\!\!-O-\underset{\underset{H}{|}}{\overset{\overset{R}{|}}{Si}}-O-\!\!\right]_n-\underset{\underset{R}{|}}{\overset{\overset{R}{|}}{Si}}-R \quad R=-CH_3$$

$$(HO)R-\underset{\underset{R}{|}}{\overset{\overset{R}{|}}{Si}}-O\left[\!\!-\underset{\underset{R}{|}}{\overset{\overset{R}{|}}{Si}}-O-\!\!\right]_n-\underset{\underset{R}{|}}{\overset{\overset{R}{|}}{Si}}-R(OH) \quad R=-CH_3$$

为使织物整理后获得良好的手感，通常将两种或数种不同结构的聚硅氧烷混用，例如，聚甲基含氢硅烷与聚二甲基硅烷的复配。

有机氟类拒水整理剂通常是在聚丙烯酸酯化合物侧基中引入一定比例的全氟烷基：

$$-\!\!\left(CH_2-\underset{\underset{COOYR_f}{|}}{\overset{\overset{X}{|}}{C}}\right)_{n_1}\!\!\left(CH_2-\underset{\underset{COOR_1}{|}}{\overset{\overset{X}{|}}{C}}\right)_{n_2}\!\!\left(CH_2-\underset{\underset{A}{|}}{\overset{\overset{X}{|}}{C}}\right)_{n_3}\!\!\left(CH_2-\underset{\underset{B}{|}}{\overset{\overset{X}{|}}{C}}\right)_{n_4}$$

式中：R_f 为碳原子数不小于 7 的碳氟链；R_1 为碳原子数不小于 8 的碳氢链；X 为 H、CH_3 或 F；Y 为磺酰氨基或亚乙基；A、B 为改善聚合物某些性能而引入的官能团。

20 世纪 50 年代，美国 3M 公司最先推出 Scotchard 织物拒水拒油整理剂[66,67]。这类整理剂可使纤维的表面能显著下降，表现出优异的疏水疏油性而不会影响织物的色光、透气性等。有机氟类拒水拒油整理剂很快替代了有机硅整理剂，成为主流产品。

很多研究表明，有机氟聚合物中氟组分含量越高，拒水拒油的效果越好。由于全氟烷基的表面能很低，这些侧基将优先富集在聚合物膜的表面。整理过的织物经过洗涤后，拒水拒油性会不同程度地降低，必须通过高温烘干才能恢复到原来的水平[68]。

有研究显示，大量使用的全氟辛基磺酸类整理剂的生物蓄积性和毒性高，其生产和使用受到很多限制[69,70]。许多研究者将目光转向全氟链段较短的聚合物的研究。成丽、张明俊、Hayakawa Y、张庆华等分别合成了含短氟碳链的化合物，但整理效果与目前市场上广泛采用的拒水拒油整理剂还有明显的差距[71~74]。

二、溶胶—凝胶法拒水拒油整理

（一）粗糙固体表面的润湿性

杨氏方程是建立在表面完全光滑的理想固体表面上的。在实际情况中，固体表面是粗糙的，液体在空气和固体共同构成的表面上的接触角与在光滑表面的接触角显然是不同的。Wenzel 模型和 Cassie—Baxtex 模型是常见的描述粗糙表面浸润性的两个模型。Wenzel 方程如式 2 - 4 - 3 所示[75]：

$$\gamma = \frac{\text{真实面积} A_0}{\text{表观面积} A_r} = \frac{\cos\theta'}{\cos\theta} \qquad (2-4-3)$$

式中：θ'——粗糙表面上的接触角；

$\quad\quad\theta$——光滑表面上的接触角。

由于粗糙表面的真实表面积 > 表观面积，而光滑表面的面积 = 表观面积，因此 $\gamma \geq 1$。由式 2-4-3 可知，$\cos\theta'$ 总是大于 $\cos\theta$。因此，当 $\theta > 90°$ 时，表面粗化将使接触角 θ' 变大；当 $\theta < 90°$ 时，表面粗化将使接触角 θ' 变小，如图 2-4-2 所示。换言之，一个能润湿的体系，固体表面粗化有利于润湿；对于不能润湿的体系，固体表面粗化则不利于润湿。这里需要注意，Wenzel 公式适用于表面化学组成均一、仅结构粗糙的界面。

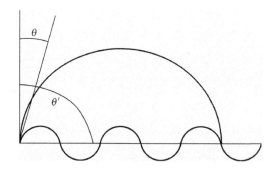

图 2-4-2　液体在粗糙表面与光滑表面的接触角

对于界面化学组成不同的固体表面，Cassie、Baxter 等认为，粗糙表面可看作一种复合表面[76]。对于复合表面，液滴在其上的接触角取决于两种材料的比例：

$$\cos\theta_C = f_1(x,y)\cos\theta_A + f_2(x,y)\cos\theta_B \qquad (2-4-4)$$

式中：θ_C——复合表面的接触角；

$\quad\quad\theta_A$——液体与物质 A 构成的表面的接触角；

$\quad\quad\theta_B$——液体与物质 B 构成的表面的接触角；

$\quad\quad f_1，f_2$——分别为物质 A 和物质 B 所占的面积分数，$f_1 + f_2 = 1$。

图 2-4-3 为液滴在复合表面的接触角的示意图。例如，对于微孔表面而言，f_1 为表面材料，f_2 为空气。空气与液体的接触角为 180°，则 $\cos\theta_B = -1$，代入式 2-4-4 得：

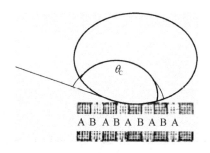

图 2-4-3　液滴在复合表面的接触角

$$\cos\theta_C = f_1\cos\theta_A - f_2 \qquad (2-4-5)$$

近期的一些研究认为固、液、气三相接触线对接触角的影响为关键因素，而非固体和液体之间的接触面。在三相热力学平衡条件下，M. Nosonovsky 得到了 Wenzel 和 Cassie 方程的更为普遍的形式[77]：

$$\cos\theta_r = r(x,y)\cos\theta_0 \qquad (2-4-6)$$

$$\cos\theta_r = f_1(x,y)\cos\theta_1 + f_2(x,y)\cos\theta_2 \qquad (2-4-7)$$

式中：θ_0——液体与固体表面形成的接触角；

θ_1、θ_2——液体分别与物质 1 及物质 2 表面形成的接触角；

粗糙因子 $r(x,y) = \sqrt{1 + \left(\dfrac{\mathrm{d}z}{\mathrm{d}x}\right)^2 + \left(\dfrac{\mathrm{d}z}{\mathrm{d}y}\right)^2}$，$z$ 表示高度。

（二）溶胶—凝胶法在织物拒水拒油整理中的应用

溶胶—凝胶法在新材料的制备、催化剂及催化载体、化学分析技术等方面受到广泛而深入的研究和应用。常用的金属醇盐见表 2-4-3[78]。

表 2-4-3　常用的金属醇盐

元素	醇盐
Si	$Si(OCH_3)_4$，$Si(OC_2H_5)_4$，$Si(i-OC_3H_7)_4$，$Si(i-OC_4H_9)_4$
Ti	$Ti(OCH_3)_4$，$Ti(OC_2H_5)_4$，$Ti(i-OC_3H_7)_4$，$Ti(i-OC_4H_9)_4$
Zr	$Zr(OCH_3)_4$，$Zr(OC_2H_5)_4$，$Zr(i-OC_3H_7)_4$，$Zr(i-OC_4H_9)_4$
Al	$Al(OCH_3)_3$，$Al(OC_2H_5)_3$，$Al(i-OC_3H_7)_3$，$Al(i-OC_4H_9)_3$

金属醇盐在水中水解形成含胶粒的溶胶，经溶胶化处理后形成凝胶：

$$M^{n+} + nH_2O \longrightarrow M(OH)_n + nH^+$$

溶胶通过脱水或在碱性条件下形成凝胶。碱性凝胶化过程如下：

$$xM(H_2O)_n^{z+} + yOH^- + aA^- \longrightarrow M_xO_u(OH)_y2u(H_2O)_nA_a^{(xz-y-a)+} + (xn+u-n)H_2O$$

金属醇盐在溶胶—凝胶化过程中，同样经历水解和缩聚的过程。水解过程为：

$$M(OR)_n + xH_2O \longrightarrow M(OH)_xOR_{n-x} + xROH$$

醇—金属醇盐体系的缩聚反应：

$$2(RO)_{n-1}MOH \longrightarrow (RO)_{n-1}M-O-M(OR_{n-1}) + H_2O$$

$$m(RO)_{n-2}M(OH)_2 \longrightarrow \left[M(OR)_{n-2}O\right]_m + mH_2O$$

$$m(RO)_{n-3}M(OH)_3 \longrightarrow \left[O-M(OR)_{n-3}O\right]_m + mH_2O + nH^+$$

对反应条件的合理控制决定产物的结构和性能，这是溶胶—凝胶工艺过程的关键。另外一个重要环节是凝胶的干燥固化过程也会对产物最终性能造成影响。

Satoh K 等通过溶胶—凝胶法利用 2-全氟辛基三乙氧基硅烷对尼龙 66 进行超拒水处理，可使其接触角达到 149°[79]；Mahltig B 探讨了辛基三羟乙基硅氧烷和全氟辛基三羟乙基硅氧烷在溶胶—凝胶法对织物处理中浓度和溶剂的影响规律[80]；张晓莉等用 TiO_2 水溶胶整理纯棉织物，使织物获得一定的疏水性[81]；李正雄等以无机硅化物为前驱物，制备二氧化硅溶胶，整理棉织物，然后利用十六烷基三甲氧基硅烷对织物进行疏水整理，织物与水的接触角可达151.6°[82]；李懋等以正硅酸乙酯为前驱物、乙醇为溶剂、盐酸为催化剂制备溶胶，通过轧—烘—焙工艺对织物进行整理，研究显示，当十六烷基三甲氧基硅烷添加量为 4 %（质量分数）时，织物接触角达到 139.80°，获得了一定的拒水性[83]。

利用溶胶—凝胶法对织物进行整理目前还处在实验阶段。很多研究显示，整理后织物的手感劣化；如果不配合其他拒水助剂，织物的拒水效果很难令人满意。另外，在前驱物形成溶胶的过程中需要对溶剂、溶剂配比及水解条件精确控制；处理到织物或纤维上以后，干燥固化条件也需谨慎控制。但是，随着溶胶—凝胶研究的发展，作为一种能够产生精细微观结构的、应用过程相对简洁的技术，在纺织品功能整理方面值得深入研究。

三、超疏水整理

（一）超疏水表面的结构特征

固体表面欲获得超疏水的效果，首先必须具备疏水和粗糙两个条件。荷叶等具有自洁功能的叶片表面的蜡晶和乳突构成了疏水的粗糙表面[85]。乳突将空气封闭于其间，形成许多微小的"空气储存池"。当水滴落在这样的复合粗糙表面上时，与叶面的接触面积很小，仅为水滴覆盖面积的 2 % ~3 %，接触角很大。在粗糙的疏水表面上，液滴与之接触的面积很小，因此两者之间的吸附力非常小。

另外，乳突上的纳米结构对增强叶片表面疏水性起了很大的作用。荷叶的乳突的阶层结构非常类似于 Koch 曲线所描述的分形结构[86]。根据分形结构方程通过变换粗糙因子，可用式 2-4-8 来描述粗糙表面接触角 θ_f 与光滑表面接触角 θ 之间的关系：

$$\cos\theta_f = f_s \left(\frac{L}{l}\right)^{D-2} \cos\theta - f_v \qquad (2-4-8)$$

式中：$(L/l)^{D-2}$——表面粗糙因子；

L 和 l——分别为具有分形行为的表面上限和下限的极限尺度，荷叶表面 L 和 l 分别对应乳突直径及纳米结构尺寸；

D——分形维；

f_s 和 f_v——分别为表面上固体与空气的质量分数，$f_s + f_v = 1$。

在 Koch 曲线中，D 在三维空间值约为 2.2618，L/l 为 3^n。n 由具体的分形结构决定，n 值增大则表面粗糙因子也增大。由荷叶的电镜照片可以计算出 f_s 和 f_v 分别为 0.2056 和 0.7944；根据文献 θ 取 104.6° ±0.5°；当 $n=0$，1，2，3，4 时，根据式 2-4-8 算得 θ_f 分别为 147.8°，149.7°，152.4°，156.5°，163.4°。利用这一结果，可拟合荷叶表面接触角与直径之间的关系，最终可以计算出当接触角 θ_f 为 160° 时对应的乳突直径为 128nm。

江雷等通过对阵列碳纳米管（ACNT）膜及聚丙烯腈（PAN）纳米纤维的研究发现，水滴无论在 ACNT 膜表面还是 PAN 纳米纤维表面，尽管接触角很大，但是滚动角也很大。在将纳米结构与微米结构相结合后，制备出了类荷叶状 ACNT 膜，其上乳突的平均直径为 2.89 ± 0.32μm，间距平均为 9.61 ±2.92μm。这时水的表面接触角约为 160°，滚动角约为 3°。实验结果说明微米和纳米结构对超疏水表面起着同等重要的作用[87,88]。

Barthlott 也在其申请的专利中指出，粗糙表面凸起和凹陷的尺寸对材料的疏水性影响很大。无论凸起彼此之间相距太近还是凹陷不够深，都会使表面趋于被浸润。

（二）超疏水纺织品的开发

由上述原理可知，纺织品欲获得超疏水的功能，须满足两个条件：

①应使纤维表面具有疏水性。通常，服用纤维的接触角均小于90°。因此需设法使纺织品获得疏水性表面。

②微米—纳米结构的构建。

Schoeller Textile AG 公司根据荷叶表面微结构结合纳米技术，采用溶胶—凝胶技术将纳米粒子固着于织物表面，在织物表面形成粗糙的疏水表面结构，从而获得超疏水、防污的功能，该工艺称为 Nanosphere 工艺。

超疏水织物的加工关键是纤维表面微米—纳米结构的构建，这方面的研究文献很多，但是真正适合服用纺织品加工的很少。在构建超疏水表面时，必须保证纺织品的外观、力学性能和关键的服用性能不会受到明显的影响，整理工艺切实可行，这些都是技术开发过程中不可回避的问题。

👉 思考题

1. 常用的拒水整理剂及其特点。
2. 固体表面粗糙度与润湿性的关系。
3. 超疏水表面纺织品的开发思路。

参考答案：

1. ①有机硅类拒水整理剂在纤维表面形成柔性薄膜，产生拒水效果的同时往往会使织物手感变得柔软。有机硅类拒水整理剂的分子结构中多含有反应性基因，整理过程中在催化剂作用下，通过氧化、水解、交联成膜。整理剂也能与纤维素分子上的羟基化学结合，达到耐久的拒水效果；

②有机氟类拒水整理剂通常是引入一定比例的含全氟烷基链的丙烯酸酯化合物，由于全氟烷基的表面能很低，这些侧基将优先富集在聚合物膜的表面。有机氟聚合物中氟组分含量越高，拒水拒油的效果越好。

2. 固体表面粗糙度与润湿性的关系：由 Wenzel 公式可知，粗糙表面的真实表面积 > 表观面积，而光滑表面的面积 = 表观面积，因此 $\gamma \geq 1$，$\cos\theta'$ 总是大于 $\cos\theta$。因此，当 $\theta > 90°$ 时，表面粗化将使接触角 θ' 变大；当 $\theta < 90°$ 时，表面粗化将使接触角 θ' 变小，即一个能润湿的体系，固体表面粗化有利于润湿；对于不能润湿的体系，固体表面粗化则不利于润湿。

3. 超疏水纺织品满足两个条件：

①应使纤维表面具有疏水性。通常，服用纤维的接触角均小于90°。因此需设法使纺织品获得疏水性表面。

②微米—纳米结构的构建。

参考文献

[1] 公安部消防局.《中国消防年鉴》（2014 年）. http：//www. 119. gov. cn/ xiaofang/nbnj/30582. htm.

[2] 刘红玉，李戎，沈城，等. 阻燃整理技术最新进展 [J]. 印染助剂，2010，27（10）：5 – 9.

[3] 杨栋樑. 阻燃整理（一）[J]. 印染，1989（9）：53 – 56.

[4] 朱平. 阻燃纤维及阻燃纺织品 [M]. 北京：中国纺织出版社，2006. 8.

[5] 杨栋樑. 阻燃整理（二）[J]. 印染，1989（11）：47 – 54.

[6] 刘红玉，李戎，沈城，等. 阻燃整理技术最新进展 [J]. 印染助剂，2010（10）：5 – 8.

[7] Zhu Ping, Sui Shu – ying, Wang Bing. A study of pyrolysis and pyrolysis products of flame – retardant cotton fabrics by DSC, TGA, and PY – GC – MS [J]. Anal. Appl. Pyrolysis, 2004（71）：645 – 655.

[8] 崔隽，姜洪累，吴明艳. 阻燃剂的现状与发展趋势 [J]. 山东轻工业学院学报，2003（1）：14 – 17.

[9] Horrocks R. Developments in flame retardants for heat and fire resistant textiles – the role of char formation and intumescence [J]. Polymer Degradation and Stability, 1996（54）：143.

[10] 董春梅. MCPPE 阻燃剂的合成研究及其在棉织物中的应用 [D]. 哈尔滨：东北林业大学，2011.

[11] 赵磊. 纺织品的阻燃整理原理及其性能测试方法探讨 [J]. 染整技术，2010（10）：6 – 8，41.

[12] 刘雅萍. 防紫外线纤维及防紫外线纺织品整理工艺 [J]. 纺织科技进展，2009（3）：44 – 46.

[13] 周秀会，曹晓英. 防紫外织物新进展 [J]. 国外纺织技术，2000（2）：30 – 33.

[14] 徐朴，叶奕梁. 防紫外辐射机理及产品研究 [J]. 棉纺织技术，1999（7）：389 – 394.

[15] 李秀明，邓桦. 纳米材料在防紫外线纺织品中的应用 [J]. 针织工业，2006（10）：46 – 48.

[16] 盛学斌，孙岩峰，宫国梁. 含2，4 – 二羟基苯基三嗪的抗紫外辐射分散染料的合成 [J]. 染料与染色，2005，42（4）：27 – 30.

[17] 孙艳，宫国梁，赵德丰. 含三嗪类基团抗紫外辐射活性染料的合成与应用性能 [J]. 染料与染色，2008，45（2）：14 – 17.

[18] 黄方千，李强林，杨东洁，等. 有机紫外线吸收剂研究进展 [J]. 印染，2011（20）：47 – 52.

[19] 雷立旭，张卫锋，胡猛. 层状复合金属氢氧化物：结构、性质及其应用 [J]. 无机化学学报. 2005，21（4）：451 – 463.

[20] 邢颖，李殿卿，任玲玲，等. 超分子结构水杨酸根插层水滑石的组装及结构与性能研究 [J]. 化学学报，2003，61（2）：267 ~ 272.

[21] 康志强. 超分子结构水滑石类化合物的合成、表征及应用研究 [D]. 西安：西安理工大学，2007.

[22] Li Lei, Liu Shi – Jun, et al. Preparation and photo – chemical characterization of compounds by intercalation of organic UV absorbents into Zn – Al hydrotalcite – like compounds [J]. Chinese Journal of Inorganic Chemistry, 2007, 23（3）：407 – 414.

[23] 金芳，许海育. 纺织品的防紫外整理 [J]. 中国纺织，2001（9）：35 – 37.

[24] Strobel A F. Improvement of lihgtfastness of dyeings on synthetic fibers by ultraviolet absorbers', Partl [J]. American. Dyest. Reptr., 1961（50）：583.

[25] Strobel A F. Improvement of lightfastness of dyeings on synthetic fibers by ultraviolet absorbers, Part2 [J]. American. Dyest. Reptr., 1962（51）：99.

[26] 陈英，等. 纳米 ZnO 抗紫外整理剂的应用研究 [J]. 印染，2005（17）：4 – 6.

［27］张永文，等．含纳米 ZnO 抗紫外整理剂的制备及性能研究［J］．印染助剂，2005，22（6）：15－18.

［28］杨丹，等．抗紫外整理剂提高活性染料耐光汗复合色牢度的研究［J］．染料与染色．2013，50（8）：33－37.

［29］陈水林．溶胶—凝胶技术在纺织品上的应用［J］．印染助剂，2010，27（4）：49－50.

［30］王明勇等．纳米溶胶在纯棉织物抗紫外整理中的应用［J］．印染助剂，2004，21（5）：22－24.

［31］邓桦，忻浩忠．用纳米二氧化钛对棉织物进行抗紫外整理的研究［C］．第五届功能性纺织品及纳米技术研讨会论文集.2005：260－263.

［32］沈华，等．反应型受阻胺类紫外线吸收剂的应用性能研究［J］．印染助剂，2008，25（4），19－22.

［33］冯云，等．反应性防紫外线整理剂 UVDHA 对棉织物整理效果的研究［C］．第八届功能性纺织品及纳米技术研讨会论文集.2008，260－264.

［34］杜仕国，等．聚合物基电磁屏蔽复合材料［J］．磁性材料及器件，2000（10）：40－44.

［35］B. E. 凯瑟．电磁兼容原理［M］．肖华庭等，译．北京：电子工业出版社，1985.

［36］邓小斌，等．有孔矩形腔屏蔽效能的传输线法分析［J］．强激光与粒子束.2004，16（3）：341－344.

［37］彭强等．带缝隙矩形腔的屏蔽效能传输线法修正及扩展分析［J］．强激光与粒子束.2013，25（9）：2355－2362.

［38］王洪燕，潘福奎，张守斌．电磁辐射与防电磁辐射纺织品［J］．纺织科技进展，2008（3）：28－32.

［39］陈合义．新型防电磁辐射织物的设计［D］．天津：天津工业大学，2005.

［40］王瑄．金属纤维织物防电磁辐射性能影响因素探析［J］．上海纺织科技，2010，38（2）：13－16.

［41］陈旭华等．导电织物的电磁屏蔽性能研究［J］．安全与电磁兼容，2010（5）：55－57.

［42］Bagwell R M, Mcmanaman J M, Wetherhold R C. Composites science and technolog［J］.2006，66（3－4）：522.

［43］Chen Chunsheng, Chen Weiren, Chen Shichuang et al. Optimium injection molding processing condition on EMI shielding effectiveness of stainless fiber filled polycarbonate compsite［J］. International Communications in Heat and Mass Transfer, 2008, 35（6）：744－749.

［44］马晓光，刘越，崔河．防电磁波辐射纤维的发展现状及工艺设计探讨［J］．合成纤维，2002（1）：14－17.

［45］章红等．聚苯胺与导电纤维［J］，合成纤维，2000，29（5）：23－25.

［46］Yanagimoto Yasutomo, Kobayashi Yoichi, Abe Yukio, Yamaguchi Takahiro, Omori Eiji. Composite Column Base Structure And Its Construction Method：JP1999－036231，A，09. 02. 1999.

［47］Yayama Toshihiko, Matsumoto Etsuo, Noda Kenichi. Ferrite－Containing Yarn：JP1998－140419，A，26. 05. 1998.

［48］杨鹏．新型防电磁辐射海藻纤维的制备与性能研究［D］．青岛：青岛大学，2008.

［49］Paligova M, Vilcakova J, Sahaetal P. Electromagnetic shielding of epoxy resin composites containing carbon fibers coated with polyaniline base［J］. Physica A, 2004, 332（3－4）：421－429.

［50］段玉平，等．低频聚苯胺/硅橡胶复合材料屏蔽效能的分析［J］．功能材料与器件学报，2005，3（11），357－362.

［51］袁冰清，等．石墨烯/聚苯胺复合材料的电磁屏蔽性能［J］．复合材料学报，2013，2（30），22－26.

［52］朱国辉，等．电磁屏蔽材料中聚苯胺对屏蔽效能的影响及机理［J］．功能材料，2008，10（39）：1622－1624.

[53] 谭松庭，等．金属纤维填充聚合物复合材料的导电性能和电磁屏蔽性能研究 [J]．材料工程，1999，(12)：3.

[54] 魏宁．高性能电磁屏蔽织物的研究 [D]．上海：上海工程技术大学，2010.

[55] 卑伟慧，曹毅．电磁辐射的生物学效应 [J]．辐射防护通讯，2007，27 (3)：27 – 31.

[56] 赵嘉学，童洪辉．磁控溅射原理的深入探讨 [J]．真空，2004 (7)：74 – 79.

[57] 王洪燕，等．电磁辐射与防电磁辐射纺织品 [J]．纺织科技进展，2008 (3)：28 – 32.

[58] Huang J L, Yau B S. The electromagnetic shielding effectiveness of indium tin oxide films [J]．Ceramics International. 2001 (27), 363 – 365.

[59] 王进美，朱长纯．纳米管状聚苯胺织物涂层与导电及微波屏蔽性能 [J]．纺织学报，2005，26 (4)：10 – 13.

[60] 于晓辉，郭忠诚．电磁屏蔽导电涂料用片状镀银铜粉的研究 [J]．涂料工业，2005，35 (12)：1 – 4.

[61] 陈颖．高分子屏蔽材料的研究 [D]．北京：北京服装学院，2008.

[62] 汪桃生，等．纳米石墨基导电复合涂料的电磁屏蔽性能 [J]．华侨大学学报 (自然科学版)，2007 (3)：278 – 281.

[63] 晋传贵，等．不同基体对复合涂料的微结构及电磁屏蔽效能的影响 [J]．功能材料，2010，41 (12)：2054 – 2056.

[64] 孙天厚，等．水性导电涂料导电性能及屏蔽效能研究 [C]．功能材料.2010：270 – 271.

[65] 薛迪庚．织物的功能整理 [M]．北京：中国纺织出版社，2000.

[66] 朱顺根．含氟织物整理剂 [J]．有机氟工业，2002 (4)：21 – 43.

[67] 王维林．国内外氟碳表面活性剂发展概况 [J]．1992 (2)：30 – 35.

[68] 张娜，邵建忠．热处理对纺织品拒水拒油功能的回复作用 [J]．纺织学报，2006，27 (10)：21 – 24.

[69] 杨栋樑.PFOS 的限用及其含氟替代品的研究动向 [J]．印染，2008 (1)：46 – 48.

[70] 曾春梅．织物拒水拒油含氟整理剂的替代取向 [J]．染整技术，2011 (4)：11 – 15.

[71] 成丽．短氟链含氟聚丙烯酸酯的合成及其织物整理应用 [D]．苏州：苏州大学，2011.

[72] 张明俊，朱洪敏，付少海．阳离子型短支链全氟烷基拒水拒油整理剂的制备 [J]．纺织学报，2009，30 (12)：61 – 65.

[73] Hayakawa Y, Terasawa N, Hayashi E, et al. Synthesis of novel polymethacrylates bearong cyclic perfluoroalkyl groups [J]．Polymer, 1998 (39)：4151 – 4154.

[74] 张庆华，詹晓力，陈丰秋．FA/LMA/MMA 三元共聚物乳液的合成与性能 [J]．纺织学报，2005，26 (2)：4 – 7.

[75] Wenzel R N. Resistance of solid surfaces to wetting by water [J]．Ind. Eng. Chem.，1936 (28)：988 – 994.

[76] Cassie A. B. D, Bxater S. Wettability of porous surfaces [J]．Trans. Faraday Soc.，1944 (40)：546 – 551.

[77] Nosonovsky M. On the range of applicability of the wenzel and cassie equations [J]．Langmuir, 2007 (23)：9919 – 9920.

[78] 黄剑锋．溶胶—凝胶原理与技术 [M]．北京：化学工业出版社，2005.

[79] Satoh K, Nakazumip H. Preparation of super – water – repellent fluorinated inorganic – organic coating films on nylon 66 by the sol – gel method using microphase separation [J]．Journal of Sol – Gel Science and

Technology, 2003, 27（3）: 327 –332.

[80] Mahltig B, Audenaert F, Bottcher H. Hydrophobic silica sol coatings on textiles – the influence of solvent and sol concentration [J]. Journal of Sol – Gel Science and Technology, 2005, 34（2）: 103 –109.

[81] 张晓莉. TiO₂水溶胶对棉织物的拒水整理探讨 [J]. 中原工学院学报, 2007, 18（7）: 43 –46.

[82] 李正雄, 邢彦军, 戴瑾瑾. 棉织物溶胶—凝胶法的无氟拒水整理研究 [J]. 印染, 2007（10）: 10 –12.

[83] 李懋, 王潮霞. 棉织物溶胶—凝胶法拒水整理研究 [J]. 印染, 2008, 34（8）: 8 –10.

[84] Johnson R E, Dettre R H. Contact angle, wettability and adhesion, advances in chemistry series [J]. Adv. Chem. Ser., 1963（43）: 112 –135.

[85] Barthlott W, Neinhuis C. Purity of the sacred lotus, or escape from contamination in biological surfaces [J]. Planta, 1997（202）: 1 –8.

[86] 任璐, 艾汉华, 黄新堂. 荷叶正反面微观结构比较研究 [C]. 2004 年中国材料研讨会论文摘要集. 2004.

[87] Lin Feng, Shuhong, Jiang Lei, et al. Super – hydrophobic surface: from natural to artificial [J]. Adv. Mater. 2002（14）: 1857 –1860.

[88] 江雷, 冯琳. 仿生智能纳米界面材料 [M]. 北京: 化学工业出版社, 2007.

第三章 卫生保健功能整理

第一节 抗菌整理

本节知识点

1. 抗菌整理机理
2. 抗菌剂及其性能
3. 抗菌织品的加工方法及评价方法

一、抗菌整理概述

在现实生活中，人们不可避免地接触到各种各样的细菌、真菌等微生物，这些微生物在合适的外界条件下，会迅速生长繁殖，并通过接触等方式传播疾病。由于纺织品特殊的结构，使之成为各种微生物生长繁殖的"温床"，特别是致病菌的大量繁殖，给人们的身体健康带来危害。同时，随着人们物质生活水平和精神文明程度的提高，对服装的舒适、保健功能日趋重视，各种抗菌功能的纺织品在研究、开发、生产方面越来越受到重视，而获得抗菌纺织品的重要途径是抗菌整理。

抗菌整理通常包括三个方面的内容：一是针对致病微生物，通过抗菌整理达到阻断或削弱其在纺织品上传播疾病的能力；二是针对织物上吸附细菌后产生令人厌恶的气味，通过抗菌整理，消除因微生物存在引起的气味；三是防霉整理，其目的是防止一些长期埋于地下或在潮湿环境中使用的纺织品发生霉腐，降低使用寿命。

日本在抗菌防臭方面研究最为活跃，技术领先，产品已拓展至运动服、地毯、医疗用品等领域。近年来，抗菌研究的重点已经从保护纺织品免受细菌侵袭转移到保护环境和使服用者免受细菌侵袭。

（一）微生物对人类生产生活的危害[1]

微生物包括了细菌、真菌、霉菌和病毒等。微生物在人们生活中无处不在，一方面给了人们许许多多的恩惠，另一方面，微生物也给人们的生产、生活带来了许多麻烦。

1. 传播疾病

致病菌传播疾病，给人的身体健康带来严重危害。在医院，床单、被子、病号服及医护人员的防护服都是承载细菌的场所，是医院内交叉感染的重要媒介，如医院病房中 MRSA（耐青霉素金黄色葡萄球菌）很容易通过床单、病号服、手术服等医疗用纺织品传染，而且一旦被感染还很难治愈。

2. 产生令人厌恶的臭味

人体贴身穿着的衣服、袜子常会出现异味，甚至是难闻的臭味，究其来源，这实际上是微生物生长繁殖的结果。纺织品具有很多微孔结构，容易吸附微生物，靠近人体的衣服会沾染大量的汗、人体分泌物（油脂）、皮屑等，这些为微生物提供了良好的食物链，加之人体适宜的温湿度环境，促使微生物迅速生长繁殖，由于微生物不能直接进食人体的代谢物，它首先将代谢物催化分解出各类低级脂肪酸、氨和其他刺激性臭味的挥发物，产生大量的刺激性气味的氨基物质。此外，细菌本身的分泌物也会产生腐败气味。

3. 使纺织品霉烂

有些纺织材料（帐篷、包装材料），需长期暴露在自然环境或埋于地下，容易受微生物的侵蚀而霉烂，损伤强力，降低使用寿命。因此，这些材料要进行抗霉腐整理。

（二）抗菌卫生整理的发展历程

现代抗菌防臭（又名卫生）整理的发展史，可追溯到4000年以前，古埃及人采用药用植物处理的纺织品作为包布，使包布具有抗菌功能，用以保护木乃伊；1935年G. Domak使用季铵盐处理军服，以防止负伤士兵的二次感染。1947年美国市场上出现了由季铵盐处理的尿布、绷带和毛巾等商品，可预防婴儿患氨性皮炎症。1952年英国Engel等人用十六烷基三甲基溴化铵处理毛毯和床（坐）垫面料，但由于季铵盐活性较低，处理过的织物不耐水洗和皂洗[2]。20世纪60年代末至70年代初，是抗菌剂和抗菌纺织品大规模开发的时期，这一阶段采用的抗菌剂主要包括有机、无机金属化合物。这些抗菌剂大部分具有高效性，用量少且效果显著，但有些毒性较大，用于纺织品的抗菌整理不耐洗涤[3]。值得一提的是，在这期间，美国道康宁公司有一支性能优异的有机抗菌剂DC－5700问世[4]。20世纪80年代，对纺织品整理用抗菌剂的理论研究和产品开发不断深入，出现抗菌效果好、安全性高、具有耐久性的抗菌整理剂，并提出了抗菌谱和耐久性的问题。90年代，出现了抗菌卫生整理与其他功能整理如抗菌阻燃、抗菌/防静电、抗菌/拒水拒油等多功能产品[5]。进入21世纪以来，化学合成的抗菌剂注重在高效、广谱、耐久性及安全性方面的质量不断提升。天然抗菌物质在纺织品整理中的应用取得较好效果。纳米抗菌整理剂的研究也是当今的热点，以纳米金属氧化物为主的纳米氧化锌、氧化钛研究得最多，在制备、抗菌机理、分散方面都有很多研究成果。

二、抗菌整理机理

纺织品抗菌整理的主要对象是微生物，微生物包括细菌、真菌、霉菌和病毒。

（一）微生物的基本知识[6,7]

微生物是一切肉眼看不见或看不清的微小生物，形体微小，结构简单，这一类生物统称为微生物。微生物的分类方式有很多。按细胞组成分为单细胞、简单多细胞、非细胞；按有无细胞核分为原核类、真核类、非细胞类。有些教科书中，将微生物划分为以下8大类：细菌、真菌、放线菌、病毒、立克次体、支原体、衣原体、螺旋体。

存在于自然界中的微生物种类繁多，数以万计，其中对纺织品和人体健康构成威胁的主要涉及细菌、真菌、藻类、霉菌。致病细菌种类颇多，如痢疾杆菌、绿脓杆菌、金黄葡萄球菌等；致病微生物病毒类如肝炎病毒、艾滋病毒、SARS 病毒、流感病毒等。在纺织品抗菌卫生整理中，目前的研究还主要是针对细菌、真菌和少数的病毒类。

（二）抑菌、抗菌概念[8]

1. 抗菌

抗菌（anti‐microbial）是一个泛指名词，包括了杀菌、抑菌。采用化学或物理方法杀灭细菌或妨碍细菌生长繁殖及其活性的过程称为抗菌。杀菌和抑菌统称抗菌。

2. 灭菌

灭菌（sterilization）是指将待处理体系中的所有微生物包括微生物的孢子等生态形式都完全除去或使之丧失活性的过程。

3. 杀菌

杀菌（microbiocide）是指将待处理体系中的微生物营养体和繁殖体杀死的过程。

4. 抑菌

抑菌（bacteriostasis）是指抑制微生物生长繁殖的作用，抑制待处理体系中微生物的活性，使之繁殖能力降低或抵制繁殖的过程。

5. 防腐

防腐（antisepsis）是指采取一定措施防止物品性能因微生物破坏而下降的过程和技术。

（三）抗菌作用机理

各种抗菌剂的抗菌作用机理与其结构、种类有直接关系，归纳起来主要有溶出型、非溶出型和光催化抗菌三种机理。

1. 溶出型机理

溶出型机理也叫作有控制释放机理。溶出型抗菌理论认为，含金属离子的抗菌整理剂需要在一定的湿度下显示抗菌效力。在一定的湿度下，经抗菌整理的织物有控制的释放出抗菌剂的活性部分，并扩散到微生物的细胞内，破坏细胞内的蛋白质结构，杀死微生物或抑制其繁殖，达到抗菌的目的。如图 3‐1‐1 所示，如果将溶出型抗菌剂整理的织物放在培养基上，它的活性部分会向周围扩散，并将所至之处的细菌杀死或抑制其生长繁殖，形成"清洁"的无菌区——抑菌环，在抑菌环内没有细菌或菌落。

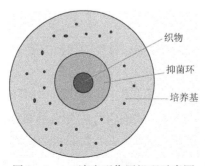

织物
抑菌环
培养基

图 3‐1‐1　溶出型作用机理示意图

这类抗菌剂的结构为：$xM_{2/n}O \cdot Al_2O_3 \cdot ySiO_2 \cdot zH_2O$，M 为 1~3 价的金属，是抗菌活性物质，主要包括 Ag、Cu、Zn；$Al_2O_3 \cdot ySiO_2$ 为泡沸石成分，是抗菌活性物质的载体。

2. 非溶出型机理

非溶出型机理也称为直接作用机理。整理剂被"静态"地固定于织物表面，微生物被"吸附"靠近抗菌剂，通过抗菌剂的作用抑制或杀死细菌。关于非溶出型机理有两种推断，现以有机硅抗菌剂 DC-5700 为例进行说明，DC-5700 结构式为：

$$\left[\begin{array}{c} OCH_3 \quad\quad CH_3 \\ | \quad\quad\quad | \\ H_3CO-Si-(CH_2)_3-N-C_{18}H_{37} \\ | \quad\quad\quad | \\ OCH_3 \quad\quad CH_3 \end{array} \right]^+ Cl^-$$

DC-5700 抗菌剂的分子结构式中有阳离子（N^+）、长链烷基（C_8H_{17}）和反应活性很高的 CH_3O-Si。这类抗菌剂的抗菌机理有两种推断，抗菌剂对于细菌的作用模式如图 3-1-2，3-1-3 所示[9]。

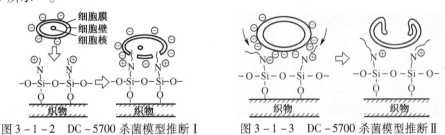

图 3-1-2 DC-5700 杀菌模型推断Ⅰ　　图 3-1-3 DC-5700 杀菌模型推断Ⅱ

由图 3-1-2 可知，推断Ⅰ为抗菌剂的阳离子吸引带负电荷的细菌，使之靠近抗菌剂，抗菌剂的疏水性长链烷基触及细胞壁，影响了其正常发育生长，使细胞壁逐渐变薄，最终遭到破坏，微生物被杀死；由图 3-1-3 可知，推断Ⅱ为抗菌剂的阳离子吸引带负电荷的细菌，并使之靠近抗菌剂，在抗菌剂阳离子的作用下，细胞周围的负电荷向阳离子靠拢，而远离抗菌剂阳离子的细胞部分失去了负电荷的保护，致使细胞壁逐渐变薄直至破裂，细胞内溶物流出，细菌死亡。非溶出型抗菌剂不会在其整理的织物周围形成抑菌环，它是靠抗菌剂直接接触细菌细胞而起作用的，只有抗菌剂能接触到的细菌才能被杀灭。

抗菌剂对细菌的抑制或杀灭作用方式有多种理论，归纳为以下几种：

（1）使细菌细胞内的各种代谢酶失活，达到灭菌效果；

（2）与细菌细胞内的蛋白酶发生化学反应，破坏其机能，达到灭菌效果；

（3）阻断 DNA 的合成；

（4）极大地加快磷酸氧化还原体系，打乱细胞的正常生理过程；

（5）破坏细胞壁或阻断细胞内外的传质。

3. 纳米抗菌整理剂作用机理

目前，学术界对于无机纳米抗菌剂的抗菌机理持两种观点：一种观点认为，无机纳米抗菌剂是因光照作用而激发抗菌活性的，称为光催化抗菌机理；另一种观点认为，无机纳米抗菌剂的抗菌活性通过两种抗菌机理，即光催化抗菌机理和金属离子溶出抗菌机理起作用。表 3-1-1 的实验结果对第二种观点有更多的支持。

表 3 - 1 - 1   几种不同纳米氧化锌及经其整理后的织物的抗菌性[10]

编号	抑菌圈的半径（cm）			
	大肠杆菌		金葡球菌	
	光照	无光照	光照	无光照
1#	0.40	0.30	0.60	0.50
2#	1.20	1.00	1.40	1.20
3#	1.00	0.80	1.30	1.10
4#	0.20	0.20	0.30	0.30
5#	0.50	0.40	0.55	0.50
6#	0.35	0.30	0.40	0.35

注   1#—普通氧化锌粉体；2#—纳米氧化锌粉体（20~30 nm）；3#—纳米氧化锌粉体（50~60 nm）；4#—经普通氧化锌整理后的纯棉漂白布；5#—经纳米氧化锌（20~30 nm）整理后的纯棉漂白布；6#—经纳米氧化锌（50~60 nm）整理后的纯棉漂白布。

从表 3 - 1 - 1 中可以看出，纳米氧化锌在无光照下也有抗菌性；而经光照射比无光照的抗菌性强。因此，纳米氧化锌的抗菌机理应该是光催化抗菌机理和金属离子溶出抗菌机理两种机理的协同效果。

（1）光催化抗菌机理。无机纳米抗菌剂通过光反应使有机物分解达到抗菌效果。以纳米 ZnO 为例说明纳米无机材料的抗菌机理[11,12]。图 3 - 1 - 4 为纳米氧化锌光催化原理示意图。

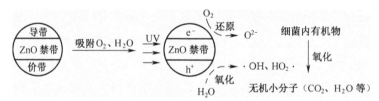

图 3 - 1 - 4   纳米氧化锌光催化原理示意图

如图 3 - 1 - 4 所示，纳米 ZnO 的稳态价带中充满电子，导带为空能级轨道，两者之间称为禁带。纳米 ZnO 的禁带宽度为 3.37eV，当波长小于 368nm 的光照射到纳米 ZnO 表面时，价带中的电子因获得光子的能量而跃迁至导带，成为光生电子（e$^-$），价带中则成为相应的空穴（h$^+$），两者构成了光生电子—空穴对。若将每个 ZnO 颗粒近似地视为一个小型电化学电池，在电场的作用下，空穴和光生电子分别迁移到氧化锌表面的不同位置。在水和空气（氧气）存在下，O_2 容易将光生电子（e$^-$）捕获，形成氧负离子（O^{2-}），吸附在 ZnO 表面的水分子容易被空穴（h$^+$）氧化形成羟基自由基（·OH）、过氧羟基自由基（HO$_2$·），两者均具有很强的氧化活性，至此，光催化粒子对细菌的作用表现在两个方面：一是光生电子及光生空穴与细胞膜或细胞内组分反应而导致细胞死亡；二是生成的活性基团以极强的氧化能力进攻细胞内组分，与之发生生化反应而导致细胞死亡。近年来，日本东京大学的一些研究人员还发现，这些有光作用的粒子还有分解毒素的作用，而一般的抗菌剂只有抗菌作用。具有这种抗菌作用的还有纳米级的二氧化钛（TiO_2）、氧化钙（CaO）、氧化镁（MgO），也是研究开发较多的纳米抗菌剂[13,14]。

（2）溶出型抗菌机理。纳米抗菌剂在一定条件下释放出金属离子，Ag^+、Cu^{2+}、Zn^{2+}等能破坏多种酶的活性，从而阻止细菌的新陈代谢和个体繁殖，且纳米材料释放出来的金属离子还可进入到菌体内部，迅速与蛋白质、核酸内的疏基（$-SH$）、氨基（$-NH_2$）作用，致细菌死亡。

有人提出纳米抗菌剂还以直接作用方式杀死细菌，适用于可以直接接触的纳米材料。这一观点认为：由于抗菌粒子带正电荷，细胞膜带负电荷，由库仑引力而相互吸引，利用电荷转移可以击穿细胞膜，导致细胞不能呼吸、代谢和繁殖，直至死亡。

三、纺织材料用抗菌整理剂及其应用

（一）理想的抗菌整理剂应满足的要求

1. 安全性

抗菌剂的作用是赋予纺织品杀菌或抑菌功能，但是否对人体细胞有害，即抗菌剂的安全性是使用者和生产者共同关心的问题。在发达国家，对抗菌剂的安全性要求非常严格，例如道康宁公司研发的抗菌剂DC-5700毒性试验花费600万美元和15年时间[4]。LD_{50}是表征抗菌剂安全性常用的指标之一，LD_{50}称为半致死浓度，是指被试验的动物（小白鼠）死亡一半数量时抗菌剂的最小剂量。这个值越高则表明抗菌剂的安全性越好。规定抗菌剂口服急性毒性试验LD_{50}大于$1000mg/kg$即认为是安全的。表3-1-2是日本规定的抗菌防臭剂及其产品的安全审查项目内容[2]。

表3-1-2　日本对抗菌剂安全性的审查项目

试验项目	毒性审查内容			试验必要性	备注
毒性试验	常规试验	一次性试验	LD_{50}值	⊙	LD_{50}值文献值也可，注明出处
		二次试验	Ames试验（变异原试验）		
	基本试验	小核试验		○	劳动部1979年3月8日标准第107条（1985.5.18第261条）
		亚急性毒性		○	
		慢性毒性		○	
		致癌性		○	
皮肤刺激性试验	封闭性贴敷试验（48h）或河合法或细胞毒性试验			⊙	任何一种试验结果，需要时可进行其他试验（如对湿疹患者贴敷试验）
抗原性试验				○	
食品卫生法试验	按食品卫生法第10条"器具等的规格及其制造的基准"，规定的试验法*			○	
其他（整理剂）	成品和施加量，%			○	
	不纯物成分和含量，%			○	

注　⊙—全部试验；○——次性试验；*—洗餐具布和拭食品布，需按食品卫生法有关规定试验。

2. 广谱性

致病菌的种类很多，目前发现的达到几十个种类之多，对于理想的抗菌剂，如果能够对多种微生物有抑制或杀死作用，则说明此抗菌剂具有广谱抗菌性。

3. 高效性

所谓高效性是指在小剂量的抗菌剂用量下，即能够有明显的抗菌效果。整理剂的用量少一般对织物手感、颜色等的影响会小些，并且有利于整理剂工作液的配制，尤其是在多种整理剂共同使用的情况下。总之，对实际生产从技术和操作方面都是有好处的。

4. 耐久性

整理效果的耐久性是对所有整理剂的要求，是纺织品整理质量的重要标志。对于抗菌整理一般要求洗涤 20~50 次仍有抗菌活性，即可说明其整理效果具有耐久性。

5. 对染料色光、牢度及织物风格无影响

功能整理一般在纺织品染整加工的最后环节进行，而有些功能整理剂对织物的色光、色牢度会产生一定的影响，并且这种影响对不同的染料会有不定性，给染料选择和染色生产带来很大麻烦。因此，对于理想的抗菌剂要求其对织物的颜色、牢度等不产生明显的影响。

6. 与常用助剂有良好的配伍性

有时需要将抗菌剂与其他功能整理剂配合使用，以达到多功能整理的效果，此时整理工作液往往含有多种化学物质，配伍性差会使工作液出现絮凝、沉淀分层等现象，影响整理效果或使整理剂失效。

（二）抗菌整理剂的分类

1. 按抗菌剂的化学结构分类

可分为：酯类、醚类、醇类、酚类、醛类、腈类、双胍类、卤素类、喹啉类、噻唑类、二硫化合物、硫代氨基甲酸酯类、（多）糖类、表面活性剂类、无机化合物、天然化合物。其中，有些抗菌整理剂（如含重金属铜、铅等的抗菌剂）存在安全性问题，目前，已禁止在服装面料方面使用。

2. 按抗菌剂的有机、无机性分类

有机抗菌剂包括有机硅季铵盐、季铵盐、双胍类、二苯醚类、多糖类等；无机抗菌剂主要是含金属离子的化合物。

3. 按抗菌剂来源分类

可分为化学合成抗菌剂和天然抗菌剂。

（三）几种常用抗菌剂及其性能

1. 有机硅季铵盐类抗菌整理剂

有机硅季铵盐类抗菌剂的代表产品是 DC-5700，商品 DC-5700 是 3-（三甲氧基硅烷基）丙基二甲基十八烷基氯化物的 42% 的甲醇溶液。

DC-5700 用于织物整理具有优异的耐久性，如图 3-1-5 所示。

优异的耐洗性主要源于抗菌剂的结构。从化学结构上看，DC-5700 分子左端的三甲氧基硅烷基具有硅烷活性，在一定条件下能与纤维上的羟基进行脱甲醇反应，生成共价键而使抗

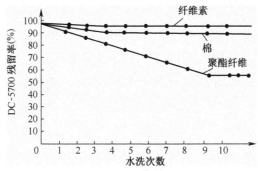

图 3-1-5 水洗次数对抗菌剂残留率的影响

菌剂牢固地附着在纤维表面，反应式如下：

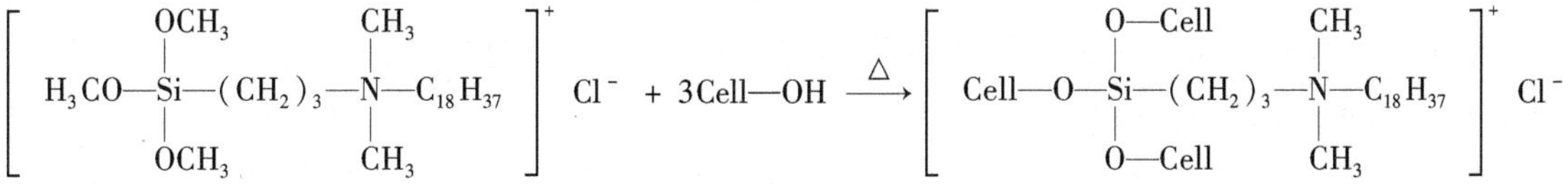

$$\left[\begin{matrix} & OCH_3 & & CH_3 \\ H_3CO\!-\!Si\!-\!(CH_2)_3\!-\!N\!-\!C_{18}H_{37} \\ & OCH_3 & & CH_3 \end{matrix} \right]^+ Cl^- + 3Cell\!-\!OH \xrightarrow{\triangle} \left[\begin{matrix} & O\!-\!Cell & & CH_3 \\ Cell\!-\!O\!-\!Si\!-\!(CH_2)_3\!-\!N\!-\!C_{18}H_{37} \\ & O\!-\!Cell & & CH_3 \end{matrix} \right]^+ Cl^-$$

$+3CH_3OH$

高温条件下三甲氧基水解成硅醇基，硅醇基再自身缩合，形成聚硅氧烷薄膜覆盖于纤维表面，对增进整理效果的耐久性具有重要意义。反应过程如下：

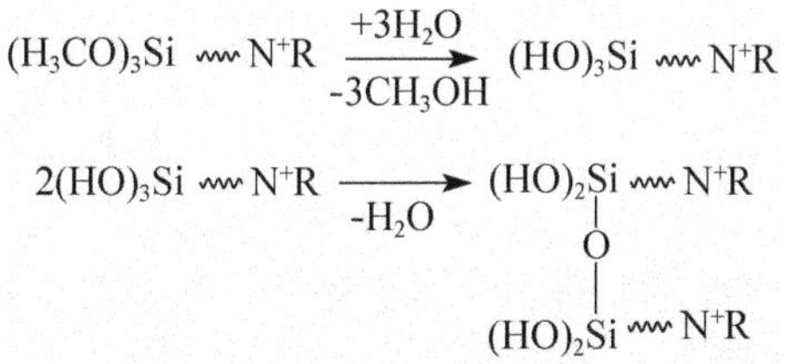

$$(H_3CO)_3Si \sim\!\!\sim N^+R \xrightarrow[-3CH_3OH]{+3H_2O} (HO)_3Si \sim\!\!\sim N^+R$$

$$2(HO)_3Si \sim\!\!\sim N^+R \xrightarrow{-H_2O} \begin{matrix}(HO)_2Si \sim\!\!\sim N^+R \\ O \\ (HO)_2Si \sim\!\!\sim N^+R\end{matrix}$$

DC-5700 的阳离子部分与纤维表面的负电荷相互吸引形成离子键结合。

因此，共价键、离子键和形成的坚固薄膜，使 DC-5700 抗菌剂与纤维形成很好的耐久性结合，结合模式如图 3-1-6 所示。

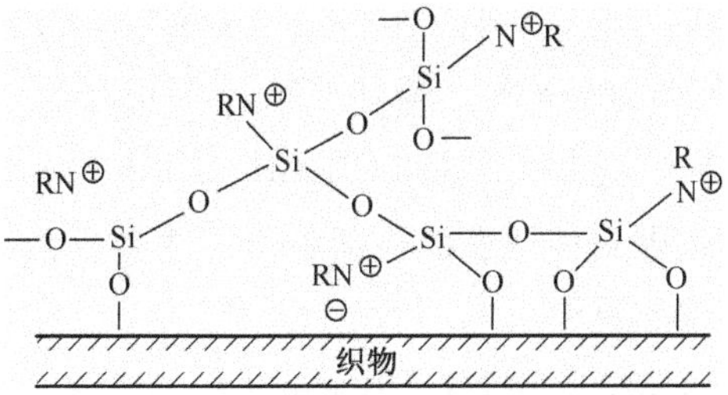

图 3-1-6 DC-5700 与纤维结合模型

DC-5700 具有很高的安全性，对天竺鼠的急性毒性试验 $LD_{50}=12270mg/kg$，对虹鳟鱼的毒性试验 $TL_{50}=56\ mg/L$，对兔子的皮肤刺激试验没有反应；亚急性毒性、变异原试验、催畸试验、黏膜刺激试验等 18 项试验均证实有很好的安全性。

DC-5700 具有广谱抗菌性，对革兰氏阳性、阴性细菌，霉菌，酵母菌，藻类等 26 种微生物均有很好的抑制作用[2]。

DC – 5700 对纤维品种的适用性广。适合于纤维素纤维和涤纶、锦纶等合成纤维及其混纺产品；适用于内衣、睡衣、运动服、工作服、袜子及毛巾等。

DC – 5700 整理织物要求增重控制在 0.1% ~ 1%，处理温度不高于 120℃。整理工艺为：

浸轧法：

抗菌剂	2 ~ 10g/L
阳离子或非离子型渗透剂	0.5g/L

二浸二轧（轧液率 70% ~ 80%）→烘干（温度低于 120℃）

浸渍法：抗菌剂 0.1% ~ 1%（owf），浸渍 30min，脱水、烘干（120℃）。

柏灵登（Burlington）公司的抗菌剂 Biogard TM，国产抗菌剂 FS – 516、抗菌剂 SCJ – 877，均属于有机硅季铵盐类抗菌剂。

以氨乙基氨丙基二甲氧基硅烷为原料，与油酸甲酯进行酰胺化反应制备油酰胺乙基氨丙基硅烷中间体，再用硫酸二甲酯季铵化制得油酰胺乙基二甲基氨丙基硅烷季铵盐，属于有机硅季铵盐类抗菌整理剂，结构式如下：

$$\left[\begin{array}{c} CH_3 \\ | \\ CH_3O-Si-OCH_3 \\ | \\ CH_3 \quad\quad O \\ | \quad\quad\quad || \\ C_3H_6NC_2H_4NH_2-C-C_{17}H_{33} \\ | \\ CH_3 \end{array} \right]^+ HSO_4^-$$

将制备的此抗菌剂用于棉织物整理，其对大肠杆菌和金黄色葡萄球菌的抑菌率达到 99 % 以上，经 30 次洗涤后对大肠杆菌的抑菌率仍大于 80 %[15]。

2. 季铵盐类抗菌剂

季铵盐抗菌剂系脂肪族季铵盐或聚烷氧基三烷基氯化铵（polyoxyalky trialkyl amonium chlorid），化学结构通式如下：[16]

$$R-N^+X^- \quad\text{或}\quad H(R'O)_n-N^+Cl^-$$
$$(CH_3)_3 \quad\quad\quad R_3$$

R 为脂肪烷基、苄基，X 为阴离子，R' = CH_2CH_2，R_3 = CH_3。

季铵盐类抗菌剂的作用机理是利用表面电荷吸附，使微生物细胞组织发生变化，酶蛋白质与核酸变性达到杀菌、抑菌的目的。

抗菌剂十六烷基二甲基苄基氯化铵有以下的结构式：

$$\text{苯环}-CH_2-N^+-RCl^-$$
$$CH_3$$
$$CH_3$$

日本可乐丽的 Saniter 和日清纺的 Peaehfresh 属于此类。

此类抗菌剂安全性高，天竺鼠的 LD_{50} = 6510mg/kg，对兔子的皮肤刺激试验、Ames 变异试验及大肠杆菌变异试验呈阴性，鱼毒性 $TL_{50}=41$ mL/L；对人的皮肤贴敷试验呈准阴性。其他季铵盐类抗菌剂，如单吡啶季铵盐和双季铵盐杀菌剂结构式如下：

单吡啶季铵盐杀菌剂结构式　　　　　　双季铵盐杀菌剂结构式

双季铵盐杀菌剂具有极强的杀菌活性，一是由于分子中有两个带正电荷的 N^+，通过诱导作用使分子中的季氮上的正电荷密度增加，更有利于杀菌剂分子吸附细菌，改变细胞壁的渗透性，使菌体破裂；二是由于分子中具有两个长链的疏水基团，影响细胞壁的生长；三是杀菌剂吸附菌体后，有利于疏水基与亲水基分别深入菌体细胞的类脂层与蛋白质层，导致酶失去活性和蛋白质变性。

由于季铵盐类抗菌剂为阳离子表面活性剂，单独用于织物整理难以达到耐久性整理效果，一般须与反应性树脂同浴，以增进整理效果的耐久性。

3. 胍类抗菌剂

在 20 世纪 80 年代，ICI 公司将双胍结构抗菌剂开发用于纺织品的抗菌防臭整理，用于织物处理的双胍类抗菌剂的代表产品有 1, 1 - 六亚甲基 - 双［5 -（4 - 氯苯基）］双胍盐酸盐或葡萄糖酸盐、聚六亚甲基双胍盐。前两者对细菌的杀伤力强，对真菌效力低。

1, 1 - 六亚甲基 - 双［5 -（4 - 氯苯基）］双胍盐酸盐

ICI 公司的产品 Reputex - 20，有效成分为聚六亚甲基双胍盐酸盐 PHMB，结构式如下：

（n = 12 或 16）

胍类抗菌剂抗菌机理与季铵盐相似，通过使细胞膜结构变性或破坏细胞膜达到抗菌目的。PHMB 广谱抗菌，对革兰氏阳性菌、革兰氏阴性菌、真菌和酵母菌等均有杀伤能力。

PHMB 具有较高的安全性，对鼠皮肤施加 250 mg/kg 处理量在为期 21 天的毒性试验中未发现有刺激性反应，$LD_{50}=4000$mg/kg，毒性低，可长期使用。

PHMB 和 Reputex - 20 均是聚阳离子化合物，能被棉纤维强烈吸附于其表面，耐久性良好，用 Reputex - 20 整理的棉织物经 50 次洗涤后，用金黄葡萄球菌试验，细菌全部杀死；洗涤 100 次后细菌杀死率为 99%。表 3 - 1 - 3 为 Reputex - 20 整理的棉织物耐洗性试验结果[4]。

表3-1-3 Reputex-20整理的棉织物耐洗性

洗涤次数	洗涤条件	性能
0	—	细菌全部杀死
50	50℃洗50次，80℃烘干50次	细菌全部杀死
100	50℃洗100次，烘干100次	细菌减少99%

双胍类整理剂作为抗微生物制剂在世界上已使用多年，可用于棉及其混纺织物整理；由于其耐热性好，可加入熔融纺丝液制抗菌纤维。

胍类抗菌剂整理工艺如下：

浸轧法：与柔软剂、交联剂、荧光增白剂等同浴进行，浸轧、烘干。

浸渍法：中性或微碱性条件，浴比1:40，40℃浸渍30min，脱水、烘干。

喷淋法：均匀喷涂、烘干。

4. 与纤维配位的金属抗菌剂

代表产品是日本化药公司的阳离子可染涤纶与银离子结合生成的磺酸银。阳离子可染涤纶的—SO_3^-与Ag^+结合。

$$\left[OOC-\!\!\!\!\!\bigcirc\!\!\!\!\!-COOCH_2CH_2\right]_n OOC-\!\!\!\!\!\bigcirc\!\!\!\!\!-COOCH_2CH_2-$$
$$SO_3^-Ag^+$$

按照溶出型抗菌机理作用微生物，溶出的Ag^+进入微生物细胞，Ag^+损害微生物的电子传递系统，破坏蛋白质结构，导致代谢障碍，破坏细胞内DNA。

工艺方法是，将阳离子可染涤纶织物浸于0.02g/L的硝酸银溶液，沸腾处理20min后冷却、水洗、烘干，聚酯的磺酸基团与银离子结合。

5. 二苯醚类整理剂

二苯醚与有机硅烷、芳香族卤化物的复合物，如日本敷岛公司的Nonstar、帝人公司的Santiz、瑞士汽巴公司的Irgasan DP-300等。

作用机理是破坏微生物细胞膜与细胞壁机能。对大肠杆菌（革兰氏阴性菌）、金黄色葡萄球菌（革兰氏阳性菌）和白色念珠菌（真菌）有优异的抗菌活性，既防止细菌和霉菌的繁殖，又防止恶臭。可应用于纤维素纤维、纯涤纶及其混纺织物，对纤维无亲和力，可与树脂混用增加整理效果的耐久性。

整理工艺方法：

（1）浸轧法：

处方：

抗菌剂	15~20g/L
无甲醛树脂	30g/L

渗透剂	2g/L

工艺流程：

浸轧（室温，轧液率70%～80%）→烘干（90～100℃）→焙烘（130℃，60s）

（2）浸渍法：高温高压法（可与涤纶染色同浴）。

处方：

染料	x
抗菌剂 SFR–1	10%（owf）
扩散剂	1g/L
磷酸氢二铵	2g/L
JFC	0.2g/L

工艺流程：130℃，处理30min。

6. 铜化合物类抗菌剂

以铜化合物作为抗菌剂开发的抗菌织物，代表产品是日本蚕毛染色株式会社的商品"Sandaron2SSN"，这种织物具有导电和抗菌双功能。聚丙烯腈上的氰基与硫化亚铜反应生成复杂的配位高分子 Cu_9S_5 固着于纤维上，结构式为：

这种抗菌织物的安全性能良好，急性毒性 $LD_{50} = 1320mg/kg$（经口、小鼠），耐洗性能卓越，对细菌和真菌均有很强的杀菌效果。这种导入铜化合物的纤维，其抗菌机理是铜离子破坏微生物的细胞膜，与细胞内酶的巯基结合，降低酶活性，阻碍细胞的代谢机能，抑制其成长，从而杀灭微生物。

日本旭化成公司开发的导电抗菌黏胶纤维，商品名为"A sah iBCY"。这样改性黏胶纤维具有抗菌、导电和阻燃性能。天然纤维棉和羊毛等也可藉化学方法导入铜、锌等金属元素，开发抗菌织物[4]。

7. 无机化合物类抗菌整理剂

此类抗菌剂是以银、铜、锌为抗菌主体，以泡沸石、硅、磷石灰、氧化钛、磷酸锆为载体的无机抗菌剂。其最大优点是非常稳定，耐热性能可达500℃以上，用于合纤熔融纺丝液中，制造抗菌纤维；安全性良好，这类抗菌剂的急性毒性 LD_{50} 在5000mg/kg以上，变异原试验呈阴性，对皮肤刺激呈准阴性。美国环境保护局EPA（Environmental Protection Agency）的毒性试验及环境影响均认为是安全的。

沸石主要由碱金属或碱土金属的硅铝酸盐组成，具有四面体的立体结构。在这种立体结构中包含着大量的孔穴，这些孔穴被阳离子如 Na^+、K^+ 及水分子所占据，但它们很容易被其他金属离子，如 Ag^+、Cu^{2+} 等所置换。Montefiber 研制了一系列丙烯腈纤维，在织物服用期间，能释放出有抗菌作用的 Ag^+、Zn^{2+}[5]。无机化合物类抗菌剂有天然的和合成的。代表性产品如日本钟纺的 Bactekiller，泡沸石的示意式如下：

$$x M_{2/n} O \cdot Al_2 O_3 \cdot y SiO_2 \cdot z H_2 O$$

式中：x——金属氧化物的系数；

y——二氧化硅的系数；

z——结晶水的系数；

n——金属的原子价；

M——1 ~ 3 价的金属，作为抗菌剂载体泡沸石，以载 Ag、Cu 和 Zn 为多。

可作为抗菌剂的金属离子很多，但对人体安全的目前还仅限于银、铜、锌等几种。金属离子的抗菌效果和对人体的危害程度排行如下[17]：

抗菌效果：$As^{5+} = Sb^{2+} = Se^{2+} > Hg^{2+} > Ag^+ > Cu^{2+} > Zn^{2+} > Ce^{3+} = Ca^{2+}$

毒　　性：$As^{5+} = Sb^{2+} = Se^{2+} > Hg^{2+} > Zn^{2+} > Cu^{2+} > Ag^+ > Ce^{3+} = Ca^{2+}$

无机类抗菌剂按溶出（有控制释放）抗菌机理作用，即逐渐从纤维或涂层中溶出活性氧、金属离子，扩散到微生物细胞内，破坏蛋白质结构，引起细胞代谢障碍。微量的 Zn、Cu、Ag、Ce 对人体是有益的，但对微生物是有害的，当微量银离子接触到带负电的细菌细胞膜时，因库仑引力牢固结合，且银离子穿透细胞壁进入细胞内与细菌酶蛋白的巯基和氨基结合，破坏细菌合成酶的活性，使细胞丧失分裂繁殖能力而死亡。此外，银离子也能破坏微生物的电子传输系统、呼吸系统和物质传递系统。当细菌死亡后银离子得到释放，与邻近的细菌再次结合发挥杀菌作用。作用过程如图 3 - 1 - 7 所示。

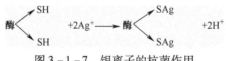

图 3 - 1 - 7　银离子的抗菌作用

8. 纳米抗菌整理剂

纳米抗菌材料是一类具备抗菌活性的新型材料，由于其比表面积大、反应活性高，极大地提高了整理剂的抗菌效果，使微生物细菌、真菌、病毒、酵母菌、藻类等的生长和繁殖得到抑制。无机纳米级抗菌剂如纳米 TiO_2、ZnO、纳米银系粉剂等，具有无机抗菌材料的耐热性、持久性，无毒、无味及对皮肤无刺激等较高的安全性，同时又具有常规无机抗菌剂所无法比拟的优良抗菌效果[18,19]。

纳米抗菌整理剂包括两大类，第一类是金属型纳米抗菌剂，主要以金属离子 Ag^+、Cu^{2+}、Zn^{2+} 为活性粒子；第二类是具有光催化性能的半导体无机材料，如纳米 TiO_2、ZnO、WO_3、ZrO、V_2O_3、SnO_2、SiC 等。目前在纺织品抗菌整理中，以纳米级 TiO_2、ZnO 应用最多。纳米抗菌剂的粒子直径一般为 23 ~ 75nm。有关抗菌机理等已在前文阐述，故不再赘述。

9. 天然抗菌剂

应用于织物整理的天然抗菌剂有由罗汉柏蒸馏的桧油、艾蒿、芦荟、壳聚糖类等。

（1）壳聚糖类抗菌剂：壳聚糖作为甲壳质的脱乙酰衍生物，是一种天然的无毒抗菌剂，具有良好的生物相容性和生物活性，无毒，具有消炎、止痛、促进伤口愈合等功效，可以生物降解。

关于壳聚糖的抗菌机理，认为壳聚糖的抗菌作用主要来自于壳聚糖的阳荷性，它能与微生物蛋白质中带负电的部分结合，壳聚糖与细菌蛋白质的结合，使细菌或真菌失去活性。壳聚糖抑菌能力取决于壳聚糖的相对分子质量大小及官能团，壳聚糖中阳离子部分与磷脂中唾液酸结合后，限制了微生物的运动。相对分子质量小的壳聚糖渗透到微生物细胞内部，阻止RNA（核糖核酸）转化，从而限制细胞的生长。已经有人研究出用柠檬酸和壳聚糖处理后的棉织物，经多次反复洗涤，抗菌效果仍保持在80%以上[5]。

壳聚糖的急性毒性 $LD_{50} > 15g/kg$（大、小鼠，口服），$LD_{50} > 10g/kg$（皮下注射）；Ames试验没有变异性；人贴敷48h后，几乎无刺激性，皮肤没有吸收。壳聚糖最低的抑菌浓度（M ICs）：大肠杆菌、绿脓杆菌0.02% ，枯草杆菌、金黄色葡萄球菌0.05% 。

抗菌整理工艺：

处方（对溶液重量百分比）：

冰醋酸	1%
壳聚糖	0.3% ~0.5%

工艺流程：

浸轧处理液→$NaHCO_3$处理→水洗→柔软处理→烘干→成品

为了增进整理效果的耐久性，处方中还要有交联剂，但交联剂的引入会使织物手感发硬、粗糙，解决办法是加入柔软剂和选择柔软的黏合剂、交联剂。

（2）艾蒿：具有抗菌消炎、抗过敏和促进血液循环作用。艾蒿的主要成分有1，8 - 氨树脑、α - 守酮、乙酰胆碱等，关于艾蒿的成分及功效如表3 - 1 - 4所示[2]。

表3 - 1 - 4　艾蒿的成分及功效

成分	作　用
1，8 - 桉树脑	防衰老、抗炎症、抗变态反应，促进血液循环作用
α - 守酮	抗菌防腐作用，治疗肝脏作用，其芳香有稳定情绪、镇定作用
乙酰胆碱、胆碱	调整血压、神经传递等各种主要生理作用
其他：叶绿素、多糖类、矿物质	净血、造血、扩张末梢血管、抗变态反应等

日本公司有用艾蒿提取物吸附在微胶囊状的无机物中制得抗菌剂；用艾蒿染布，用做变异反应性皮炎患者的睡衣或内衣，有理想的效果。

（3）芦荟：芦荟中药效的主要成分包括多糖类和酚类，芦荟汁对革兰氏阳性菌、阴性菌都有明显的抑制作用。芦荟叶中的苦汁荟素有抗炎症、抗菌性、防霉性、中和虫咬毒液、解毒和抗变态反应的作用。芦荟汁本身的耐热性好，121℃处理20min不会影响其抑菌性。

（4）桧油：罗汉柏的蒸馏物称为桧油。对革兰氏阳性菌、革兰氏阴性菌均有杀灭效果，对真菌的抗菌性较强。桧油的主要组分为 4 - 异丙基 - 2 - 羟基环庚基 - 2，4，6 - 三烯 - 1 - 酮。抗菌作用是分子结构中的两个可供配位络合的氧原子，它可与微生物体内蛋白质作用使之变性。

（5）蕺菜：蕺菜，俗称鱼腥草，其成分与功效如表 3 - 1 - 5 所示。

表 3 - 1 - 5　蕺菜的成分与功效

采取部位	成分	作用
叶、茎部	癸酰基乙醛、甲基壬基酮、月桂酸	对葡萄球菌、线状菌的抗菌作用强
叶部分	黄酮系成分	有利泻、缓泻作用，将陈旧废物排出体外，有芦丁作用
花穗	栎苷	
果穗	异栎苷	
叶部	矿物质、钾、叶绿素	有调整生物功能作用，消肿，再生肉芽组织

四、抗霉腐整理

因使用的需要，织物要长期暴露在自然环境中或埋于地下，经受日光、大气、潮湿、污染物的侵袭，在潮湿环境下霉菌容易生长繁殖，对织物产生生物降解作用，强力下降，使用寿命降低。经过抗霉腐整理可以提高织物对霉菌的抵御能力，延长织物的使用寿命。

常见的抗霉腐整理剂、抗霉菌机理及整理方法为：

1. 不溶性铜剂整理法

机理：使整理剂在织物上形成不溶性的抗菌物质，通过铜对霉菌细胞的破坏或抑制生长作用，达到防霉的目的。

（1）氢氧化铜氨：织物浸于铜氨溶液形成铜络合物，高温焙烘形成碱性铜盐。

（2）环烷酸铜：铜盐和石油高沸点物混合制成乳液，然后浸轧或涂层于织物上。

（3）8 - 羟基喹啉铜：8 - 羟基喹啉铜与冰醋酸按 1:2 混合，加热至 85 ~ 90℃ 生成 8 - 羟基喹啉铜醋酸酯，在 8 - 羟基喹啉铜醋酸酯中加入表面活性剂，浸渍织物一定时间，再用醋酸铜溶液处理，最终又生成 8 - 羟基喹啉铜沉积于织物上。

2. Sn、Zn、Cr、Hg 类整理剂

氧化三丁基锡、二甲基硫代氨基甲酸锌盐是有效的抗霉腐剂，Cr^{+6} 好于 Cr^{+3}，但易溶于水，使用价值不大。

3. 酚类整理剂

卤化双酚和多卤化酚。能加速织物和染料的光化学反应，使织物强力下降，褪色。因此，使用价值不大。

4. 接枝改性

利用辐射能，棉纤维接枝 18.6% 的丙烯腈，埋于土层中 42 天强力不变。利用棉纤维的 C_6—OH 的活性，用氰乙基变性处理，埋于土层中 154 天强力不变。

5. 树脂整理法

2D、TMM 树脂整理剂。与织物的 PP 整理相近，含氮树脂本身具有抗霉腐作用。由于 2D，TMM 树脂在使用过程中会释放甲醛，对人体和环境造成潜在危害，因此，使用价值不大。

五、防异味整理

织物是多孔性材料，容易吸附气相、液相、固相的杂质，若杂质有异味，那么吸附在纺织品中的异味会较长时间存留，给人带来不快。防异味整理则是通过在纺织品上施加能够吸附或破坏异味物质的材料，去除织物的异味。

1. 臭味的来源

臭味来源于两个途径，一是织物上生成的臭味，二是从环境吸附的臭味。织物吸附人体的汗液、皮屑、皮脂等，这些成为以念珠菌为主的微生物的食物链，而微生物需要将其分解才能享用，在分解这些有机物的过程中产生了氨类物质，释放出臭味。因纤维的叠加编织，织物带有无数孔隙，如果环境有臭味存在，则织物会吸收环境中的臭味，并保留在织物中，当在另一个无臭味或低臭味环境中时，臭味被释放出来，给人们带来不快。如待在吸烟场所的人、水产品及肉类的售货人员所穿的服装易吸附所在环境的异味。

2. 防异味整理方法

（1）抗菌防臭法：抗菌整理织物，能够抑制或杀死微生物，获得抗菌防臭的效果。

（2）物理吸附法：采用活性炭等有微孔、比表面积大的物质，吸附环境中的异味、臭气分子，达到消除或减轻臭味的效果。经洗涤烘干后，活性材料可以重复使用。其他活性材料还有 $CaCO_3$、硅藻土。此方法消极但很实用。可采用涂料印花、涂层法或喷涂整理方法，将活性物质固定于织物上。

（3）氧化法：纺织材料产生具有氧化能力的物质，氧化臭气分子，达到消除臭气的目的。

例如，日本大和纺织公司用 Fe^{3+}—酞菁衍生物的碱性水溶液处理纤维，Fe^{3+}—酞菁衍生物像染料一样"染"着于纤维上。利用 Fe^{3+} 氧化 H_2S 等臭气分子，达到消除臭味的目的。在反应中 Fe^{3+} 被还原为 Fe^{2+}，再经 O_2 氧化重生为 Fe^{3+}，可循环往复这一过程。

六、抗菌整理效果的评价[20]

抗菌纺织品最重要的性能指标就是抗菌性。有代表性且应用较广的评价方法是美国的 AATCC 100 试验法和日本的工业标准。国内使用较多的评价方法一般都是参照 AATCC（American Association of Textile Chemists and Colorists，美国纺织染色家和化学家协会）标准和日本 JAFET（日本纤维制品新功能协会）批准的"SEK"标志认证标准的方法。我国于 1992 年颁布了纺织行业标准 FZ/T 01021—1992《织物抗菌性能试验方法》[21]，FZ/T 73023—2006《抗菌针织品》行业标准也自 2006 年 8 月 1 日起正式实施并全面推广。

（一）定性测试方法

1. AATCC-90 琼脂平皿法（布片粘贴法、晕圈试验法）

将灭菌过的试样剪裁成直径为2cm的圆形，贴于已灭菌的琼脂培养基上，再将用特定的试验菌（金黄葡萄球菌、大肠杆菌等）接种过的培养基浇于样品表面，待凝固后于37℃培养48h，观察细菌生长情况。靠近试样的周围形成一个环状清洁区——抑菌圈，测量在培养基上的抑菌圈的宽度。抑菌圈参照图3-1-8。

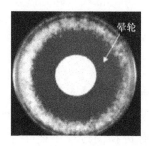

图3-1-8 晕圈法测试结果示意图

抑菌圈的大小表明了试样的抗菌活性。此方法适用于溶出型抗菌整理，且溶出型整理剂与培养基不发生反应。防霉试验采用同样的步骤，细菌培养条件是29℃培养96h。

2. AATCC-147 平行划线法

测试纺织品抗菌性能的半定量试验方法。方法是，制备含有一定数目的金黄色葡萄球菌等含细菌孢子的培养液，将一定的培养液滴加于盛有营养琼脂平板的培养皿中，使其在琼脂表面形成五条平行的条纹，然后将样品垂直放于这些培养液条纹上，并轻轻挤压，使其与琼脂表面紧密接触，在一定的温度（37℃）下培养一定时间（48h）。此法是用与样品接触的条纹周围抑菌区的宽度来表征织物的抗菌能力[22]。

（二）定量测试方法

1. AATCC-100 试验法

AATCC-100是一种容量定量分析方法，适用于抗菌纺织品抗菌率的测试。方法是，在待测试样和对照试样上接种测试菌，分别加入一定量的中和液，强烈振荡将菌洗出，以稀释平板法测洗脱液中的菌浓度，与对照样相比计算织物上细菌减少的百分率。此法的缺点是花费时间较长，对于非溶出型试样不能进行抗菌性能评价。

2. 奎因（Quinn）试验法

将整理和未整理的试样灭菌，分别接种测试菌，并在一定的相对湿度下干燥，然后分别放在经消毒的培养皿上，然后在试样上覆盖一薄层琼脂，在37℃下培养一定时间（48h），在低倍显微镜下计数菌落数，并计算抗菌（抑菌）率。

$$抗菌（抑菌）率 = \frac{未整理试样的菌落数 - 整理试样的菌落数}{未整理试样的菌落数} \times 100\%$$

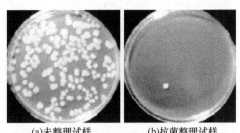

(a)未整理试样　　　　(b)抗菌整理试样

图3-1-9　菌落繁殖示意图

3. 振荡瓶法

振荡瓶法即 Shake Flask 法，是美国道康宁公司开发的评价非溶出型纤维制品抗菌性能的一种方法。此法为将样品投入盛有磷酸盐缓冲液的有塞三角瓶中，移入菌液后在一定条件下强烈振荡 1h，取 1mL 试验液，置于培养基上，在 37℃ 培养 48h，检查菌落数与空白样品比较，计算细菌减少率。

4. FZ/T 01021—92《纺织品抗菌性能测试》

适用于各类抗菌整理吸湿性织物，不适用于拒水织物。菌种是，金黄色葡萄球菌：菌株 26001；肺炎杆菌：菌株 31003。取直径为 5cm 的试样和对照试样（未抗菌处理），经灭菌处理后接种测试菌种，保持一定时间，取含菌液体转移到有营养琼脂的培养皿中，待凝固后在 37℃ 下培养 48h，计算细菌减少率。

我国关于抗菌性的检测标准有：GB 15981，GB 15979，GB 14930.2，GB/T 4768，QB/T 2591，QB/T 21866，QB/T 2738，JC/T 897 等；美国的测试方法有 AATCC 100，AATCC 147，AATCC 30，ASTM E2149，ASTM G21，ASTM D4576，USP26 等；欧洲的测试方法有 EN 1276，EN 1650，EN 1104 等；日本的测试方法有 JIS 1902，JIS Z2801，JIS Z2911 等。

☞ **思考题**

1. 名词解释：半致死浓度

2. 以 DC-5700 为例说明有机硅季铵盐类整理剂的抗菌机理及其具有良好的耐洗性的原因。

3. 理想的抗菌剂应具备哪些条件？

参考答案：

1. 半致死浓度：是指被试验的动物死亡一半数量时抗菌剂的最小剂量。

2. DC-5700 结构式为：

$$\left[H_3CO-\underset{\underset{OCH_3}{|}}{\overset{\overset{OCH_3}{|}}{Si}}-(CH_2)_3-\underset{\underset{CH_3}{|}}{\overset{\overset{CH_3}{|}}{N}}-C_{18}H_{37} \right]^+ Cl^-$$

根据直接接触型抗菌剂的抗菌机理，有机硅季铵盐抗菌剂的阳离子吸引带负电荷的细菌，并使之靠近阳离子，抗菌剂疏水性的长链烷基—$C_{18}H_{37}$触及细胞壁，阻碍细胞壁的合成，破坏细胞壁，杀死细菌。

DC-5700 的三甲氧基硅烷基具有硅烷活性，在一定条件下能与纤维上的羟基进行脱醇反应，生成共价键而使抗菌剂牢固地结合于纤维表面。高温条件下三甲氧基水解成硅醇基，硅醇基再自身反应缩合，形成聚硅氧烷薄膜覆盖于纤维表面；以共价键、离子键和形成的坚固薄膜固着于纤维上，使 DC-5700 抗菌剂具有很好的耐久性。

3. 理想的抗菌剂应具备下列条件：（1）安全性良好；（2）高效性、广谱性；（3）良好的耐久性，洗涤 20~50 次仍有抗菌活性；（4）对染料色光、牢度、织物风格无影响，成本适中；（5）与常用助剂有良好的配伍性。

第二节 护肤保健整理

本节知识点
1. 护肤保健整理的目的
2. 护肤保健整理剂
3. 护肤保健整理工艺

一、护肤保健整理概述[23]

护肤整理加工源于化妆品的应用，一般来讲，"护肤"是指在皮肤上涂抹化妆品，通过摄取其营养成分使皮肤光滑润泽，或免受环境破坏。护肤纤维或纺织品延伸扩展了"护肤"原有的概念，从面部护肤延伸到全身护肤，从一般性营养延伸到卫生、清洁、舒适、保健。即将具有护肤功能的护肤剂或添加剂通过一定方式添加或整理到纤维或纺织品上，赋予纤维或纺织品滋润、调理、保湿及其他特殊机能性，使人们穿着时具有清洁、舒适、保健的功能。

环境污染伴随工业发展日益严重，大气中二氧化碳、氮氧化物和硫氧化物增加，对人体皮肤影响严重。皮肤是人体重要的安全屏障，这些污染物除对人体的呼吸系统造成直接危害外，还会造成人体皮肤过敏。采用和人体直接接触的护肤整理服装面料作为皮肤保护屏障，是一种安全、有效的防护手段。随着人们对自身卫生保健意识日益增强，皮肤护理功能纺织品引起重视，国内外许多研究机构应用高新技术，开发以动物类和植物类为主的天然整理剂，对织物进行护肤整理加工，其中日本大和、洛东化学公司及国内的洁尔爽、中大科技等公司在护肤整理剂开发方面取得了一定进展。

未来纺织品的发展重点将从注重"款式、色彩、时尚"逐渐向"友善人体、可穿型化妆品、可穿型理疗品"的理念转变，功能性服装面料将成为人体的"第二层皮肤"，有助于促进人体皮肤功能的恢复。

二、护肤保健整理的方法与机理

人们日常穿着的大多数功能性纺织品都是经过化学制剂加工处理的，尽管可以达到各种各样的功能性效果，但难以满足舒适性和健康性的要求。而服装的保健功能越来越受到人们的关注。

（一）蚕丝蛋白整理[23~25]

蚕丝是一种天然高分子纤维，主要由丝素和丝胶两部分组成，丝素是蚕丝的主要组成部分，约占重量的70%，丝胶包覆在丝素的外部，约占重量的30%。丝素和丝胶的主要组成物质都是蛋白质，但其组分、结构和性质不同。

丝胶性状和动物胶相似，丝氨酸所占比例较大，丝胶除含有少量蜡质、碳水化合物、色素和无机成分外，主要成分是丝胶蛋白。丝胶是一种球状蛋白，相对分子质量为1.4万~31.4万，它由18种氨基酸组成，其中丝氨酸、天门冬氨酸和谷氨酸的相对质量分别为33.43%、16.71%和13.49%，都是侧基较大的氨基酸，而侧基较小的甘氨酸、丙氨酸含量较少。丝胶含有的极性氨基酸几乎是丝素的2倍，极性氨基酸和非极性氨基酸的含量比几乎是丝素的10倍，其中羟基氨基酸占整个氨基酸的43%~50%，酸性和碱性氨基酸的含量远大于丝素。

丝素由乙氨酸、丙氨酸、丝氨酸、酪氨酸等18种氨基酸组成，丝素蛋白的相对分子质量约为36万~37万，由结晶区和非结晶区组成，侧链较小的甘氨酸、丙氨酸和丝氨酸等氨基酸大部分存在于结晶区，而侧基较大的酪氨酸、苯丙氨酸、色氨酸主要存在于非结晶区。丝素具有多孔性和较高的吸湿性，在标准状态下，丝素的吸湿率在10%~11%，丝素吸水后发生有限溶胀，但不溶于水，可用作纺织品的功能整理剂。

提取蚕丝纤维中的丝胶蛋白和丝素蛋白，将其整理到纺织品上，由于蚕胶蛋白和丝素蛋白氨基酸与人体皮肤蛋白的组成相似，使衣物与皮肤亲和，能增进皮肤细胞活力，具有保湿、滋润、抗菌调理保健作用。

（二）胶原蛋白整理

胶原蛋白又称为活性胶原蛋白，是直接从生物体内提取出来的一种生物蛋白质，它完整地保留了蛋白质大分子的螺旋结构，与解螺旋及肽链断裂的变性胶原蛋白不同。胶原蛋白广泛存在于哺乳动物的肌腱、皮、韧带、骨、血管等组织体内，胶原种类很多，常见的有三种，分别是Ⅰ型、Ⅱ型和Ⅲ型胶原。Ⅰ型胶原在动物肌腱、皮肤和韧带中含量最多，其抗张能力强，对Ⅰ型胶原的研究比较系统，对它的开发利用也最多；Ⅱ型胶原在动物的玻璃体和软骨中含量比较丰富，其特点是抗压能力强；Ⅲ型胶原在伸展性大的组织中存在较多，如疏松结缔组织。各种胶原的结构差异性，主要是由多肽链的初级结构不同所致，因此，会导致其在生理功能方面的差异。

胶原蛋白在医学上被证实为可以促进细胞生长的蛋白质，它对人体没有任何副作用，天然环保，具有修复皮肤伤口、抗过敏、锁住水分、滋养护肤和防紫外线等功能，已经在保健、美容、医疗等领域得到广泛的应用，胶原蛋白纺织品功能整理是胶原蛋白开发应用的方向之一。

果胶原蛋白与人体具有良好的生物相容性，将胶原蛋白整理到纺织品上，贴人体皮肤穿，具有以下作用：第一，保湿，胶原含有大量羟基、氨基等亲水性基团，可以与水分子结合成氢键，另外，胶原分子的三螺旋结构能锁住水分，可以让皮肤处于持久保湿状态；第二，滋养，胶原在皮肤中有较好的渗透能力，在透过角质层后，进入皮肤内与皮肤表层细胞结合，加强皮肤中胶原的活性，不仅可以改善皮肤细胞的生存环境，还能促进皮肤细胞的新陈代谢，增强血液循环；第三，紧肤防皱，胶原被表层皮肤吸收后，由于胶原的三螺旋结构，可以起到组织支架作用，使皮肤有紧绷和弹性的感觉，达到舒展粗纹、淡化细纹的功效；第四，修复，胶原具有渗入肌肤底层的能力，由于胶原和肌肤细胞的亲和性较好，可以协助细胞产生新的胶原蛋白，促进皮肤细胞生长，胶原也可以引导形成的新细胞进入不完整的区域，并在细胞迁移时起到润滑和支持作用，具有更新肌肤的作用；第五，胶原具有防止酪蛋白氧化的功能，可以有效防止细胞产生黑色素；第六，防过敏，由于胶原具有促进新陈代谢、保湿等功能，因此可有效的阻断过敏原的连锁反应；第七，胶原提供了一种微酸性环境，对细菌有抑制和杀灭作用；第八，胶原可以溶解和软化角质层，有利于油脂分解[26,27,23]。

（三）芦荟整理

芦荟又称为龙舌兰，是一种科属多年生常绿多肉质草本植物，早在古埃及时代，其药效就被人们认可，称其为"神秘植物"，从传统医学到现代医学，芦荟的药用价值都被肯定。对芦荟的化学成分的研究，目前已明确的化学成分有160多种，其中，有效成分80多种，已被研究证实的主要成分包括蒽醌类化合物、糖类、氨基酸、维生素、有机酸、金属元素以及酶等活性成分。

芦荟含有多种对人体有益的保湿和营养成分，具有以下功能：

（1）营养保湿，芦荟中的复合多糖物质构成了天然保湿因素，它可以补充皮肤水分，恢复胶原蛋白，防止皮肤产生皱纹，保持皮肤柔润、光滑、富有弹性；

（2）防止皮肤因日晒而引起的红肿、灼热感，保护皮肤免受灼伤；

（3）防止细菌生长，促进细胞新陈代谢和皮肤再生，减轻疼痛和瘙痒；

（4）芦荟含有黏蛋白成分，能调节皮肤的水分和油分，使其保持平衡。

芦荟对人体有护肤作用的原理在于芦荟叶汁具有明显的抑菌、消炎、镇痛和抗病毒作用。据有关资料介绍，1968～1982年间，美国AVA-CARE实验室Lorenzetti就对芦荟叶汁的抑菌、抗菌活性作了大量实验，发现芦荟对大肠杆菌、链球菌、化脓物质及各种沙门氏杆菌都具有抵抗活性的作用。1967年，Bruce测试了几种芦荟叶汁，利用试管稀释法做抗菌实验，证明芦荟叶汁对革兰氏阴性菌的抗菌活性高于革兰氏阳性菌，对抗人类结核杆菌最为明显。芦荟能使六种致炎剂引起的炎症得到控制。芦荟的水浸剂（1:2）在试管内对人体腹股沟表皮癣菌、星形奴卡氏菌等皮肤真菌有不同程度的抑制作用，其醇浸液对人类结核杆菌在体外也有抑制作用，对巴豆毒引起的小鼠耳肿有明显的消肿作用。从芦荟中提取的蒽醌对包膜病毒、水痘、带状疱疹病毒、假狂犬病毒具有明显的抑制作用。

关于芦荟护肤机理已有许多深入研究，较普遍的说法是芦荟中含有多糖、氨基酸、有机酸、维生素等可以构成天然保湿因子，在皮肤表面形成一层薄膜，这层薄膜不仅能补充皮肤损失的水分，增加皮肤保水能力，防止皮肤因缺水而产生细小皱纹和干燥现象，同时其又能直接被皮肤吸收，起到护肤作用。另外，在芦荟保湿性研究中发现，随着芦荟中多糖成分的增加，其保湿性相应提高，且在多糖质量分数为30%时达到饱和，氨基酸含量与保湿性之间的关系不是很明显，但也可以提高保湿性，芦荟中含有维生素 A、B2、B6、B12 等和金属离子化合物形成的生物原刺激物质具有增强组织生化过程的作用，也能产生护肤效果[28~32,23]。

（四）壳聚糖及其衍生物

壳聚糖是甲壳质（甲壳素、几丁质）的脱乙酰取代物，广泛存在于虾蟹壳及软体动物外壳与骨骼、真菌和藻类等微生物的细胞壁中，甲壳素是一种有机可再生资源，在自然界中的蕴藏量仅次于纤维素，甲壳素及其衍生物既具有良好的黏合性、柔软性和成膜性，又具有良好的生物活性、生物相容性、生物降解性、无毒性及特殊的吸附性能。

甲壳质脱乙酰后的结构中有多个羟基和氨基等极性基团，其水合能力极强，保湿性好，可保持皮肤的水分，氨基具有抗菌防臭作用[23]。

从分子结构看，甲壳素和壳聚糖与人体内存在的氨基葡萄糖的结构相同，具有类似人体骨胶原组织结构，这种双重结构赋予它们良好的生物医学特性：对人体无毒无刺激，可被生物体内溶菌酶分解而吸收，还具有抗菌、消炎、止血、镇痛、促进伤口愈合功能。

（五）鲨烯护肤整理[33]

鲨烯是一种稳定性良好的异戊烯类碳氢化合物，主要来源于深海鲨鱼。这种鲨鱼生活在水深150~2000米的深海中，其肝脏占体重的1/4，肝油占肝脏重量的90%，1916年，日本学者发现这种鱼肝油中存在碳氢化合物，命名为角鲨烯。角鲨烯经过加工可制得鲨烯，鲨烯是人体表皮脂质的一种成分，有使皮肤光滑滋润的作用，渗透性好，对于维持人的生命有重要作用。人体内可以合成鲨烯，但随着年龄的增长，分泌不足，需要适当补充。目前鲨烯的应用以化妆品为中心，包括洗发液、洗面乳、防晒霜、口红等。

采用浸渍、浸轧、喷淋或涂层等方法可使鲨烯整理到纺织品上，鲨烯不具有活性基，可制成稳定的乳化分散液，能均匀附着在纤维表面，整理后的纺织品具有特殊的滑爽感和潮湿感，直接接触皮肤，使之细嫩，还能治疗轻微的过敏性皮炎。

日本石油化学公司是世界上最早开发鲨烯的公司，该公司还与丸红公司合作，创办了鲨烯纺织品公司，并与富士纺织公司、福助公司等合作开发鲨烯护肤制品。由富士纺织公司开发纯棉鲨烯整理织物，商品名为"娟肌物语"，已制成内衣、衬衣、睡衣、婴儿服和床单等；东丽公司也参与了鲨烯纺织品的开发，制成了独特的鲨烯护肤整理剂，对纯涤纶织物进行整理，商品名为"法尔斯布"。

国内五邑大学和东华大学合作，开发了角鲨烷微胶囊护肤整理剂，并对整理剂的整理工艺和效果进行了系统研究。

（六）维生素 E 整理

维生素 E 为黄色或金黄色黏稠透明液体，属于脂溶性维生素，不溶于水，易溶于无水乙醇、丙酮、氯仿、乙醚和石油醚中。维生素 E 多存在于植物组织中，如麦胚油、豆类及蔬菜等，维生素 E 的化学结构为苯并二氢吡喃衍生物[34]。

维生素 E 是一种强有效的自由基清除剂，能保护机体细胞膜及生命大分子免遭自由基的攻击，对人体皮肤有美化和延缓衰老等保健作用。虽然维生素是一种人体不可缺少的物质，但维生素不能由人体自己产生，只能由外部摄入，将维生素 E 整理到纺织品上，通过与人体皮肤接触，通过皮肤的渗透作用，维生素 E 可以穿过皮肤，被真皮中的毛细血管吸收而进入人体循环。其作用机理是：透皮缓释的活性分子从皮肤表面通过皮肤层持续释放，进入血液循环系统。通过透皮缓释，可以保持恒定的浓度；透皮缓释是直接将活性分子作用于皮肤，防止生理活性分子失活，提高了使用效能，减少了用量。

维生素 E 是脂溶性黏性油，难以均匀地添加到食品、药品和化妆品中，更难较好地用于主要是水处理环境的织物整理。尽管对酸、热稳定，但维生素 E 暴露于氧、紫外线、碱、铁盐和铅盐环境下会遭到破坏。若将维生素 E 胶囊化，则既能保持维生素 E 的固有特性，又能弥补其易氧化和不易用于水溶性产品等不足之处。因此，维生素 E 很多以微胶囊形式整理到纺织品上，通过整理到纺织品上的微胶囊的控制释放，对皮肤具有保健和营养作用的活性成分从微胶囊的囊芯逐渐释放出来，有效地在纺织品的穿着过程中作用于人体皮肤上，起到保健和营养的作用[35]。日本 Unitika 公司推出用缓释维生素 E 整理的 Activate 加工，有良好的耐洗性，Activate 是通过在穿衣时和皮肤的接触、摩擦作用，借助皮脂使原本固着在纤维上的维生素 E 渐释放型药剂溶出，被人体所吸收[36]。

英国的特种纺织产品有限公司（STP）提供的功能性生物微胶囊系列可以与含有维生素 A、维生素 D、维生素 E 和芦荟等的胶囊混合使用，生物微胶囊可用于织物上，如床上用品、内衣、T 恤衫、背心和长短袜。日本友人将维生素 C 和海草浸渍物制成的微胶囊整理长筒袜，在穿着过程中可帮助皮肤保持润湿。英国 Celessence 公司与 Brookstone 公司也共同研制开发出一项利用微胶囊将维生素及其他功能整理剂如润湿剂等整理到纺织品上的技术。目前，国内市场上也开发出含有维生素的整理剂，如赫特公司出口的维生素纳米胶囊 VCP，它是维生素 C 衍生物和维生素 E 的全包囊型纳米微胶囊，适用于棉、毛、丝、麻、化纤织物及成衣整理。朗盛公司生产的维生素 A 护肤整理产品 Tastex TG - 0031，是应用一个名为 Tastex 的多层气孔组织将维生素 A 包含其中，再整理到织物上，可以对人的皮肤进行保温，减少肌肤皱纹的产生[37,38]。

三、护肤保健整理剂及其整理工艺

（一）护肤整理剂及其特点

护肤整理剂应该具备以下特点：

（1）天然性，所用的原料均采用化妆品及天然原料提取物，对皮肤温和；

（2）健康性，具有滋润和调节湿度的效果，特别适合内衣面料；

（3）安全性，赋予织物护肤调理的机能性，对人体和环境无害。

主要的护肤整理剂及其功效见表 3 - 2 - 1[23]。

（二）护肤整理工艺举例

护肤纤维或纺织品制造方法分为三类：

表 3 - 2 - 1 护肤整理剂及其功效

产品名称	主要成分	离子性	护肤功效
SKU - A 胶原蛋白整理剂	深海鲛油、胶原蛋白缩氨酸、十一碳烯酸单甘油酯	阴离子	护肤滋润保湿
SSU 丝素蛋白整理剂	深海鲛油、蚕丝蛋白、十一碳烯酸单甘油酯	阳离子	护肤滋润保湿
ALS 芦荟整理剂	芦荟萃取物、深海鲛油、蚕丝蛋白、十一碳烯酸单甘油酯	阳离子	护肤滋润保湿
CTS 甲壳素整理剂	甲壳质、深海鲛油、蚕丝蛋白、十一碳烯酸单甘油酯	阳离子	护肤滋润保湿
COOL 凉感整理剂	木糖醇、深海鲛油、蚕丝蛋白、十一碳烯酸单甘油酯	阳离子	凉爽护肤、降温
HOT 热感整理剂	唐辛子萃取物、甘菊萃取物、十一碳烯酸单甘油酯	阳离子	保暖、促进血液循环
TG0031 皮肤防皱整理剂	酯化维他命S醇神、深海鲛油、蚕丝蛋白、十一碳烯酸单甘油酯	阳离子	防皱护肤保湿

（1）以天然原料或再生天然原料制成纤维或混纺纤维或纺织品，如甲壳素纤维；

（2）在纤维生产过程中添加具有保健护肤功能的添加剂，制成护肤纤维或纺织品，如牛奶蛋白纤维、竹炭纤维、珍珠纤维；

（3）用后整理方法将具有护肤保健功能的整理剂处理到纤维或纺织品上，赋予其功能性。本节主要介绍后整理加工方法。

1. 芦荟护肤整理

北京洁尔爽高科技有限公司开发了芦荟护肤整理剂 TSD，是以芦荟提取物为主要成分的微胶囊，整理到织物上后，通过挤压和摩擦等方式释放芦荟的多糖物质，可以采用浸渍法和浸轧法加工[39]。

浸渍法：

工艺配方：

芦荟护肤整理剂 TSD   5% ~ 8%

固着剂 SCJ - 939   5% ~ 8%

柔软剂 SCG   2% ~ 4%

工艺流程：

浸渍（30 ~ 40℃，30min，浴比 1 : 15）→脱水→烘干（90 ~ 100℃，5min）→定形（120℃，30 ~ 40s）→成品

浸轧法：

工艺配方：

芦荟护肤整理剂 TSD   50 ~ 80g/L

低温固着剂 SCJ - 939   50 ~ 80g/L

柔软剂 SCG   20 ~ 40g/L

工艺流程：

浸轧（轧液率 70% ~ 80%）→烘干（90 ~ 100℃，5min）→定形（120℃，30 ~ 40s）→成品

2. 壳聚糖护肤整理

将织物浸渍壳聚糖稀醋酸溶液或添加交联剂，可获得抗菌、保湿织物。日本大和化学工业公司研制的耐久 Tender KIT – 20 贝壳整理剂具有保湿、消臭、抗菌、消肿的功能，整理工艺为[40]：

浸轧法：

浸轧（5% ~ 15% 壳聚糖稀醋酸溶液）→脱水 →干燥（100℃，5min）

浸渍法：

浸渍（5% ~ 15% 壳聚糖稀醋酸溶液，40℃，15min，浴比 1∶10）→脱水 →干燥（100℃，5min）

3. 维生素护肤整理工艺

整理剂 Vc + e 是北京洁尔爽高科技有限公司开发的护肤整理剂，该整理剂是以维生素 C 棕榈酸酯和维生素 E 为主要成分的微胶囊整理剂，将其整理到纺织品上，通过挤压和摩擦等方式释放护肤的维生素 C 和维生素 E，是一种安全性很高的护肤整理剂，可以用浸渍法或浸轧法整理到纺织品上[41]。

浸轧法：

工艺处方：

护肤整理剂 Vc + e   30 ~ 60g/L

低温固着剂 SCJ – 939   30 ~ 60g/L

柔软剂 SCG   40g/L

工艺流程：

二浸二轧（轧液率 70%）→烘干（100℃，5min）→焙烘（150℃，1min）→成品

浸渍法：

工艺处方：

护肤整理剂 Vc + e   3% ~ 5%

低温固着剂 SCJ – 939   3% ~ 5%

柔软剂 SCG   2% ~ 4%

工艺流程：

浸渍（40℃，30min，浴比 1∶10）→脱水→烘干（90 ~ 100℃，5min）→焙烘（120℃，30s）→成品

四、护肤保健整理效果的评价

（一）吸湿性测试

1. 吸水率（按照标准 GB/T 21655. 1—2008 测试）

在恒温恒湿室内（温度 20℃，相对湿度 65%），将织物试样完全浸润 5min 后取出，垂直

悬挂至试样不再滴水为止，立即用镊子取出称取试样质量，将浸润后的试样质量减去原始质量再与原始质量的比值为吸水率。

2. 滴水扩散时间（按照标准 GB/T 21655.1—2008 测试）

在恒温恒湿室内（温度 20℃，相对湿度 65%），将调湿平衡的试样平放在试验台，滴 0.2mL 三级水于试样上，记录完全扩散的时间。

3. 芯吸高度（按照标准 FT/Z 01071 测试）

取 25cm×3cm 布样，长边平行于经向，用垂直悬挂试验仪器，将布样垂直悬挂，短边一端浸入三级水中，记录 30min 时水上升的高度。

（二）保湿效果评价

未整理织物烘干去除回潮所含水分，称重为 W_1，然后在一定温度、湿度环境中回潮至恒重 W_2，保湿性定为 100%。取整理后织物，放于上述温度和湿度环境中回潮一定时间，称重为 W_3。

$$保湿率 = \frac{W_3 - W_1}{W_2 - W_1} \times 100\%$$

（三）抗菌效果评价

见抗菌整理相关章节。

👉 思考题

1. 常见的护肤整理剂有哪些？
2. 护肤整理剂的特点。

参考答案：

1. 常见的护肤整理剂有蚕丝蛋白、胶原蛋白、芦荟、壳聚糖及其衍生物、鲨烯、维生素 E 整理剂等。

2. 护肤整理剂的特点：（1）天然性，所用的原料均采用化妆品及天然原料提取物，对皮肤温和；（2）健康性，具有滋润和调节湿度的效果，特别适合内衣面料；（3）安全性，赋予织物护肤调理的机能性，对人体和环境无害。

第三节　负离子纺织品

本节知识点

1. 负离子的概念及其卫生保健作用
2. 负离子保健纺织品的开发
3. 纺织品负离子保健效果的评价

一、负离子的概念

大气中的分子或原子在机械力、光、静电、化学或生物能作用下会发生电离，其外层电子脱离原子核。失去电子的分子或原子带有正电荷，形成所谓的正离子或阳离子；而脱离出来的电子会迅速被周围的中性分子或原子"捕获"，形成负离子或阴离子。负离子形成后，再结合一定的水分子形成空气负离子团。结合水分子的数量由空气的湿度决定，负离子一般可结合 8 ~ 10 个水分子[42]。

地球表面的空气离子 35% 由土壤中的放射性物质产生，50% 由放射性气体产生，15% 由宇宙射线产生。在常温常压下，地面附近正、负离子的形成速率通常是 10 ~ 40 对/$cm^3 \cdot s$。在瀑布附近的负离子主要由 Lenard 效应产生。水的高速喷射形成高电压，使分子在水的高速喷射过程中电离，正、负电荷的分离取决于温度、水中的杂质、冲击空气的速度以及与外界的接触面。水滴破碎后，较大液滴带正电荷留在水中，而被空气带走的小雾滴带负电荷，散布在空气中。宇宙射线与紫外线等能量较高的电磁波通过气体时，可使气体分子电离，它们对距离地面几公里以上的空间作用显著。另外，雷电、尖端放电、大气运动与地面的摩擦等过程也能产生空气离子。

空气中主要含有 N_2 分子、O_2 分子、少量 CO_2 分子及 H_2O 分子。空气电离后，其中正离子有 H^+ (H_2O)$_n$（$n = 1$，2，3，…）、NH_4^+（H_2O)$_n$（$n = 1$，2，3，…）；空气负离子有 O^- (H_2O)$_n$、OH^- (H_2O)$_n$ 以及 CO_4^- (H_2O)$_n$。当电离能不太高时，由于 H_2O 分子的电离能为 1.25eV，容易被电离形成羟基负离子；而氧原子外层有 6 个电子，比氮原子更易捕获电子形成负离子，所以空气负离子的成分以氧负离子水合物和羟基负离子水合物为主。

空气离子按其体积大小和迁移率可分为轻、中、重离子。一部分正、负离子将周围 10 ~ 15 个中性分子吸附在一起形成轻空气离子，其直径约为 1.6 ~ 0.36nm，在电场中运动速度较快，平均迁移率为 0.5 ~ 3.2cm^2/V $\cdot$ s。轻离子在运动过程中遇到某些气溶胶时，很容易与之结合形成中离子，其直径约为 7.4 ~ 1.6nm，平均迁移率为 0.034 ~ 0.5 cm^2/V $\cdot$ s。直径在 79 ~ 7.4nm 之间的带电颗粒，则为重离子，平均迁移率为 0.0041 ~ 0.034 cm^2/V $\cdot$ s[43]。

空气离子按其带电性又可分为空气正离子和负离子。由于地面对于大气电离层形成静电场，地面为负极，空气负离子受地面排斥，正离子受地面吸引，所以一般情况下，地球表面正离子浓度高于负离子，正、负离子浓度比通常维持在 1.2 左右。

空气离子的寿命一般很短。在人口密集的城市、工矿区等地方，空气离子的寿命仅有几秒钟；而在林区、海滨或瀑布周围，空气离子的寿命可达到 20min 左右。在一定条件下，离子的产生和衰减可以达到平衡，空气中正、负离子数量维持在某个浓度[44]。

二、负离子的卫生保健作用

负离子对人体的健康作用早已被医学界证实，也逐渐被广大消费者所认知。负离子的卫生保健作用主要体现在：

（1）对神经系统的影响。可使大脑皮层功能及脑力活动加强，精神振奋，工作效益提高，能使睡眠质量得到改善。负离子还可使脑组织的氧化过程力度加强，使脑组织获得更多的氧。

（2）对心血管系统的影响。负离子有明显扩张血管的作用，可解除动脉血管痉挛，达到降低血压的目的，负离子对于改善心脏功能和改善心肌营养也大有好处，有利于高血压和心脑血管疾患病人的病情恢复。

（3）对血液系统的影响。研究证实，负离子有使血液流速变慢、延长凝血时间的作用，能使血中含氧量增加，有利于血氧输送、吸收和利用。

（4）对呼吸系统的影响。负离子通过呼吸道进入人体，有助于提高人体的肺活量，改善并提高肺功能。

（5）负离子能刺激人体上皮细胞再生，促进创面愈合，提高免疫能力。

（6）增强人体免疫力。负离子可改变机体的反应活性，具有活化网状内皮系统的机能，增强机体的抗病能力，负离子能提高机体的解毒能力，使激素的不平衡正常化，并能够消除人体内因组胺过多引起的不良反应，避免过敏性反应及"花粉症"的发生。

负离子的前三个作用与其能够降低脑和血液中五羟色胺的浓度有关。五羟色胺是一种神经激素，会在神经血管系统、内分泌系统、代谢系统产生不良的影响。空气负离子可以促进氧化一元胺生物酶的产生，而这种酶可以消除代谢系统中的五羟色胺。

对动物和人体实验表明，负离子的作用与浓度关系密切，两者的关系如表3－3－1所示。

表3－3－1 不同环境中负离子浓度及其对人体健康的影响

环境	负离子浓度（个/cm^3）	对人体健康的影响
森林、瀑布区	100000～500000	具有自然愈合力
高山、海边	50000～100000	杀菌作用，减少疾病传染
郊外、田野	5000～50000	增强人体免疫力
都市公园	1000～2000	维持健康基本需要
绿化街区	100～200	诱发生理障碍的边缘
都市住宅封闭区	40～50	诱发头痛、呼吸道疾病
室内冷暖空调房间	0～25	引发"空调病"症状

三、负离子保健纺织品的开发

人工产生负离子的方法主要有：

（1）利用电极高压放电，使空气电离；

（2）利用物理挤压、摩擦作用，使空气电离；

（3）利用电气石等矿物材料激发空气电离；

（4）利用 Lenard 效应，在水流的强烈撞击或震荡下，水分子电离，产生负离子；

（5）利用光触媒或其他放射性矿物，使空气或水分子电离，产生负离子；

（6）热离子发射法。当某些金属合金或金属氧化物材料被加热至一定温度时会发射电子，发射的电子数由热电子发射特性和温度决定。这些被发射出的电子通过对氧和小灰尘粒子的附着产生负离子。

在上述方法中，利用能够激发空气电离的矿物材料处理或加工纺织品是较为现实、便捷的。例如利用表面涂覆、共混纺丝等方法制备负离子纤维；也可以通过后整理的方法使纺织品直接获得释放负离子的能力[45~48]。20世纪90年代末期，日本率先对负离子保健纺织品展开研发，在这方面申请了很多专利技术[49~54]。无论采用何种方法，电离发生在纤维或涂层与空气接触的界面上，因此利用特殊矿物对纺织品进行处理时，必须解决好矿物与纺织品的结合、矿物粒子的分散等问题。

典型的能够释放负离子的材料如表3-3-2所示。电气石、蛋白石等矿物材料具有热电性和压电性，当温度或压力有微小变化时，矿石晶体之间可产生电势差，足以使周围空气发生电离，形成空气负离子。而珊瑚化石、海底沉积物、海藻炭、木炭等无机系多孔物质，具有永久自发电极，能使周围空气发生电离。其中电气石是目前最常用的材料。

表3-3-2　典型的能释放负离子的功能材料[55]

材料名称	组分及特征
电气石	(Na, Ca) (Mg, Fe)$_3$B$_3$Al$_6$Si$_6$ (O, OH, F)$_{31}$的三方晶系硅酸盐
蛋白石	主要含水非晶质或胶质的活性二氧化硅，还含有少量Fe$_2$O$_3$、Al$_2$O$_3$、Mn及有机物
奇才石	硅酸盐和铝、铁等氧化物为主要成分的无机系多孔物质
古代海底矿物层	硅酸盐和铝、铁等氧化物为主的无机多孔物质
含微量放射性物质的天然矿物	含天然钍、铀等微量放射性元素的矿物

（一）电气石负离子激发原理

电气石又被称为奇冰石、托玛琳（Tourmaline），是一种以含硼为特征、化学组成复杂的环状结构的硅酸盐矿物。电气石属于三方晶系，对称型为L^{3}3P，空间群为C_{3V}^5-R3m；六个晶格参数分别为$a_0 = b_0 = 1.584 \sim 1.603$nm，$c_0 = 0.709 \sim 0.722$nm，$\alpha = \beta = 90°$，$\gamma = 120°$。

电气石具有自发极化效应。所谓自发极化，是指在无外电场的作用下，当晶体温度降至某一温度以下时，由于晶体结构中正电荷和负电荷中心的不重合，而产生的极化现象。自发极化是由晶体的结构造成的。能够自发极化是晶体中存在热释电性的前提，而这种具有自发极化的晶体被称为热释电晶体。当温度升高时，热释电系数也随之增加。

在电气石的周围存在着以c轴轴面为两极的静电场，表面厚度十几微米范围内存在10⁴~10⁷V/m的高场强。当电气石晶体微粒的尺寸很小时，可以把其当作一个电偶极子来看待，电气石晶体极轴两端带有的异号电荷由于等量而相互抵消，因此，电场强度在平行极轴方向最大，并且距离中心越远，静电场减弱越迅速。冀志江等在研究黑色电气石粉体的带电性质时，从电子探针中首次直接观察到了电气石颗粒的电极性[56]。在电气石静电场的作用下，水分子发生电离，反应如下：

$$H_2O \longrightarrow H^+ + OH^-$$

$$2H^+ + 2e^- \longrightarrow H_2$$

$$H_2O + e^- \longrightarrow O_2^- \ (H_2O)_n$$

$$CO_2 + e^- \longrightarrow CO_4^{2-} \ (H_2O)_n$$

电气石中铁的含量对热释电效应有显著影响，氧化铁的含量在 0.01% ~ 14.6% 时，铁含量的增加与热释电系数的降低呈线性关系。对负离子纤维而言，电气石超微粒子以共混工艺加入纤维中，除了裸露在纤维表面的部分，绝大多数都在纤维内部，电气石粒子的正负极有可能湮没在纤维中的高分子基团中，达不到将水分子瞬时"负离子化"的目的。

（二）电气石负离子纺织品的开发

使用电气石开发负离子纺织品时，如何提高负离子产生效能是工艺开发的核心。首先要将其颗粒充分分散，避免颗粒的正负电极相连，电场被抵消；其次采用的分散介质最好有一定的电导率，以提高电气石粉体与空气的接触率；此外，适当能量激发有利于提高空气负离子的产生能力，与某些稀土的复合可以实现这一目的。

实践证明，电气石粉体较细、比表面积较大时，其压电性、热电性更好。在功能纤维中填充电气石粉体，要求粒子中粒径小于或等于 0.5μm，97% 小于或等于 3.0μm。然而，由于电气石结构致密，莫氏硬度达到 7.0 ~ 7.5，难以磨制很细的粉体，且粒径分布范围较宽，粗细不均。郑水林等采用湿式搅拌磨超细粉碎工艺，以聚丙烯酸及其盐类作为分散剂、氧化锆为研磨介质，优化工艺条件，制备了粒度细（$d_{50} \leqslant 0.8\mu m$）、分布窄（$d_{97} \leqslant 2.0\mu m$）、颗粒形状规则的超细电气石粉体。与分散前 $d_{90} = 0.043mm$ 的粉体相比，负离子释放率显著提高，其中静态平均负离子释放浓度为原来的 2 ~ 3 倍，在温度为 18℃、湿度为 70% 的环境中，平均浓度达到 4225 个/cm³[57]。

禇昌亚在制备以尼龙 6 为基体的负离子纤维时，采用湿法球磨工艺加工超细电气石粉体[58]。与喷雾干燥和直接烘干相比，共沸蒸馏干燥得到的电气石粉体的颗粒更为规整，颗粒的棱角被磨平，大部分呈球状，粒径 ≤ 0.5μm，且粒径分布较窄，实现了超细电气石粉体的分散，效果良好。由于球磨过程中基本没有破坏电气石的晶体化学结构，不会对电气石所具有的压电性、热电性、释放负离子性能产生影响。在温度为 20℃、湿度为 60% 的环境中，球磨前电气石粉体的负离子发生量为 4050 个/cm³，球磨后负离子发生量达到 6490 个/cm³。

电气石细化前后制备的尼龙 6 负离子纤维的电镜照片如图 3 - 3 - 1 所示。经细化的电气石粉体在尼龙 6 中分散均匀，无明显的团聚现象。通过对具有皮芯结构的尼龙 6 负离子纤维效能的比较发现，皮层含有电气石的纤维产生负离子的能力远高于芯层含有电气石的纤维：皮层电气石含量为 2% 时，负离子发生量为 1210 个/cm³，而芯层电气石含量为 5% 时，负离子发生量只有 1190 个/cm³[58]。

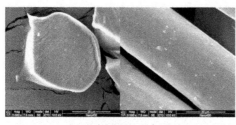
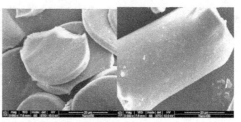

a 未细化电气石PA6负离子纤维　　　　　　　　b 细化后电气石PA6负离子纤维

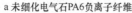

图 3 - 3 - 1　PA6 负离子纤维横截面与纵向形貌电镜照片

在纺丝和涂层加工过程中，功能粒子细度满足要求的情况下，其在聚合物中的分散性和相容性是充分发挥材料功能性的重要因素。纺丝和涂层中用到的很多聚合物都是高分子化合物，在熔融或溶液状态下具有较高的黏度。无机粉体欲获得良好的分散效果，通常需对粉体表面进行改性并经过强烈的机械搅拌或超声分散。胡应模等为了提高电气石粉体在树脂中的分散性和相容性，利用 Span - 60 对电气石进行表面改性[59]。对改性电气石的结构表征表明，Span - 60 对电气石晶体结构无影响，改性后的电气石在聚丙烯中的分散性能明显优于未改性电气石。Wang Ying 等利用钛酸酯偶联剂对超细电气石粉体进行表面改性。电气石颗粒表面存在的大量羟基，通过氢键、范德华力与钛酸酯偶联剂相连，颗粒表面形成包覆层，由亲水性转变为疏水性。实验表明，钛酸酯的用量在 3% 时即可获得良好的表面改性效果，提高了电气石微粒在 PET 树脂中的分散性。电气石在纤维中的质量比浓度为 2% 时，采用玻璃棒摩擦后检测到的负离子浓度为 460 个/cm^3。浓度提高到 4%，负离子释放浓度略有增加，为 480 个/cm^3。可见，提高电气石纤维的效能根本上还需扩大其与空气的反应界面[60,61]。

崔元凯等将电气石微粉分散在黏胶浆粕中，制备了负离子黏胶纤维[62]。经大气离子浓度相对标准测量装置检测，负离子浓度为 640 个/cm^3，而普通黏胶纤维在相同测试条件下为 0。进而制备了负离子黏/棉功能面料，负离子发射能力大约 1×10^3 个/cm^3，水洗 30 次后发射能力几乎没有变化。与后整理加工方式相比，共混纺丝法在耐久性上具有先天的优势，但是必须解决好粉体分散及粉体对纤维加工性能、使用性能造成的影响等问题。

电气石粉体的化学成分与负离子的生成量密切相关，其他的一些研究也提出此观点。因此，在开发负离子纺织品时，要重视对激发负离子材料的选择，重视各种材料之间的配合，发挥材料的协同效应。

稀土的复合盐或氧化物与电气石复合可以有效地提高电气石产生空气负离子的能力，如 CeO_2、、La_2O_3、$Ce_3(PO_3)_4$。稀土元素的原子序数高，原子半径大，具有未充满的 4f 电子层结构，易失去外层电子，具有特殊的变价特性和化学活性。具有放射性的铈同位素衰变产生的 β 射线是电子流，能量较高，具有很强的电离作用。在电气石粉体中加入含有铈的材料时，铈衰变产生的 β 射线（电子流）与电气石电离空气产生的正离子相结合，形成中性分子，促进电气石对空气分子的电离。同时，β 射线本身是电子流，与空气中的中性分子结合可形成空气负离子，使空气负离子浓度增加。

通过后整理实现负离子功能主要是利用一些含有负离子发射功能的整理剂，配合适当的黏合剂，经轧烘工艺或涂层工艺，使功能离子黏合在纤维表面。后整理方法灵活，工艺简单，适用面广；但是，黏合剂会影响功能粒子与空气的接触面积，削弱其产生负离子的性能；配伍性不当的时候，甚至无法产生负离子。另外，经过后整理的织物耐洗涤性能差，织物手感、色光受影响较大，需要在工艺和材料方面进一步加以改善和提高。

电气石负离子涂料的开发在我国也受到重视。陈延东等制备了电气石负离子涂料，能够显著地提高涂料中负离子浓度[63]；张朝伦等利用含有电气石的涂料涂装室内墙面，可提高室内空气中负离子含量，改善空气质量[64]。

另外值得一提的是，在电气石的开发与应用中，光催化复合材料的开发对于开发多功能纺织品具有积极的借鉴和启发意义。常用作光催化的材料大多数是 n 型半导体，这些半导体在一定能量的光线照射下产生光生空穴，与羟基或水分子作用生成的羟基自由基，进一步使有机物发生氧化分解。在紫外光照射下产生的光生电子和光生空穴容易复合，使催化效率降低。利用电气石的表面电场，光生电子可被电气石阳极捕获，延长光生空穴的寿命，提高光催化效率。对此，孟军平等将电气石加入到 TiO_2 中制成薄膜，提高了 TiO_2 光催化降解甲基橙的效率[65]；Sun Ho Song 等将电气石加入到 TiO_2 中制成复合粉体，提高了 TiO_2 光催化降解2－氯酚的效率[66]；李金洪将电气石加入到 ZnS 中制成复合粉体，提高了 ZnS 光催化降解甲基蓝的效率[67]；赵永明等通过溶胶—凝胶法制备掺杂电气石和 La 的 TiO_2 光催化材料，优化工艺后，对甲醛的降解率达到 82.5%，比相同实验条件下单独使用 TiO_2 的降解率提高了 61.1%[68]。

四、负离子整理效果的评价[69,70]

负离子对人体的保健作用、对环境的净化作用、对水的活化作用等诸多功能已经得到认可，如何对负离子浓度进行科学和客观的评价摆在人们面前。这一问题将直接影响负离子功能材料的研究和相关产品的开发。

目前，有多种仪器可用于负离子浓度的测定，通过负离子的迁移率、介质的电导率、微电压、微电流表征负离子浓度。

（一）空气离子测量

空气离子测量仪是测量大气中气体离子的专用仪器，可以测量空气离子的浓度，分辨离子正负极性，测定离子的大小。这类仪器一般采用电容式收集器收集空气离子，通过微电流计测量离子所带电荷形成的电流。根据收集器结构的不同，空气离子测量仪可分为圆筒式和平行板式两种类型。

（1）圆筒式收集器：圆筒式收集器由两个同心圆筒组成，如图 3 - 3 - 2 所示。这种收集器结构简单，常用于一些体积较小的测量项目。这种测量仪存在以下问题：

①灵敏度较低，不适合作空气本底测量；

②收集器前端的绝缘支架附着离子以后，会形成排斥电场，妨碍外部空气中的离子进入收集器，造成测量误差；

③圆筒型电场为不均匀电场，不适合作离子迁移率测定。

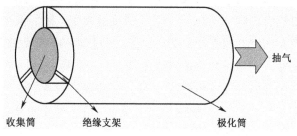

图 3 - 3 - 2　圆筒式离子收集器示意图

（2）平板式收集器：平行板式离子收集器的收集板与极化板为互相平行的两组金属板，如图 3 - 3 - 3 所示。这种收集器可采用多组极板结构，在不影响离子迁移率的前提下缩短极板之间的距离，收集器截面相对增加，可以增大取样量，提高灵敏度。平行板电场属于均匀电场，既可以测量离子浓度，也可以测定离子迁移率。

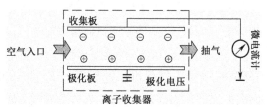

图 3 - 3 - 3　平板式离子收集器结构示意图

一般认为：每个空气离子只带一个单位电荷。离子浓度可以由所测得的电流 I 及取样空气流量进行换算，如式 2 - 3 - 1 所示。

$$N = \frac{I}{qVA} \qquad\qquad (2 - 3 - 1)$$

式中：N——单位体积内空气离子数目，个/cm^3；

　　　I——微电流计读数，A；

　　　q——基本电荷电量，1.6×10^{-19} 库仑；

　　　V——取样空气流速，cm/s；

　　　A——收集器有效横截面积，cm^2。

（二）纺织品负离子测试

对负离子纺织品效果最直接的评价指标是负离子浓度。在测试条件相同的情况下，负离子浓度越高，保健效果越好。此外，与其他纺织品功能整理类似，也有耐久性、手感等方面的要求。目前，关于负离子整理效果或负离子纺织品没有统一的测试标准，不同测试方法得到的结果差异很大。

行业内较为常用的是手搓式测试法。手搓式测试的做法是，在一定温湿度条件下，用手握住织物揉搓 10s，然后将试样靠近空气负离子测试仪的测量端口测试负离子浓度。这种方法操作便捷、直观，但误差大。

为避免人为和环境造成的误差，研究者将被测样裁成 A4 大小，粘在硬纸板上卷成长

290mm、直径 60mm 的圆筒，置于空气离子浓度仪的测试口内，测试通过该纸筒的空气离子浓度。此浓度与室内空气离子浓度的差值即为被测样释放的负离子浓度。然而使用这种方法的前提是室内空气离子浓度保持恒定，否则仍会影响测试结果的准确性。

由上述测试方法可知，要准确测试纺织品负离子浓度，需要对影响负离子产生及检测的各种条件加以控制。毕鹏宇对负离子的测试做了较为系统的研究[71]。选择了轻离子测试档位离子迁移速率 >0.15cm²/V·s 的测试仪。同时选择动态测量方式，设计了较为简便的平摩式与悬垂摆动式负离子激发装置，模拟织物的实际运动模式。整个运动装置密闭在透明的箱体内，并通过精心设计避免静电及实验残留离子对实验结果的影响。

表 3-3-3 是同样环境条件下平摩测试法与常规手搓式测试法负离子浓度测试结果的对比。由表中数据可知，虽然两种测试方法的均值差别不大，但是手搓式摩擦法的数据离散度远大于平摩式测试法的离散度，说明平摩式负离子测试方法所测得的数据更稳定，误差也更小，适合对纺织品激发产生的负离子浓度进行测试。悬垂摆动式负离子测试方法同样得到了更为稳定、精确的结果。

表 3-3-3 平摩式测试方法与手搓式测试方法的负离子浓度（个/cm³）测试结果对比

	1	2	3	4	5	均值	标准差	CV
手搓式	600	250	500	300	150	360	165.529	0.460
平摩式	400	360	380	400	380	384	14.967	0.039

综合来看，测定纺织品负离子浓度时，要重视纺织品自身的特点和环境的影响。不同的纺织纤维有各自的介电特性，摩擦后纤维的静电场会对负离子的产生造成影响。有研究表明，负离子发生特性与织物表面静电压正相关，影响材料静电特性的因素同样会影响其负离子特性；环境的温、湿度对负离子浓度有显著影响，通常材料在高温、高湿环境下产生的负离子浓度较高，且温度的影响比湿度更显著[72]；在动态测试过程中，不同物理刺激对负离子的激发效果差异很大。因此，在测试中只有严格控制负离子发生条件、环境条件和检测条件，才能得到准确可靠的结果，才能对纺织品负离子效果做出中肯、合理的评价。

思考题

1. 简述负离子功能材料及其释放负离子的原理。
2. 简述负离子纺织品制备方法。

参考答案：

1. 典型的能够释放负离子的功能材料有电气石、蛋白石、珊瑚化石、海底沉积物、海藻炭和木炭等。电气石、蛋白石等矿物材料具有热电性和压电性，当温度或压力有微小变化时，矿石晶体之间可产生电势差，足以使周围空气发生电离，形成空气负离子。而珊瑚化石、海底沉积物、海藻炭、木炭等无机系多孔物质，具有永久自发电极，在外界环境发生变化时，能使周围空气发生电离。

2. 主要有两种方法：（1）纺丝过程中在纺丝液中加入释放负离子的功能材料；（2）后整理法，利用一些含有负离子发射功能的整理剂，配合适当的黏合剂，经轧烘工艺或涂层工艺，使功能离子黏合在纤维表面。

第四节 远红外保健整理

本节知识点

    1. 纺织品远红外保健的机理

    2. 常用的远红外保健整理材料及其应具备的性能

    3. 远红外纺织品的加工方法

    4. 远红外纺织品评价方法

一、远红外保健整理概述

远红外纺织品是具有高效远红外发射作用的纺织品，在纤维成型过程中或纺织品后整理过程中加入可提高发射远红外线的物质，从而明显提高纺织品在 3～15μm 波长范围的发射率。远红外纺织品是 20 世纪 80 年代国际上开发的高新技术产品之一，日本、美国、德国和俄罗斯等发达国家最早开展远红外功能纺织品的研究，日本对远红外技术的研究开发处于国际领先水平。20 世纪 80 年代中期，日本报道了大量远红外纺织品研究文献，形成了开发远红外功能纺织品的热潮，如日本钟纺公司的"玛索尼克 N"和"玛索尼克 A"远红外尼龙或聚丙烯腈纤维是将远红外陶瓷粉掺入聚酰胺或聚丙烯腈纺丝液中纺成纤维，或者涂覆在纤维表面而纺成纱线；可乐丽公司的"洛恩威普"是将远红外陶瓷粉混入聚酯纺丝液中纺出纤维；可乐丽公司与 ESN 公司共同开发的"酶卡库仑"聚酯涂层织物，是在聚酯纤维织物表面涂有热敏性涂料，该织物可根据外界温度的高低改变颜色而自动调节对太阳能的吸收；旭化成公司采用碳化锆陶瓷溶液涂层开发出新型尼龙保暖织物"SOLAR－V"，主要用于滑雪衫；尤尼吉卡公司在采用碳化锆陶瓷材料生产的"SOLAR－A"聚酯纤维和聚酰胺纤维两种织物基础上，又开发出由其他白色陶瓷材料将黑色碳化锆陶瓷材料多层包覆的白色蓄热保温材料[73]。

我国 20 世纪 90 年代开始开发远红外纺织品，江苏省纺织研究所开发了远红外涤纶短纤维；天津工业大学开发了远红外丙纶，导湿性好，价格低廉，轻便，抗菌防蛀性好[74]；东华大学和上海金山石化腈纶厂合作开发了远红外腈纶与细旦涤纶或与羊毛混纺针织纱及针织产品；东华大学纤维改性国家重点实验室采用特殊的表面修饰技术，制备了纳米级新型远红外辐射材料（Nano－FM），并将其与聚酰胺复合，研究了复合物的可纺性，通过设计纺丝成形工艺制备了异形远红外保健锦纶长丝[75]。

当前的国内外的远红外材料普遍使用金属氧化物和非金属氧化物以及稀土材料，存在着成本较高、制备工艺复杂以及功能单一等问题。目前国内开发生产的远红外材料已投入产业化生产，但总体上基础性研究不够深入，对产品功能性的评价缺乏统一、规范的测试标准。因此当前远红外整理的研究应该着重以下几方面：

（1）高辐射率的远红外材料的研发。一方面是组分的变化，使光谱范围集中，辐射范围更加匹配；另一方面寻找新的辐射材料。人们采用特殊的工艺将海藻碳化，得到海藻碳远红外发射材料，粒径可达 $0.4\mu m$，将其混到纺丝液中纺出的远红外纤维在 35℃ 条件下的远红外发射率达 94%，高于传统无机远红外发射材料制作的产品。

（2）远红外发射材料的加工技术。随着纳米技术的推广应用，粉体的处理水平不断提高。现在应用的微粉材料粒度可达到纳米级，同时通过表面处理可以降低表面自由能，改善与聚合物的亲合性。

（3）产品及功能多样化。选用具有复合功能的材料或在母粒中添加其他功能的材料，使产品具有多种特殊的功能，如阻燃性、抗紫外线、释放空气负离子、抗菌性能等。

（4）降低成本。开发成本低廉的具有远红外辐射性能的天然矿物材料，如电气石、萤石、堇青石等。电气石同时具有显著的压电性与热电性，即使在常温下，一旦环境压力或温度发生微弱变化，其内部分子振动增强，偶极矩发生变化，即热运动使极性分子激发到更高的能级，当它跃迁至较低能级时，就以发射远红外线的方式释放多余的能量。天然黑色电气石在还原性气氛条件下进行热处理后，可具有比远红外陶瓷粉材料更高的红外比辐射率值，其红外辐射峰值与维恩定律具有很好的对应关系，在室温下峰值辐射波长为 $9.5\mu m$ 左右。天然黑色电气石的强红外辐射特性已引起人们的广泛关注。日本已利用天然黑色电气石开发出一系列科技产品，其中包括化妆品、空气净化、防辐射等产品。国内对天然黑色电气石功能的开发应用还处在初始阶段，有关电气石的红外辐射特性等功能利用与开发的理论研究很少。

总之，随着技术的完善，生产加工工艺的成熟，产品质量标准的统一以及人民生活水平的提高，人们对远红外保健产品的需求将逐步增长，也必将拥有更广的市场前景。

二、远红外纺织品的功能及特点

人体是一个复杂的有机体，覆盖在人体表面的皮肤为表皮和真皮，人体的体表温度在 31~33℃ 之间，根据维恩位移定律，人体皮肤表面发射的峰值波长为 9~10μm，根据匹配吸收理论，人体皮肤是远红外的良好吸收体[76]。远红外线的频率与构成生物体细胞的分子、原子间的振动频率一致，所以其能量易被生物细胞吸收，使分子内的振动加大，活化组织细胞，促进血液循环，调节机体代谢[77]。经医学权威人士的多次严格测定和大量临床验证，远红外纤维制品对人体的微循环系统有明显改善作用。微循环系统的障碍是许多疾病发生发展的重要病理基础，如身体疼痛、炎症与其他不适症状。因此，微循环的改善，促进了血液循环和新陈代谢，从而提高了人体的免疫力。

远红外纺织品主要有保暖功能（保温功能）、保健功能和抗菌功能等[73,78]。

1. 保温功能

用于服装的保温材料分为两种：一是单纯阻止人体的热量向外散失的消极保温材料，如棉絮、羽绒等；另一种是积极保温材料，通过吸收外界热量并储存起来，再向人体放射，从而使人体有温热感。远红外纺织品由于添加了发射率高的远红外线辐射材料，其保温性能表现为利用生物体的热辐射，吸收、存储外界向生物体辐射的能量，使生物体产生"温室效应"，阻止热量流失，起到良好的保温效果。因此，远红外织物具有显著的保暖作用，适宜制作防寒织物、轻薄型的冬季服装[73]。

太阳光光谱峰位于 $0.3 \sim 2\mu m$ 的光能量占太阳能的 95%，因而远红外织物是优良的积极保温材料，用于制作服装，一般可使人的体感温度升高 $2 \sim 5℃$[79]。

2. 保健作用

从物理学角度看，人体是一个天然红外辐射源。人体表面的热辐射波长在 $2.5 \sim 15\mu m$ 范围，峰值波长约在 $9.3\mu m$ 处，其中 $8 \sim 14\mu m$ 波段的辐射约占人体总辐射能量的 46%。远红外纺织品能在体温下发出波长为 $4 \sim 14\mu m$ 的远红外线，该波长的远红外线与人体的远红外线辐射波长相匹配，容易被皮肤吸收。远红外线作用于皮肤，被皮肤吸收转化为热能，引起温度升高，可促使人体血液循环和新陈代谢，具有消除疲劳、恢复体力及缓解疼痛症状的功能。血液循环特别是微循环加速，增加组织营养，改善供氧状态，加强了细胞的再生能力，加速了有害物质的排泄，减轻了神经末梢的化学刺激和机械刺激。因此，远红外线通过热效应实现其保健理疗功能，促进伤口愈合和炎症收缩，降低末梢神经的兴奋性，解除肌肉痉挛，产生止痛作用。远红外产品对血液循环或微循环障碍等引起的疾病具有一定的症状改善和辅助治疗功效，适宜制作贴身内衣、袜子、床上用品，以及护膝、护肘、护腕等[73]。

3. 抗菌作用

远红外织物的抑菌作用可能源于两个方面，其一，远红外纺织品能不断地发射出对细菌生长有抑制作用的远红外线，起到一定的抗菌作用；其二，远红外织物中均含有金属化合物、碳化物或硼化物，这些金属化合物本身也具有抑菌作用。此外，纤维中加入远红外陶瓷微粉粒子，使纤维表面出现多孔性，表面积增加，表面活性及表面吸附、扩散等特性明显提高，使产品具有吸汗、除臭、杀菌等功能。因此，远红外织物被广泛用作内衣材料。

抑菌试验表明：远红外纺织品对金黄色葡萄球菌、白色念珠菌、大肠杆菌等致病菌的抑菌率达到 95%，利用这些特性可制作卫生、医疗用品[73]。

三、远红外保健整理机理

（一）远红外线

在电磁波谱中，红外线是位于可见光和微波之间的一种电磁波，约占太阳光的 42%。红外线的波长范围为 $0.76 \sim 1000\mu m$，在电磁波谱中占据很宽的范围，习惯上将其划分为近红外（$0.77 \sim 3\mu m$）、中红外（$3 \sim 30\mu m$）和远红外（$30 \sim 1000\mu m$）三个波段，但至今没有权威性的明确的区分界限。远红外加热技术是利用波长大于 $3\mu m$ 的红外辐射来加热物体，因为很多物体对 $3 \sim 15\mu m$ 的红外辐射有很强的吸收，在医疗保健领域，习惯上把 $3\mu m$ 以上的红外线称为远红外线[73,80]。

从本质上讲，红外线是物质的化学键振动和转动过程中能量状态变化的结果，如同可见光一样，红外线具备电磁波的一般属性，具有以下特征：

（1）具有放射性。辐射是物体吸收热能或本身发热使分子或原子激发后，为了消除能量不均衡而使能量转移的一种过程。因此，当稳态原子被加热或受到电磁辐射时，会因外界赋予的能量而产生电子的激发，而后原子趋向另一种稳态，期间释放出能量，而某些特定的物质会以放射红外线的形式释放出能量。红外线的辐射能力很强，可对目标直接加热而不使空间的气体或其他物体升温。

（2）具有共振吸收性。物质内的原子和分子各自具有特定的振动和转动频率，当供给电磁波的物质的振动频率与被供给物质的分子振动频率一致时，则被供给的物质会吸收供给物质的电磁波的能量，并将此能量转换成热能，提高物质的温度。人体组织中的 O—H 和 C—H 键伸缩，C—C、 C≡C 、C—O、 C≡O 键及 C—H、O—H 键弯曲振动对应的谐振波长大部分在 3 ~ 16μm。根据匹配吸收理论，当红外线的波长和被辐照物体的吸收波长相对应时，物体分子产生共振吸收。人体吸收的辐射正好与红外线辐射相匹配，研究证明，9 ~ 10μm 波长段的电磁波最易与人体产生共振而被人体吸收，产生共振效应与温热效应。

（3）具有渗透性。远红外线具有十分强烈的渗透力，能渗透到人体皮肤下 4 ~ 5mm，使皮下组织升温，然后通过介质传导和血液循环使热量深入到细胞组织深处[81]。

（二）远红外线的作用机理

大自然中任何物体在绝对零度以上时都会吸收或辐射电磁波，处于绝对零度以上的任何物体都在发射远红外线，普通纺织品在常温下也具有一定的远红外辐射作用。随着辐射物体本身分子结构和温度等条件不同，其辐射波长也各不相同。

红外辐射和物质分子的热运动有关，当红外辐射的频率和分子热运动频率一致时，入射的红外辐射就会被物体分子吸收。根据基尔霍夫定律，一个良好的辐射体必然是一个良好的吸收体，即一个物体辐射的能力强，则其吸收的能力也强，两者成正比。物体分子吸收红外辐射后，自身的热运动得到加强，表现为物体温度的升高，以及间接地引起物体其他性质的变化。

人体内部包含水分，人体本身又是许多复杂的有机分子构成的，因此人体既是一个红外线的发射源，又是一个红外线的吸收体。如果给人体辐射一定波长的红外线，人体就能够吸收红外线而达到升温保健等目的。

测试表明，在常温下人体的红外光谱有两个吸收峰[76]：即波谱宽度为 2.5 ~ 4μm 的次吸收峰和宽度为 5.6 ~ 10μm 的主吸收峰；根据维恩位移定律 $\lambda_m T = 2897.6$ （其中：λ_m 为主波长，单位为 μm，T 为绝对温度）计算，当人体表面温度为 36.5℃时 其吸收的红外辐射的主波长约为 9.36μm，正好位于人体主吸收峰区间内的峰值 9 ~ 10μm 处[82,83]。根据基尔霍夫定律，人体既然可以发射 2.5 ~ 15μm 的远红外线，必然也可以吸收该波长的远红外线，而使自身温度升高。如果远红外纺织品在吸收外界能量后辐射出 2.5 ~ 15μm 的远红外线，与人体能够吸收的红外线相符，尤其在峰值为 9 ~ 10μm 处会形成共振吸收，引起皮肤升温，从而改善人体血液循环，起到保健作用[80]。

陶瓷粉是一种比较理想的常温高效远红外发射体，它能在高温下吸收大部分的外界能量（主要指太阳能），然后辐射出能量集中在 8 ~ 12μm 范围的远红外线，而且具有很强的发射能力。将陶瓷粉整理到纺织品上制成的远红外纺织品吸收大部分太阳能量以后，以红外线的形式向人体辐射。一方面，通过对流和传导将本身的热量传递给人体；另一方面，人体细胞受远红外线辐射产生共振吸收，从而加速本身分子的运动，达到从人体内部加热的目的。远红外陶瓷的能量流动如图 3 - 4 - 1 所示。

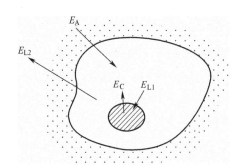

图 3 - 4 - 1　常温远红外陶瓷系统的能量流动示意图

假设从外界进入系统的能量为 E_A，系统向外界输出的能量为 E_{L2}，置于系统内的陶瓷从系统吸收能量为 E_{L1}，陶瓷向系统输出能量为 E_C，则能量平衡为：

$$E_A = E_{L2} \qquad \Delta t = 0$$

$$E_C = E_{L1} \qquad \Delta t = 0$$

系统中总能量平衡为：

$$E_A + E_C = E_{L2} + E_{L1} \quad \Delta t = 0$$

远红外陶瓷材料从外界吸收能量后，以远红外能量形式输出，最终保持能量平衡，符合热力学第二定律[84]。

人体表面吸收陶瓷粉远红外辐射后有温升的感觉。通常人体感觉热主要是指皮肤的感觉，所指温度也指皮肤的表面温度，而人体内部则基本维持在 37℃ 左右，这正是远红外纺织品的保暖原理。由此可知，远红外纺织品发射出的远红外线能使人体内水分子运动加快，有利于体内有机化合物的产生，保障供给细胞足够的养分，加速了新陈代谢，促进运动后堆积在体内的废物排出，恢复破损细胞的功能，从而起到止痛、治疗和增强人体健康的作用。因此，远红外纺织品通过远红外物质起到了积极的保温作用[85,86]。

四、远红外材料及其在纺织品加工中的应用

（一）远红外材料

目前应用的远红外材料主要是远红外陶瓷粉，它是一种新型光热转换材料，该材料有很高的辐射率及光热转换性能。这类物质吸收日光能量后，在常温下能辐射出波长为 8～12μm 的红外线，这是因为这类物质原子的最外层都具有不饱和电子，在吸收能量后很容易发生跃迁，从而产生辐射。具有这种特性的物质包括元素周期表中第四族的过渡金属元素以及第三族和第五族一些元素的化合物，目前使用最多的是氧化物和碳化物。

远红外陶瓷粉有低温型和高温型，低温型（常温）远红外陶瓷粉在室温附近（20～

50℃）能辐射出 3 ~ 15μm 波长的远红外线，此波段与人体红外吸收光谱匹配。高温型（>150℃）远红外陶瓷粉体主要是含 Mn、Fe、Co、Ni、Cu、Cr 及其氧化物、SiC 等的黑色陶瓷粉体。近十年来，国内远红外陶瓷粉的研制取得了初步进展。但远红外陶瓷粉体平均粒度仍处于微米级，其远红外辐射率偏低。常见的远红外矿物材料见表 3 - 4 - 1[84,87]。

表 3 - 4 - 1　常见的远红外材料

种类	举例
氧化物	B_2O_3、Cr_2O_3、SiO_2、TiO_2、ZrO_2、Al_2O_3、Fe_2O_3、MnO_2、Ni_2O_3、Co_2O_3、MgO
碳化物	B_4C、Cr_4C_3、SiC、TiC、ZrC、WC、TaC、MoC
氮化物	BN、CrN、Si_3N、TiN、ZrN、AlN
硼化物	CrB、Cr_3B_4、TiB_2、ZrB_2
硅化物	WSi_2、$TiSi_2$
其他	炭粉、石墨、云母、堇青石、方解石、麦饭石、莫来石、水晶、萤石、电气石

纺织品远红外整理常用两种及两种以上的陶瓷粉进行混配，使其远红外发射性能适合人体需要而达到最佳效果。武汉工业大学的崔万秋、吴春芸选用堇青石和过渡金属氧化物 MnO_2、Fe_2O_3 为主要原料，ZrO_2、TiO_2 为辅助添加剂，经传统的固相烧结，进行多相复合得到低温远红外辐射陶瓷材料。过渡金属氧化物与堇青石复合提高了红外波段的辐射率，在整个红外波段辐射率达到 87% 以上[89]。天津医科大学王宝明、杨滨等人研制了有机物和无机物相结合的远红外材料，将蛋白质和无机粉末与一定浓度的水玻璃混合，滴加甲醛溶液，充分搅拌制成直径为 18mm，厚度为 2mm 的圆形模块，阴干后在 100 ~ 200℃ 烘干 2 ~ 3h，使水分完全蒸发并防止温度过高使蛋白质变性。水玻璃起黏合作用，甲醛使有机物交联。由于蛋白质分子的极性，很容易连接 Ca^{2+} 和 SiO_3^{2-} 离子形成稳定牢固的分子结构[90]。

（二）远红外功能纺织品的加工方法

远红外纺织品的保健功能取决于其所含功能材料陶瓷微粉的种类、含量、配方和形态等，为制成高效远红外纺织品，首先要选择在合适于人体的常温条件下，所辐射的波长在 2.5 ~ 15μm 范围内，具有高发射率的陶瓷材料。通常将常温远红外发射率大于 65% 的织物称为远红外织物。性能优良的远红外织物，其常温远红外发射率应在 80% 以上[87]。

目前开发的远红外纺织品主要是将超细陶瓷粉末作为添加剂加入到纺丝液中制备远红外纤维，或者采用陶瓷粉末制成的整理液对纺织品进行整理，采用后整理方法加工远红外织物具有适用范围广、成本低、流程短等优点，但同时也存在手感、牢度问题。

1. 纺入法

纺入法是将远红外陶瓷微粉分散在纺丝溶液中，再纺成纤维。这种方法能实现远红外陶瓷粉与纺织品较好的结合，但存在生产工艺复杂，成品率低，成本高，只能应用于化纤纺织品，而不能用于天然纤维等缺点。远红外纤维中远红外粉的含量一般在 1% ~ 10% 之间为宜，低于 1% 时显现不出纤维的远红外性能，而高于 10% 时，纤维的可纺性差。

2. 涂层印染法

将远红外微粉、分散剂和黏合剂按一定比例配成涂层液，通过喷涂、浸渍或辊涂等方法，将涂层液均匀地涂在纤维或纺织品表面，或把陶瓷粉混合在印花色浆中，通过印花工艺实现陶瓷微粉与纤维或纺织品的结合，这种方法工艺简单，成本较低，对远红外陶瓷微粉的要求不高，但陶瓷微粉在纺织品上难以均匀分散，而且由于陶瓷粉体与纤维之间没有化学键结合而耐洗牢度低，功能不持久。

采用涂层法加工的远红外织物，远红外陶瓷粉的含量可在4% ~15%之间。同时，选择合适的黏合剂和其他助剂，保证它们既不影响比辐射率，又有较好的分散性能，并且使用时有良好的牢度和手感。

涂层法一般有两种加工方法：

（1）将低温焙烘型金属氧化物与涂层剂混合，再涂覆到织物上，其反应为：

$$M(OR)_n + nH_2O \longrightarrow M(OH)_n + nROH$$

$$M(OH)_n \longrightarrow MO_{n/2} + \frac{n}{2}H_2O$$

式中，M 为金属钛、铝、硅等；R 为甲基、乙基、丁基等。

该方法是将具有远红外辐射性能的陶瓷物质涂敷在织物上，在焙烘过程中形成金属氧化物，且颗粒细而分布均匀，但对原料限制较严，成本较高。

（2）先把具有远红外辐射性能的微粉均匀分散在涂层剂中，再涂覆到织物上。显然，应对所用陶瓷粉的种类、粒径大小及分布宽度，与涂层剂的最佳配比以及涂层剂的种类等做出选择。

所用黏合剂（涂层剂）大都为聚氨酯、丙烯酸酯系列树脂。在涂敷到织物上之前，还需在树脂中添加交联剂，以保证涂层有一定的强度[91]。

（三）纺织品远红外整理工艺举例

1. 远红外印花

配方：

远红外整理剂 JL SUN 700	10% ~20%
色浆	x
自交联型黏合剂 SP	10% ~30%
增稠剂 FAG	1% ~2%
水	y

工艺流程：

织物→前处理→印花→烘干（80 ~110℃）→高温焙烘（180 ~190℃，3min）→成品

2. 远红外涂层整理

配方：

远红外整理剂 JL SUN 700	3% ~6%
水溶型涂层胶	x

工艺流程：

织物→前处理→涂层→烘干（100 ~120℃）→高温焙烘（180 ~190℃，3min）→成品

五、远红外保健整理效果的评价

目前关于远红外纺织品功能性测试标准主要有国家标准 GB/T 18319—2001《纺织品红外蓄热保暖性的试验方法》、纺织行业标准 FZ/T 64010—2000《远红外纺织品》、中国标准化协会标准 CAS 115—2005《保健功能纺织品》。

对远红外纺织品的功能评价应该建立以发射率为主体，以温升、人体试验为辅的评价体系。对织物的功能评价可以从以下几个方面进行，一是直接测试纺织品所具有的发射率；二是用外界手段作用纺织品，测试其变化情况，如温升法；三是人体试验法，织物与人体发生作用，测试对人体的作用情况[73,92]。

（一）发射率法

物质远红外线辐射能量强弱的指标有辐射功率和辐射度等，但在实际应用中，常采用发射率来表征。发射率是远红外性能评价的直接指标。发射率是指在一个波长间隔内，在某一温度下测试试样的辐射功率（或辐射度）与黑体的辐射功率（或辐射度）之比。发射率是介于 0~1 之间的正数。一般发射率依赖于物质特性、环境因素及观测条件等。

发射率可分为半球发射率和法向发射率。半球发射率又可分为半球全发射率、半球积分发射率、半球光谱发射率；法向发射率又可分为法向全发射率、法向光谱发射率。目前国际上采用法向发射率来衡量产品的远红外性能。采用傅里叶红外光谱仪测定[73,93]。

黑体是指在任何条件下，完全吸收任何波长的外来辐射而无任何反射的物体。按照基尔霍夫辐射定律，在一定温度下，黑体是辐射本领最大的物体，其反射率为 0，吸收率为 100%，辐射率等于 1，可叫完全辐射体。现实中不存在真正的黑体，只是近似的。

物体的发射率跟温度有关，在描述织物的发射率时一定要注明温度[73]。

（二）保温性能测试法

保温性能的测试方法主要有：热阻 CLO（克罗）值法、传热系数法、温差测定法、热源照射下保温性能测定法等。

1. 热阻 CLO（克罗）值法

于 0℃ 的环境下，在 32℃ 的热板上放置试样，为了使通过试样传递的热能损失得到平衡，维持 32℃ 热板的温度不变，需要有一定的电能供给，这样根据电能的耗量可求出试样的绝热值，再换算成 CLO 值。

2. 传热系数法

该方法的原理为在恒定温度条件下，测定热源在无试样和有试样的两种情况下，仪器单位时间、单位面积散发的热量，从而计算出材料的传热系数，比较其保温性能的好坏。传热系数的定义为：材料表面温度为 1℃ 时，通过单位面积的热流量。单位为 W/（m²·℃），计算方法如下：

$$U_2 = U_{bp}U_1/(U_{bp} - U_1) \tag{3-4-1}$$

$$U_{bp} = \frac{P}{A}/(T_p - T_a) \tag{3-4-2}$$

$$U_1 = \frac{P'}{A} / (T_p - T_a) \qquad (3-4-3)$$

$$P' = N \frac{t'_1}{t'_2} \qquad (3-4-4)$$

$$P = N \frac{t_1}{t_2} \qquad (3-4-5)$$

式中：U_2 为试样传热系数；U_{bp} 为无试样时试验板的传热系数；U_1 为有试样时试验板的传热系数；A 为试验板的面积，单位为 m^2；P、P' 分别为无试样和有试样时热量的损失，单位为 W；N 为测试仪电加热器功率，单位为 W；t_1、t'_1 分别为无试样和有试样时累计加热时间；t_2、t'_2 分别为无试样和有试样时总试验时间；T_p 为测试仪内部的恒定温度；T_a 为织物外表面气流温度[94]。

3. 温差测定法

在黑体热板上分别装上测定试样和对比试样，在试样上方放置红外测温仪，放置 20min 后，在荧光屏上读取各试样的温度值，并求出与对照样品的温度差，以 Δt 表示。

4. 热源照射下的保温性测定法

测试条件：温度 25℃，湿度 65%。

测试方法：将试样固定在铁丝框架上，红外灯与试样成一定角度置于距试样一定距离处，将红外测温仪固定在试样前方，使红外测温仪探头对准灯光所照射位置，使探头距样品一定距离，图 3-4-2 为温升测试示意图。开启红外灯，记录在光照 15min 后试样的表面温度 T_1，取同种规格、同组织的普通织物作空白样品，按上述方法重复操作后，记下空白样品的表面温度 T_0，红外织物与空白样品表面温度的差值即为温升值（ΔT），即：$\Delta T = T_1 - T_0$

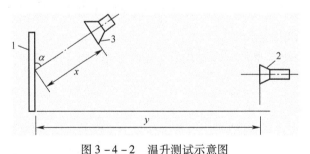

图 3-4-2　温升测试示意图

1—铁丝框架　2—红外测温仪　3—红外灯

保温性能测试方法中存在一些问题，实际物体的辐射和吸收比黑体要复杂得多，其特性取决于许多因素，如物体的组成成分、表面粗糙度、辐射波长、表面入射的辐射光谱分布等。相对而言，使用非接触测温的红外测温仪测温时不干扰纺织品自身的温度场，相对测温较为准确。由于实际中的物体不会是黑体，红外辐射测温仪的传感器不可能在全波长范围内检测出辐射能量。对于辐射率为 0.05 的金属，其表面总辐射温度 T 只有真实温度的一半左右。一般织物只能近似视为一定程度的灰体，但不同织物其灰体程度不一样，特别是对于添加陶瓷颗粒的纺织材料而言，其综合灰体程度肯定与一般织物不一样，温度计测出的温度与真实温度有一定差异。另外，在红外光源照射织物时，测试的背景条件受到影响，特别是织物的红外透射量或反射量会产生额外的附加量，严重干扰实测值。

不同织物其透射率不一样，其所引起的温升也不一样，不同热阻的织物其保温能力也不一样。测试方法中要排除透射率及热阻的影响也较为困难。因此，要找出科学合理的方法才能真正表征出材料本身吸收红外温升的能力，而排除其他因素的干扰和影响[95,96]。

（三）不锈钢锅法

指采用高 30 cm、容积为 250 mL 的不锈钢圆筒，圆筒上下底采用泡沫塑料，温度计插在盖上，分别将远红外放射织物和普通织物包覆在不锈钢圆筒外，在红外灯照射下，分别测得远红外放射织物和普通织物的温度，然后求其差值[74]。

（四）人体试验法[74]

人体试验法包括3种方法：血液流速测定法、皮肤温度测定法和实用统计法。

1. 血液流速测定法

远红外织物有改善微循环、促进血液循环的作用，那么就可以通过人体试穿远红外织物，测试其对人体的血液是否有加快作用。

2. 皮肤温度测定法

分别用普通织物和远红外织物制成护腕，套在健康者的手腕上，在室温为27℃下，在一定的时间内，用测温仪分别测得皮肤表面的温度并求出温度差。

3. 实用统计法

用普通纤维和远红外纤维制成棉絮类制品，分别经过一组试用者使用，根据使用者的感受对比，统计出两种织物的保暖性能。

👉 思考题

1. 远红外纺织品的保健机理。
2. 远红外纺织品的加工方法有哪些？
3. 远红外纺织品的评价方法有哪些？

参考答案：

1. 远红外纺织品保健机理：将陶瓷粉整理到纺织品上制成的远红外纺织品吸收大部分太阳能量以后，以红外线的形式向人体辐射能量集中在 $8 \sim 12 \mu m$ 范围的远红外线，一方面，通过对流和传导将本身的热量传递给人体；另一方面，人体细胞受远红外线辐射产生共振吸收，从而加速本身分子的运动，达到从人体内部加热的目的。

2. 远红外纺织品加工方法主要有两种：（1）纺入法；（2）印花或涂层法。

3. 远红外纺织品评价方法主要有发射率法、保温性能测试法、不锈钢锅法、人体试验法等。

参考文献

[1] 利温 M，塞洛 S B. 纺织品功能整理 [M]. 黄汉平，李文珂，译. 北京：纺织工业出版社，1992 (7)：119 – 120.

[2] 杨栋樑. 纤维用抗菌防臭整理剂 [J]. 印染，2001 (3)：47 – 52.

[3] 商成杰，邹承淑，李君文. 国内外织物抗菌卫生整理的进展 [J]. 纺织科学研究，2005 (2)：16 – 20.

[4] 杨栋樑. 双胍结构抗菌防臭整理剂 [J]. 印染，2003 (1)：39 – 42.

[5] 邱红娟译. 纺织品抗菌整理的新进展 [J]. 印染，2005 (5)：51 – 52.

[6] 车振明. 微生物学 [M]. 北京：科学出版社，2009：2 – 3.

[7] 陈剑宏. 环境微生物学 [M]. 武汉：武汉理工大学出版社，2009：3 – 4.

[8] 北京化工大学北京化达高科室内环境研究所. 消毒与灭菌、抗菌、抑菌的区别 [OL]. http：// baike. baidu. com/view/1514693. htm.

[9] 邢凤兰，徐群，贾丽华. 印染助剂 [M]. 北京，化学工业出版社，2002：438 – 439.

[10] 曲敏丽，姜万超. 纳米氧化锌抗菌机理探讨 [J]. 印染助剂，2004，21 (6)：26 – 45.

[11] Behnajady M A, Modirshahla N, et al. Photocatalytic degradation of C. I. Acid Red 27 by immobilized ZnO on glass plates in continuous – mode [J]. Journal of Hazardous Materials , 2006, 140 (1 – 2)：257 – 263.

[12] Daneshvar N, Rabbani M, et al. Kinetic modeling of photocatalytic degradation of Acid Red 27 in UV/TiO_2 process [J]. Journal of Photochemistry and Photobiology A：Chemistry, 2004, 168 (5)：39 – 45.

[13] 郭锋，李镇江，岑伟，等. 金属粒子/光催化氧化物型复合纳米抗菌剂的研究发展 [J]. 化工新型材料，2008，36 (3)：74 – 76.

[14] 辛显双，周百斌，肖芝燕，等. 纳米氧化锌的研究进展 [J]. 化学研究与应用，2003，15 (5)：601 – 606.

[15] 吕艳萍，李临生，安秋凤. 织物抗菌整理剂有机硅季铵盐 ASQA 的合成及应用 [J]. 印染助剂，2005，22 (1)：20 – 23.

[16] 佟会，邱树毅. 季铵盐类抗菌剂及其应用研究进展 [J]. 贵州化工，2006，31 (5)：1 – 7.

[17] 朱平. 功能纤维及功能纺织品 [M]. 北京：中国纺织出版社，2006：45 – 46.

[18] 王大全. 无机抗菌新材料与技术 [M]. 北京：化学工业出版社，2006：49.

[19] 代小英，许欣，陈昭斌，等. 纳米抗菌剂的概况 [J]. 现代预防医学，2008，35 (13)：2513 – 2515.

[20] 高春朋，高铭，刘雁雁. 纺织品抗菌性能测试方法及标准 [J]. 染整技术，2007，29 (2)：38 – 42.

[21] 纺织工业部标准化研究所. FZ/T 01021—1992 织物抗菌性能试验方法 [S]. 北京：中国标准出版社，1992.

[22] 吴雄英. 1999 年 AATCC 测试标准的变化简介 [J]. 印染，2000 (5)：42 – 44.

[23] 李俊，周拥军. 纺织品的护肤整理加工及其应用 [J]. 染整技术，2006 (4)：188 – 192.

[24] 张雨青. 丝胶蛋白的护肤、美容、营养与保健功能 [J]. 纺织学报，2002 (2)：70 – 72.

[25] 张雨青. 丝胶蛋白在纤维及纺织品中的应用 [J]. 纺织学报，2003 (3)：98 – 100.

[26] 薛艳丽. 胶原美白与美容 [J]. 中国实用医药，2006，1 (9)：84.

[27] 陈雪，刘娟，杨高云. 胶原贴敷料的临床应用 [J]. 临床和实验医学杂志，2010，9 (23)：1823 – 1824.

[28] 赵寿经. 芦荟的国内外应用现状及开发前景 [J]. 特产研究，2000 (2)：56 – 59.

[29] 董银卯，刘宇红，王云霞．芦荟保湿性能的研究［J］．日用化学工业，2001（6）：56-58.

[30] 张霞．芦荟美容的生物学原理［J］．湖南教育学院学报，2000，18（5）：181-183.

[31] 王霞，马燕斌．芦荟营养成分含量及保湿性的研究［J］．河北农业科技，2008（15）：49-50.

[32] 邓军文．芦荟的化学成分及其药理作用［J］．佛山科学技术学院学报，2000，18（2）：76-80.

[33] 王俊华，蔡再生．角鲨烷微胶囊在织物护肤整理中的应用［J］．纺织学报，2010（1）：76-80.

[34] 李丽勤．维生素C、维生素E、维生素A——国际维生素市场三大支柱产品［J］．医药化工，2004（10）：18-22.

[35] 汤化钢，夏文水，袁生良．维生素E微胶囊化研究［J］．食品与医药，2005（1）：4-9.

[36] 建明，习慧．世界最新功能性面料分析［J］．中国印染协会信息．2006（21）：20-21.

[37] 常英，李龙．微胶囊技术及其在医疗保健纺织品中的应用新进展［J］．纺织科技进展，2005（3）：8-9.

[38] 祁新．维他命后整理毛巾的研制与生产［J］．染整技术，2005（1）：4-9.

[39] 王兴福，祁材．针织面料芦荟护肤整理［C］．铜牛杯第九届功能性纺织品及纳米技术研讨会论文集，2009.5.

[40] 兰克健．针织内衣的护肤保健整理［J］．针织工业，2002（3）：67-68.

[41] 王兴福，祁材．针织面料维生素护肤整理［J］．针织工业．2007（9）：59-60.

[42] Kellogg E W. Airions: their possible biological significance and effects［J］. Bioelectricity 3（1&2），1984：119-136.

[43] 黄彦柳，陈东辉，陆丹，等．空气负离子与城市环境［J］．干旱环境监测，2004，18（4）：208-221.

[44] 毕鹏宇，陈跃华，李汝勤．负离子纺织品及其应用的研究［J］．纺织学报，2003，24（6）：607-609.

[45] 孙超．负离子纺织品的开发与性能研究［D］．上海：东华大学，2005.

[46] 李雯雯．超细电气石机械力化学效应及表面改性的研究［D］．北京：中国地质大学，2008.

[47] 展杰，郝霄鹏，刘宏．天然矿物功能晶体材料电气石的研究进展［J］．功能材料，2006，37（4）：524-527.

[48] 孟庆杰．电气石、压电石英超细粉末的制备及其在水处理方面的研究［D］．天津：天津工业大学，2004.

[49] Nishikawa Shiro. Minus ion generaring fiber product and method for producing the same：JP2001-123374，A，08. 05. 2001.

[50] Nakajima Takeyoshi, Yasumoto Hiroshi, Okabe Takayuki, Abe Tomio. Method for producing wool fiber product generating negative ion：JP2001-355182，A，26. 12. 2001.

[51] Aso Norio, Miyoshi Shigeki, Kubo Masahiko. Inorganic fine particle-adhered processed cloth and its production：JP1998-195764，A，28. 07. 1998.

[52] Tachibana Masanobu. Sleep-assisting bedding utilizing ion conversion substance and infrared radiation substance：JP2001-314284，A，13. 11. 2001.

[53] Masuda Mikio, Haruki Toshibumi, Hosaka Torao, Masuda Takeshi. Nonwoven fabric mat material：JP2000-027071，A，25. 01. 2000.

[54] Imamura Hiroshi. Fabric：JP1999-350342，A，21. 12. 1999.

[55] 刘志国．热处理对电气石粉体表面自由能的影响研究［D］．天津：河北工业大学，2007.

［56］冀志江，金宗哲，梁金生．极性晶体电气石颗粒的电极性观察［J］．人工晶体学报，2002，31（5）：503－508.

［57］郑水林，杜高翔，李杨，等．超细电气石粉体的制备和负离子释放性能研究［J］．矿冶，2004，13（4）：50－53.

［58］禚昌亚．尼龙6负离子纤维的制备与性能研究［D］．广州：华南理工大学，2011.

［59］胡应模．Span60对电气石粉体表面的改性与复合［J］．矿物学报，2012，S1，139.

［60］Ying Wang, Jen－Taut Yeh, Tongjian Yue, et al. Surface modification of superfine tourmaline powder with titanate coupling agent［J］. Colloid Polymer Science, 2006（284）：1465－1470.

［61］姚荣兴．电气石特性研究及其在化纤改性中的应用［D］．上海：东华大学，2005.

［62］崔元凯．负离子纤维及其针织产品的生产工艺及性能研究［D］．无锡：江南大学，2007.

［63］陈延东．一种人工合成电气石负离子涂料及其制备方法：中国，200510102154.2［P］．2005－12－08.

［64］张朝伦，田小兵．一种含有电气石的涂料添加剂：中国，200410012234.4［P］．2004－04－13.

［65］Meng Junping, Liang Jinsheng, Ou Xiuqin, et al. Effect of mineral tourmaline particles on the photocatalytic activity of TiO_2 thin films［J］. Journal of Nanoscience and Nanotechnology, 2008, 8（3）：1279－1283.

［66］Sun Ho Song, Misook Kang. Decomposition of 2－chlorophenol using a tourmaline－photocatalytic system［J］. Journal of Industrial and Engineering Chemistry, 2008（14）：785－791.

［67］Jin－Hong Li, An－Huai Lu, Fei Liu, et al. Synthesis of ZnS/dravite composite and its photocatalytic activity on degradation of methylene blue［J］. Solid State Ionics, 2008（179）：1387－1390.

［68］赵永明等．电气石/La/TiO_2光催化材料的合成与表征［J］．化工新型材料，2012，40（6）：69－71.

［69］徐先，仇远华．空气离子测量仪［J］．电子技术，1995（12）：13－15.

［70］冀志江，王静，金宗哲，等．室内空气负离子的评价及测试设备［J］．中国环境卫生，2003，6（3）：86－89.

［71］毕鹏宇．纺织品负离子特性及测试系统研究［D］．上海：东华大学，2006.

［72］王继梅．空气负离子及负离子材料的评价与应用研究［D］．北京：中国建筑材料科学研究院，2004.

［73］倪冰选，张鹏，杨瑞斌，等．纺织品远红外性能及其测试研究［J］．中国纤检，2011（11）：45－47.

［74］董绍伟，徐静．远红外纺织品的研究进展与前景展望［J］．纺织科技进展，2005（2）：10－12.

［75］何厚康，蒋狮．纳米远红外保健异形锦纶的研究［J］．合成纤维，2003（1）：18－20.

［76］姚鼎山．远红外保健纺织品［M］．上海：中国纺织大学出版社，1996：1－25.

［77］沈兰萍．远红外多功能保健纺织品的研制开发［J］．现代纺织技术，2000，8（2）：6－8.

［78］张富丽．远红外纺织品的研究与应用［J］．海军医学，1999，20（2）：154－156.

［79］张兴祥．远红外纤维和织物及其研究与发展［J］．纺织学报，1994，15（11）：42－45.

［80］张娓华，张平，王卫．远红外纺织品性能与测试研究［J］．染整技术，2009（9）：36－39.

［81］曹徐伟．远红外棉织物温升测试法及后整理工艺研究［D］．无锡：江南大学，2008.

［82］徐卫林．红外技术与纺织材料［M］．北京：化学工业出版社，2011：178－181.

［83］杉谷寿一．セラミックスの保温効果の利用［J］．纖維機械学会誌1990（11特集）：612－614.

［84］何登良，董发勤，刘家琴，等．远红外功能材料的发展与应用［J］．功能材料，2008（5）：709－712.

［85］余旺苗．远红外微元生化和抗菌防臭复合功能性纺织品开发初探［D］．上海：东华大学，2002：10－11.

［86］高绪珊，吴大诚．纳米纺织品及其应用［M］．北京：化学工业出版社，2004：74－76.

［87］廖惠仪，金宗哲，王 静．常温远红外辐射材料及纺织保健制品的研制［J］．针织工业，1997（3）：37－43.

［88］沈国先，赵连英．远红外材料及纺织品保健功能的试验研究［J］．现代纺织技术，2012（6）：53－57.

［89］刘维良，陈云霞．纳米远红外陶瓷粉体的制备工艺与性能研究［J］．陶瓷学报，2002，23（1）：9－16.

［90］王宝明，杨滨，顾宁．新型远红外辐射材料的研制［J］．红外技术，1998，20（3）：41－44.

［91］王进美，田伟．健康纺织品开发与应用［M］．北京：中国纺织出版社，2005：115－118.

［92］秦文杰，刘洪太，张一心．纺织品远红外功能评价标准研究［J］．纺织科技进展，2009（6）：52－56.

［93］薛少林，阎玉霄，王卫．远红外纺织品及其开发与应用［J］．山东纺织科技，2001（1）：48－51.

［94］吴大诚，杜仲良，高绪珊．纳米纤维［M］．北京：化学工业出版社，2001：122－124.

［95］徐卫林．红外技术与纺织材料［M］．北京：化学工业出版社，2005：13.

［96］曹徐苇，范雪荣，王强．远红外纺织品发展综述［J］．印染助剂，2007，24（7）：1－5.

第四章 舒适性功能整理

第一节 防水透湿整理

本节知识点

1. 防水透湿整理机理
2. 防水透湿薄膜及涂层胶性能
3. 防水透湿纺织品的加工和评价方法

一、防水透湿整理概述

防水透湿实际上包含了防水和透湿两个功能，它是通过特殊的整理手段，将两种相互"对抗"的功能统一到织物上，使织物既防水又透湿的加工过程。防水是指织物具有阻止外界环境中的液体水等透过织物的功能；透湿是指织物一侧的水蒸气，如人体皮肤蒸发的汗液蒸汽，能通过织物扩散到另一侧的外界环境中，使人体感到干爽舒适。因此，将防水透湿整理划归于织物舒适性整理。纺织品防水透湿功能如图4-1-1所示。

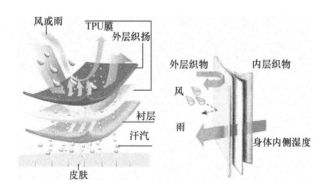

图4-1-1 防水透湿功能示意图

美国、欧洲各国等经济、军事发达国家和地区较早地开始了防水透湿织物及相关的助剂、装备方面的研制，我国虽然起步较晚，但经过几十年的不断努力，开发了多种不同工艺技术、不同材料的防水透湿纺织品[1,2]。防水透湿织物发展过程中，其主线是以涂层和层压技术为特征，辅线是以纤维和织造技术为特征的高密织物[3]。高密织物型防水透湿织物有良好的手感和优异的透湿性，但往往无法实现很高的防水性能。本节重点介绍防水透湿织物的涂层和层压整理技术。

涂层整理就是在织物（增强材料）表面涂覆一层成膜材料（一般为高分子胶类）的加工过程。层压整理是将纺织品和同种或不同种片状材料（如高分子膜、金属膜等）结合在一起的加工技术，层压织物由两层或两层以上的材料组成，其中至少一层是纺织品，层与层之间通过外加黏合剂或组成材料自身的黏性紧密地黏合在一起，形成兼有多种功能的复合体。形成的层压织物也叫复合织物、黏结织物、叠层织物。与涂层织物的区别在于各层是预先制备的。涂层整理和层压整理是目前获得防水透湿织物的重要手段。

20世纪60年代末，美国人戈尔（R. W. Gore）开发了多微孔的PTFE（聚四氟乙烯）薄膜，将这种薄膜与织物层压制成复合织物，取名为Gore-Tex，其第一代产品在1976年推向市场，这是防水透湿织物开发进程中具有里程碑意义的进展。20世纪70年代末，第二代产品投放市场。随后，欧洲、日本等也开发出多微孔或无孔聚氨酯薄膜的层压整理防水透湿织物。如英国Porvair公司开发的Porelle微孔PU薄膜及亲水性PU薄膜；德国Bayer公司的Walotex和Pebatex亲水性PU薄膜等。层压整理织物成为防水透湿功能产品中的主力[4]。20世纪80年代，以聚氨酯为代表的干法、湿法涂层整理工艺技术的研发，对开发防水透湿功能产品起到了巨大的推动作用。这项技术是采用聚氨酯为涂层胶，将聚氨酯溶解在溶剂中后直接涂敷于织物（基布）表面，经烘干聚氨酯涂层胶在基布表面成膜，或进入凝固浴通过相转化技术成膜，制成防水透湿织物[5,6]。

二、纺织品防水透湿机理

（一）微孔膜防水透湿机理

从表面上看，防水和透湿是相互对抗的，但如果将带有微孔的薄膜其孔径控制在较小的尺寸，使之允许水蒸气分子通过而水滴不能通过，这样即可将这对矛盾统一起来了。有人对不同状态下的水滴大小进行了测定，如表4-1-1所示。

表4-1-1 水珠及水蒸气分子尺寸

液滴状态	水蒸气分子	雾	轻雾	毛毛雨	小雨	中雨	大雨	暴雨
直径（μm）	0.0004	20	200	400	900	2000	3000~4000	6000~10000

由表4-1-1可见，雾滴的直径约为20μm，水蒸气分子的直径为0.0004μm，前者是后者的5万倍。若使薄膜微孔的孔径大于水蒸气分子而小于水滴的直径，水蒸气分子能够顺利通过，而水滴则被阻止通过。因此，微孔型薄膜的防水透湿机理为，利用水蒸气分子和水滴尺寸间的差异来实现防水透湿，微孔膜的孔径介于水蒸气分子和水滴直径之间，当薄膜或涂层织物两面存在蒸汽压差时，水蒸气分子可由曲折贯通的微孔孔道通过，而水滴则不能通过，从而达到防水透湿的目的。微孔膜的防水透湿模型如图4-1-2所示。

如图4-1-2所示，在微孔膜的断面上，分布了许多相互贯通、曲折的微孔，当膜两侧存在着水蒸气压差时，压力高的一侧水蒸气分子、空气分子即可自由地通过贯通、曲折的微孔，水滴则阻挡于织物外侧而不能通过。采用层压整理技术制备的 Gore–Tex 织物，由三层层压而成，其中的防水透湿薄膜是采用双向拉伸法制成 PTFE 微孔膜，微孔的直径为 $0.2 \sim 0.3 \mu m$，因此，PTFE 微孔膜能够使水蒸气分子顺利通过，并有效阻止水滴的通过，图 4–1–3、图 4–1–4 为 PTFE 微孔膜的结构示意图和 Gore–Tex 膜的电镜图[7]。

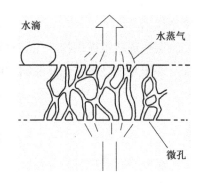

图 4–1–2　微孔薄膜的
防水透湿原理示意图

一般薄膜的微孔直径控制在 $0.2 \sim 20 \mu m$ 范围可满足防水透湿要求。微孔膜的透湿量受膜的开孔率、膜厚度、孔径等因素影响，微孔膜透湿量（W_{VT}）可由式 4–1–1 表示：

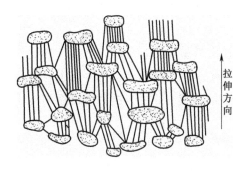

图 4–1–3　PTFE 微孔膜结构示意图

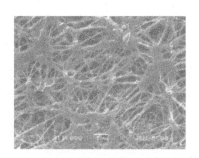

图 4–1–4　Gore–Tex 膜的扫描电镜照片

$$W_{VT} = AB/[T + 0.71d(1 - B)] \qquad (4-1-1)$$

式中：A——常数；

B——开孔率，%；

T——膜厚度；

d——孔径。

由式 4–1–1 可知，当开孔率和膜厚度一定时，孔径小有利于透湿，即当孔径大小能够满足水分子通过的前提下，孔径小、微孔数量多的膜较孔径大而微孔数少的膜有利于提高透湿量；当孔径和膜厚度一定时，开孔率高，透湿量大；膜厚度 T 越小，透湿量越大。

（二）无孔型（亲水型）薄膜防水透湿机理

利用含有亲水性基团（—OH、—COOH、—NH₂ 等）的物质进行涂层，所形成的致密实心薄膜层，因无孔而起到好的防水作用，涂层聚合物本身含有的一些亲水基团可以吸收、扩散和解吸水蒸气，有传导水分的作用。亲水型无孔膜防水透湿织物主要有两种，一是以高分子材料为涂层胶的涂层整理织物，二是以高分子薄膜为功能层经与织物层压整理获得的层压复合织物。目前，这种高分子材料应用最多的是聚氨酯，现以聚氨酯为防水透湿功能层的无孔亲水膜为例，说明其无孔膜的防水透湿机理。

聚氨酯大分子由硬段和软段组成，硬段是二异氰酸酯（OCN—R—NCO）与低分子二醇反应生成的氨基甲酸酯（—HNCOO—）链段，其刚性较大，成膜时形成结晶区和次结晶区；软段一般由二异氰酸酯与低聚物二醇反应得到，提供弹性，若低聚物二醇中含有亲水性基团，则得到的聚氨酯即为亲水性 PU，其中含有的亲水性基团是透湿的功能基团。

如 4，4′–二苯基甲烷二异氰酸酯（MDI），聚乙二醇醚为亲水性链段的聚氨酯大分子结构式：

$$\left[\left(\text{MDI—OCH}_2\text{C}_2\text{H}_4\text{CH}_2\text{O}\right)_x\left[\text{MDI—O—}(\text{CH}_2\text{CH}_2\text{O})_p\right]_y\right]_n$$

MDI 结构式：

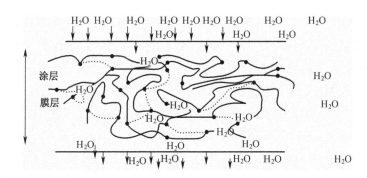

在亲水型聚氨酯的分子结构中含有亲水性的链段或亲水基团，形成的薄膜实心无孔，无孔膜具有很好的防水（也有很好的防粒子透过）功能，而透湿则是利用了聚氨酯大分子中引入的亲水性基团或亲水性链段，在涂层膜的截面上，形成水分子的"化学阶梯石"，成为水分子传递的通道。亲水性基团或链段借助氢键和其他分子间作用力，在水分子浓度高的一侧吸附水分子，然后向水分子浓度低的另一侧扩散，到达另一侧面时，水分子解吸即蒸发到大气中。这一过程利用图 4 – 1 – 5 透湿模型进一步说明。

图 4 – 1 – 5　亲水型薄膜的透湿模型

由图 4 – 1 – 5 可见，在聚氨酯薄膜厚度上有很多亲水基团构成的"化学阶梯石"。首先大分子中亲水性链段或亲水基团借助氢键和其他分子间作用力，吸收人体表面散发的湿气（水分子），再借助聚氨酯大分子中引入的亲水性基团（—OH、—NH$_2$、—COOH）或亲水性链段（—O—CH$_2$CH$_2$—），在涂层膜厚度上形成水分子的"化学阶梯石"以及借助亲水性链段的运动，将水蒸气分子由内部向外部运输（扩散），即由高蒸汽压一侧向低蒸汽压一侧扩散，最后解吸到外界环境中。无孔膜透湿的另一个途径是借助构成膜的大分子链段因热运动产生的瞬时空隙，水分子通过瞬时空隙传递。因此，无孔膜的透湿过程是"吸附—扩散—解吸"，膜两侧水蒸气的压差和温度差是水分子迁移的推动力。

无孔型 PU 膜的透湿量（W_{VT}）由下列关系式表示：

$$W_{VT} = DS(P_1 - P_2)/L \qquad\qquad (4-1-2)$$

式中：D——扩散常数；

        S——溶解度系数；

$(P_1 - P_2)$——膜两侧蒸汽压差；

        L——膜厚度。

扩散常数 D 与聚氨酯的微结构（结晶度、交联度、增塑剂等）有关，并与使用时的温度有关，温度高，大分子链段运动速度加快，产生较多的瞬时空隙，同时小分子水运动速度加快，有利于扩散；溶解度系数 S 表征了高分子和水分子之间的相互作用，与聚氨酯的化学结构有关。聚氨酯大分子的亲水性基团越多，则溶解度系数越大，透湿量越高；膜的厚度也影响透湿量，理论上认为聚氨酯膜厚度小有利于透湿。

亲水型聚氨酯薄膜的防水性能来自其致密的实心膜，由于它的无孔结构，雨水、风、雪不能透过，耐水压可达 9.8kPa 以上，这种聚氨酯薄膜大多采用聚醚型二醇作为多元醇组分。与聚酯型聚氨酯相比，聚醚型具有耐水解性好、低温性能好和防霉菌性能好等特性，可水洗，能耐 −30℃ 的低温，质地轻软，是一种性能优良、价格较低的薄膜材料。

三、防水透湿薄膜及涂层胶

根据整理的工艺不同，防水透湿功能层的材料也不同。按整理的工艺分类，防水透湿整理分为涂层整理和层压整理；而按涂层整理的工艺不同，防水透湿涂层整理又分为干法涂层、湿法涂层和转移涂层；按防水透湿机理不同，防水透湿材料分为微孔型和无孔亲水型；根据功能层的状态不同，分为薄膜和涂层剂。

（一）PTFE 微孔膜性能及制备

PTFE 微孔膜防水透湿织物最早由美国 W. L. Gore 公司生产，主要产品为 PTFE 微孔膜与纺织品进行层压整理而制成的膜—布或布—膜—布复合材料，如图 4−1−6 所示。

Gore−Tex 层压织物的关键是其中的聚四氟乙烯（PTFE）功能层，Gore−Tex 薄膜结构可以描述为由微纤维和结点构成，微纤维之间形成由许多微纤维纠缠而成空隙的结点。结点的多少与大小对薄膜的孔隙率起决

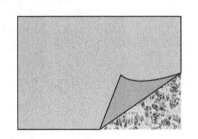

图 4−1−6　PTFE 微孔膜层压织物

定作用，微纤维取向对薄膜的各向异性起决定作用。用于织物防水透湿整理的 PTFE 薄膜厚度一般约 5μm，在其每平方英寸上（6.45cm²）约有 90 亿个微孔，开孔面积约为 82%，微孔直径为 0.2~0.3μm，是水滴直径的 2 万分之一，而是水分子尺寸的 700 倍。因此，微孔膜可阻止水滴通过而水分子则很容易通过。

我国的总后勤部军需装备研究所于 1997 年底建成国内第一条宽幅双向拉伸 PTFE 微孔薄膜生产线。PTFE 微孔膜的生产制备流程如图 4−1−7 所示[8]。

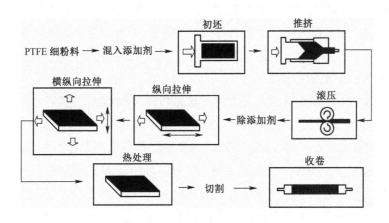

图 4 – 1 – 7　PTFE 微孔膜制备流程示意图

流程及工艺：

PTFE 细粉→加添加剂混合［混合质量比 100 :（18 ~ 25），30 ~ 35℃，8h］→制坯（225 ~ 300℃）→压延→拉伸（100℃）→烧结（320 ~ 340℃，2min）

（二）聚氨酯透湿膜

聚氨酯防水透湿膜有热塑性聚氨酯 TPU 薄膜、高透湿 PU 膜，分别有微孔膜、致密亲水膜以及微孔膜 + 亲水无孔膜结合膜之分。微孔型薄膜是一层很薄的高分子聚合物薄膜，薄膜厚度 12 ~ 25μm，薄膜有大量的细小微孔，孔径小于 2μm，因此，薄膜能够阻止水滴通过，但水蒸气分子能够顺利通过，从而薄膜具有防水透湿功能；无孔亲水性的 PU、TPU 薄膜，由于薄膜本身实心无微孔，没有孔隙，防水效果很好，成品可以达到很高的耐静水压，同时也具有防风保暖功能，其透湿性则完全依靠聚氨酯大分子的亲水链段，在存在湿度梯度下传递水分子。透湿量的大小取决于聚氨酯的品种及薄膜的厚度；微孔膜 + 无孔膜复合膜是由微孔膜与亲水无孔膜制成的复合膜，能获得更优异的防水透湿性能，微孔涂层膜透湿性好，阻隔性不及无孔涂层膜，无孔膜阻隔性好，但厚度大会导致透湿性降低，复合膜则结合了两者的优势。

（三）聚氨酯涂层胶

聚氨酯（PU）是聚氨基甲酸酯的简称，是性能较好的高分子涂层材料。聚氨酯的化学结构特点是在聚合物主链上重复出现氨基甲酸酯基团。

$$—N—C—O—$$
$$\quad | \quad \|$$
$$\quad H \quad O$$

织物涂层用聚氨酯大分子由硬段和软段构成，硬段极性比较强，分子链间生成氢键的倾向较大，硬段提供聚氨酯的强度、模量和硬度；软段提供聚氨酯的弹性、柔性。在聚氨酯涂层剂的分子链段中，硬段和软段相间排列，形成嵌段聚合物，通过调节软、硬段的比例可以得到不同硬度、模量的聚氨酯涂层剂，以满足材料的机械性能、手感和弹性等要求，满足不同用途。

合成聚氨酯涂层剂的主要原料是低聚物二醇、二异氰酸酯和扩链剂三种组分，每种组分都有很多品种，它们相互配合形成性质各异的聚氨酯涂层剂产品。低聚物二醇是合成聚氨酯涂层剂的主要成分，占原料总质量约65%，涂层剂的性质在很大程度上由它决定。低聚物二醇的相对分子质量一般为500~3000。

单体二异氰酸酯的主要品种分为芳香族二异氰酸酯和脂肪族二异氰酸酯。芳香族二异氰酸酯包括4，4′-二苯基甲烷二异氰酸酯（MDI）、2，4-甲苯二异氰酸酯（2，4-TDI）、2，6-甲苯二异氰酸酯（2，6-TDI）；脂肪族二异氰酸酯包括六次甲基二异氰酸酯（HDI）、二环己基甲烷二异氰酸酯（HMDI）。以芳香族二异氰酸酯制成的聚氨酯称为芳香族聚氨酯；以脂肪族二异氰酸酯制成的聚氨酯称为脂肪族聚氨酯。

扩链剂的作用是用以增加聚合物的分子量，丁二醇是最常用的扩链剂，其次还有乙二醇、己二醇、乙二胺及其他脂肪族二胺等。

根据所选用的原料不同，聚氨酯可以分为溶剂型聚氨酯、热塑性聚氨酯及水分散型聚氨酯。如果将接有亲水性基团的二胺作为扩链剂，镶嵌到聚氨酯大分子链上，可制成具有亲水性的聚氨酯；若低聚物二醇为聚醚型二醇，因含有亲水性基团，若二醇含量较高，也可制备亲水性聚氨酯或水分散型聚氨酯。亲水性聚氨酯及水分散型聚氨酯的制备，最常用的方法是引入聚乙二醇（PEG）链段[10]。

（1）溶剂型防水透湿聚氨酯涂层剂：溶剂型聚氨酯是以有机溶剂将固体聚氨酯溶解后制成涂层胶，常用的溶剂有甲苯、二甲基甲酰胺（DMF）、丙酮、乙酸乙酯等，由于这种涂层剂相对分子质量高，难溶于一般的有机溶剂，通常使用极性大的DMF作溶剂，可用于直接涂层和凝固浴涂层。

将涂层胶涂覆于基布上，经烘干溶剂挥发后成膜。在单组分涂层剂的分子链段中，硬段和软段间隔排列，形成嵌段聚合物。涂层胶在溶剂挥发后，依靠硬段的极性作用，硬段相互靠拢，生成氢键，成为涂层膜的结点，使分子链之间不能相对滑动；软段则可以柔软地卷曲，软硬段配合的结果，使涂层胶形成具有一定强度、弹性的薄膜。薄膜中大分子交联结点如图4-1-8所示[9]。

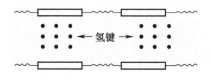

图4-1-8 聚氨酯分子间的结点

最著名的溶剂型聚氨酯是美国宝立泰国际股份有限公司的优泰克（Qualitex），它形成的是无孔膜，其透湿是利用聚氨酯大分子中的亲水性基团或链段传递水蒸气分子。

（2）热塑性聚氨酯：热塑性聚氨酯（TPU）与溶剂型聚氨酯有相似的结构和性质，有些热塑性聚氨酯溶解于溶剂中即形成溶剂型涂层胶，若用于熔融涂层即为热塑性聚氨酯。热塑性聚氨酯的分子链呈线型，链之间有氢键联结，在加热或有机溶剂存在的条件下，氢键被解开，分子链之间可以相对滑动，材料显示出可流动性，可塑造其形状。当温度下降或溶剂去除时，分子链在新的位置上重新生成氢键联结，形状固定下来。也就是说，当温度上升超过软化点（或熔点）时，它是可塑体；当温度下降低于软化点时，它是弹性体。热塑性聚氨酯可用以制备聚氨酯薄膜和熔融涂层。

（3）水分散型聚氨酯：水分散型聚氨酯是一种乳液形式，水分散型聚氨酯在分子链上连接一些亲水性基团，使聚氨酯高聚物能够以质点（乳粒）形式分散于水中，保持分散体系的稳定性。在水分散体中，亲水基团聚集在乳粒的表面，憎水链段卷缩于乳粒的内部。当水性涂层剂涂在基布上，通过烘干，水分蒸发，分散的粒子相互靠近、聚集，高温焙烘使聚氨酯分子链在膜中伸展，相互缠结，形成网状结构，使聚合物膜具有一定的力学性能。烘干温度低，粒子不能转变成光滑的膜，或粒子之间结合不良，膜的强力一定很差。提高烘干温度对改善膜的质量有利[11]。

（4）形状记忆（智能）聚氨酯涂层剂：形状记忆聚氨酯涂层剂是继防水透湿聚氨酯涂层剂之后，又一个热点研究的新型涂层材料。这种智能化涂层材料的透湿透汽性随外界温度的变化而改变，犹如人的皮肤可随外界温度、湿度的变化而对人体的热量进行调节。如图4-1-9所示，具有初始形状的记忆材料，受到外部刺激后发生变形，并在这种刺激条件下保持（固定）变形形状。当外部刺激取消后，材料又恢复到初始状态[12]。外部刺激一般包括：热能、光能、电能等物理因素；酸碱度、相转变反应、螯合反应等化学因素。

图4-1-9 材料的形状记忆过程示意图

纺织品涂层用形状记忆聚氨酯属于热致感应型记忆材料，形状记忆聚氨酯由固定相和可逆相组成，固定相微结构中，大分子以物理结构或化学结构交联，具有记忆初始形状和提供材料强度的功能，固定相玻璃化温度 T_g 和熔点 T_m 较高；可逆相的微结构中，大分子以物理结构交联，能随温度变化可逆地固化、软化，具有热致感应功能，T_g 和 T_m 低。这种材料的感应温度就是 T_g 或 T_m。在 T_g 温度上下，材料的很多性能发生变化，如力学性质、电学性质、透湿性等。

聚氨酯是多嵌段共聚物，通过调节二醇和二异氰酸酯的成分和比例，构成不同响应温度的形状记忆聚氨酯，记忆温度可调范围在 −30~70℃。室温形状记忆聚氨酯的可逆相 T_g 在室温范围[13]。服用纺织品上应用的形状记忆聚氨酯的响应温度为 35~37℃，当外界温度高于响应温度时，分子链段热运动加快，结构热膨胀，产生大量孔隙，水蒸气分子顺利通过聚氨酯薄膜；当外界温度低于响应温度时，分子链段热运动停止，关闭透湿通道，起到防风保温作用。作用过程如图4-1-10所示。日本三菱重工业公司生产的形状记忆聚氨酯及其防水透湿织物 Diaplex，其防水性能达到 200kPa（20m 水柱）以上，而透湿量可达到 8000~12000g/（m² · 24h）。

（5）智能调温功能的聚氨酯：相变（Phase Change）储能材料是一种具有双向调温功能的物质，如果将具有相变储能功能的聚氨酯用于整理纺织品，温度高时，纺织品吸收热量，延缓服装内微气候环境温度升高；温度降低时，纺织品释放储存的热量，延缓服装内微气候温度的降低，使之具有智能调温功能，如图4-1-11所示。

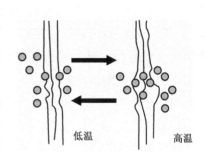

图4-1-10 形状记忆
聚氨酯透湿示意图

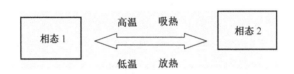

图4-1-11 相变储能材料功能机理示意图

聚乙烯醇（PEG）是用于纺织品整理较为理想的相变材料，将 PEG 作为聚氨酯的一个组分引入聚氨酯分子结构中，通过选择设计 PEG 的聚合度和含量，制成相变温度为 30~35℃的智能调温聚氨酯涂层材料。这样的聚氨酯材料既具有亲水型致密膜的防水透湿功能，同时具有储能调温功能。

四、纺织品防水透湿整理工艺技术

（一）PTFE 薄膜层压法制备防水透湿织物

由 PTFE 薄膜制备的防水透湿织物一般由三层材料层压构成，面层和里层是纺织品，夹层是层压织物的主体——PTFE 微孔薄膜，层压织物耐静水压在 38kPa（3.8m 水柱）以上，透湿量约为 7800g/（m² · 24h）。代表产品是戈里泰克司（Gore - Tex）层压织物，能满足军事人员长时间的野外活动。薄膜与织物的层压复合工艺中，黏合剂的种类及其施加方式对层压复合织物的透湿性有很大影响，为保证复合织物足够的透湿性，PTFE 薄膜的微孔应不被黏合剂所堵塞，一般采用点状黏合法，点黏结层压法的工艺有干法和湿法两种，干法复合工艺采用热熔型黏合剂，浆点法（粉点法）施加[14]；湿法复合工艺采用溶剂型或水分散型黏合剂。

1. 干法工艺流程

织物拒水处理→圆网施加黏合剂→烘干→薄膜退卷与织物热压复合→（施加黏合剂→复合里料）→切边→打卷→成品

织物拒水处理工艺：

处方：

拒水剂 AG - 710　　　　5 ~ 20g/L

工艺流程：

浸轧（轧液率70% ~ 80%）→烘干（100℃，3min）→焙烘（150℃，3min）

2. 湿法层压工艺流程

织物拒水处理→圆网施加黏合剂→薄膜退卷与织物复合→烘干热压→（施加黏合剂→复合里料）→切边→打卷→成品

（二）聚氨酯薄膜层压法制备防水透湿织物

层压的里层、面层织物可以是梭织、针织、非织造布等不同的组织结构。黏合剂有很重要的作用，黏合剂主要有透湿型和不透湿型两种，透湿型黏合剂可连续涂覆；不透湿型黏合剂，须以网点方式施加黏合。层压设备参照图 4 - 1 - 12。

层压工艺流程：

织物拒水处理→涂层黏合剂→PU 薄膜与织物贴合→烘干→冷处理→切边→打卷→成品

黏合剂为热熔胶 TPU 或聚酯 PES，用量约为 10 ~ 30 g /m²，设备为三段烘室，烘干温度 100 ~ 120℃、120 ~ 140℃、140 ~ 160℃，复合压力为 2 ~ 5MPa，复合时间 20 ~ 30s[16]。

（三）涂层整理制备防水透湿织物

涂层整理即在织物表面涂覆一层可形成薄膜的高分子化合物（涂层剂），高分子化合物一般不进入织物组织内部，只在织物表面形成连续的薄膜，使织物具有防水透湿或其他特定功能。采用涂层法制备防水透湿织物的工艺方法一般有干法直接涂层、湿法凝固浴涂层、熔融涂层、转移涂层、泡沫涂层等工艺技术。

1. 干法直接涂层

直接涂层即不需要任何媒介，而将涂层剂直接刮涂到织物表面，经烘干、焙烘在织物表面形成均匀的薄膜的加工过程。

（1）亲水无孔 PU 直接涂层：这是最常用的防水透湿织物的制备方法，工艺过程简单，技术容易掌握。涂层胶使用最多的是聚氨酯防水透湿涂层胶，涂层胶国外品牌有美国宝立泰公司的 Qualitex 涂层胶、58245 涂层胶，英国 Baxenden 化学公司生产的 Witcoflex Staycool、X - liner，德国 Bayer 公司的 Impraperm；国内有丹东恒星 FS - 5600、FS - 5611 等。一般采用化纤长丝织物为基布，这种织物因表面平整，涂层成膜性好。

①溶剂型聚氨酯干法直接涂层[17]。

涂层胶配方：

涂层剂 58245 颗粒　　　　15 ~ 20 份

DMF　　　　　　　　　　40 ~ 60 份

丁酮　　　　　　　　　　20 ~ 30 份

工艺流程：

织物前整理（拉幅、轧光、拒水、打卷等）→涂层→烘干（80 ~ 100℃）→焙烘（140 ~

160℃）→后整理

②水分散型聚氨酯涂层胶干法直接涂层[18]。

基布为 240 T 春亚纺，设备为 TC 2180 涂层机。

工艺流程：

基布拒水整理（或热轧压）→涂层→烘干→焙烘→成品检验

防水工艺流程：

二浸二轧（防水剂 FS 2506　20g/L，轧液率 70% ~80%）→焙烘（180℃，30s）

涂层胶配方：

FS 2809	100 份
交联剂	1 ~1.5 份
焙烘温度	165℃
涂层刀厚	1.5mm

（2）微孔型 PU 胶直接涂层：通过涂层技术制备聚氨酯微孔膜防水透湿织物有多种加工方法，按加工工艺分为干法涂层和湿法涂层。干法涂层制微孔膜的方法包括加水凝聚法、双溶剂法和填充法。

①加水凝聚法制备防水透湿膜：加水凝聚法是依据聚氨酯涂层剂溶于 DMF 而不溶于水的性质，将溶剂型聚氨酯和一定量的水混合制成乳液，涂覆于织物上，先经较低温度烘干，部分 DMF 挥发，此时溶解状态的聚氨酯浓缩，并在水—溶剂界面凝结出来，再提高温度烘去水分，形成带有微孔的薄膜。此工艺重点是制备一定稳定性的聚氨酯的水乳液，并把握好两段烘干温度。

工艺配方：

PU	15 ~20 份
DMF	75 ~85 份
水	2 ~6 份

工艺流程：

溶解 PU 颗粒制成涂层胶→边高速搅拌边混入水（搅拌速度 16000r/min，搅拌时间 1h，PU 涂层胶的含固量为 20%）→搅拌形成乳液→在基布上涂层→第一阶段烘干（100℃，3min）→第二阶段烘干（130℃，3min）→成品

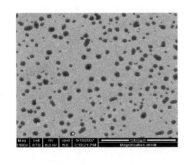

图 4 - 1 - 12　微孔膜
表面电镜照片

如果用含水的拒水剂代替纯水混入 PU 涂层胶中，制成的微孔膜具有拒水性。图 4 - 1 - 12 显示了加入氟系拒水剂后薄膜表面的电镜照片，微孔直径在 4μm 以下[17]。

②双溶剂法制备防水透湿微孔膜：将涂层剂粒料溶解在两种溶剂形成的混合溶剂中，要求两种溶剂沸点相差大于 50℃，且涂层剂在低沸点溶剂中溶解度较大，在高沸点溶剂中溶解度较小。制成涂层胶后在织物上涂膜，然后分段烘干，在低温烘干过程中，低沸点溶剂逐

渐蒸发，因 PU 在其中的溶解度较大，聚氨酯涂层剂浓缩，当溶质（聚氨酯）组分超过其在混合溶剂中的溶解度后，聚氨酯便凝聚出来，在高沸点的溶剂周围凝结，进一步烘干，高沸点溶剂挥发，在涂层膜的断面上形成大量相互贯通的微孔。例如聚氨酯／二甲基甲酰胺（沸点 153℃）／苯二甲酸二丁酯（沸点 339℃），按 20∶40∶40 比例配置，在经拒水整理后的锦纶塔夫绸上涂层，经 140℃、3min 烘干，得到含微孔的防水透湿涂层织物。耐静水压 19.64kPa，透湿 2400g/（m² · 24h）[9]。

③填充法制备防水透湿微孔膜：在涂层胶中掺入可溶性物质，烘干成膜后将可溶物水洗溶出，从而在薄膜上留下微孔，例如在溶剂型涂层胶中加入无机盐。或在 PU 涂层胶中加入不溶性物质，当涂层膜中的溶剂挥发后，不溶性物质与薄膜在接触界面形成微隙。

涂层浆中加入陶瓷粉或一定规格的 CMC（羧甲基纤维素）或羊毛屑等作填料，涂层烘干后高聚物与填料间形成空隙。汽巴公司推荐的工艺为[19]：

织物预处理：

浸轧→烘干（100℃）→轧光（120℃）→备用

浸轧液组成：

60% 醋酸	4mL/kg
Knittex FA conc.	20mL/kg
Knittex Catalyot ZO	3mL/kg
Oleophobol CB	30mL/kg
Phobo tex FTC	20mL/kg

涂层工艺流程：

悬浮刮刀涂布（涂布量 12g/m²）→烘干（150℃）→冷轧光→焙烘（180℃，30s）

涂层浆组成：

Dicrylan PC	1000 份
Knittex FA conc.	50 份
石油溶剂	1000 份
Oleophobol CB	0~50 份
氨水	20 份

2. 湿法（凝固浴）涂层制备防水透湿织物

湿法涂层是采用单组分溶剂型聚氨酯作涂层胶，在基布上涂层后进入凝固浴（一般为水），溶剂被"萃取"，聚氨酯凝结出来形成多孔性薄膜。在湿法涂层体系中，涉及了涂层剂聚氨酯、溶剂 DMF 和凝固浴水。当聚氨酯涂于织物表面后，立即进入凝固浴水中，此时，水和 DMF 首先在膜的两表面发生"由表及里"的双向扩散，DMF 不断地被"溶出"，水不断地进入膜内，由于溶剂不断减少，聚氨酯由溶解状态转变为凝胶状态，随着双向扩散的不断进行，凝胶继续转变成固体聚氨酯的沉淀，且固体聚氨酯还因脱液而收缩，涂层膜中产生了充满 DMF 水溶液的微孔，孔壁是固体聚氨酯。再通过后水洗、烘干除去 DMF 的水溶液，便形成了微孔膜。微孔直径通过涂层胶的含固量加以控制，含固量高微孔直径小，孔直径控制在水蒸气与水滴大小之间，从而保证织物具有防水透湿性。过程可用图4-1-13加以说明。湿法涂层适宜的孔径为0.2~0.5μm，开孔率45%~90%[9]。

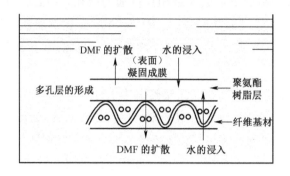

图4-1-13 双向扩散示意图

制备工艺举例：比利时UCB公司Ucecoat 2000 Special及其配套用剂，用湿法涂层工艺，涂敷量在20~40g/m²，透湿量可达3000g/m²·24h。

工艺流程：

织物前拒水整理→湿法辊涂→进入凝固浴→水洗→干燥→后拒水处理

涂层工艺及处方：

Crisvon 8006 HV	100份
Assistor FX-3D	1.5份
Assistor SD-7	0.5份
Assistor SD-81	1.5份
Crisvon BL-50	3份
DMF	50份

湿法辊涂：刀距一般为基布厚度 + 250μm，涂敷量20~100g/m²。

3. 泡沫涂层

泡沫涂层技术是先将涂层胶进行发泡，再将泡沫均匀涂覆于基布上。泡沫涂层产品的特点是，手感柔软，富有弹性，在涂层膜内部有很多空隙，透湿性好。工艺举例如下：

工艺配方：

水性聚氨酯FS-809	10g
十二烷基硫酸钠	0.06g
十二醇	0.03g
增稠剂FS-300a	0.06g

工艺流程：

配制涂层胶→发泡→涂层→预烘（80℃，5min）→焙烘（150℃，2min）

发泡比对泡沫涂层织物透湿性的影响如表4-1-2所示。由于泡沫涂层工作原液中含有大量的气体成分，烘干后气体逸出，在胶膜内留下大量微孔，使织物的透湿效果增加。

表4-1-2　不同发泡比的泡沫涂层织物的透湿性

涂层织物	透湿性能［g／（m² · 24h）］
常规直接涂层	1012.8
发泡比1:3	1275.8
发泡比1:4	1778.3
发泡比1:5	1803.7
发泡比1:6	1833.0
发泡比1:7	1927.8

泡沫涂层和直接涂层织物的表面形态如图4-1-14和图4-1-15所示，泡沫涂层膜中含有气体形成的微孔结构，透湿性能明显比常规直接涂层织物高。

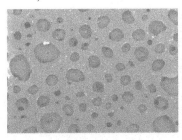
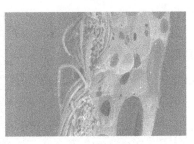

a.泡沫涂层表面　　　　　　　　　　　　b.泡沫涂层截面

图4-1-14　泡沫涂层织物的表面和截面

a.常规直接涂层织物表面　　　　　　　　b.常规直接涂层织物截面

图4-1-15　常规直接涂层织物的表面和截面

4. 熔涂技术

将热塑性的树脂粒料加热熔融后从槽口模中挤出成为树脂薄膜，在一定黏度下与基布相结合，形成复合织物，这种技术称为挤出熔涂或挤出涂覆。热塑性树脂TPU的线型分子链之间有氢键联结，呈网状结构，加热时，氢键被打开，分子链段产生相对位移，材料具有流动性。当温度降低后，分子链段在新的位置上重新生成氢键，形态被固定下来。也就是说，当温度达到软化点或熔点时它是可塑体；当温度低于软化点时，它是弹性体。熔涂法的防水透湿 TPU 涂层膜是无孔的，依靠大分子中含有的亲水性链段或亲水性基团透湿。挤出熔涂的加工过程可用图 4－1－16 进行说明。

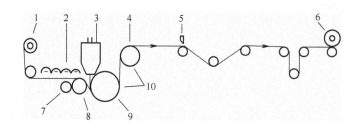

图 4－1－16　熔涂法涂层工艺流程示意图

1—基布开卷　2—加热器　3—槽口模　4—冷却辊　5—切割刀　6—卷取　7—铝辊（水冷却）

8—硅橡胶压力辊　9—冷滚　10—镀铬光面辊（冷却辊，26～38℃）

熔涂法工艺流程：

聚氨酯粒料烘燥→螺杆挤压机中塑化熔融（150～230℃）→槽口模处挤出薄膜→与基布复合→冷却→卷取

在挤出法熔涂中，一般涂层用挤出膜厚度为 0.02～0.025mm，可适应多种基布，如梭织物、针织物、非织造布、纸张、金属箔、泡沫片层等均可以作为支撑材料；涂层剂渗入织物少，产品柔软；整个生产过程中不使用任何溶剂，不存在空气污染问题；加工工序短，生产成本低。

五、防水透湿整理效果的评价

评价防水透湿织物性能，除根据材料的最终使用考虑纺织品和涂层、层压织物的一般纺织品的测试指标外，最重要的是考虑透湿性和防水性两项指标。

（一）透湿性评价

透湿性是表征涂层织物舒适性的重要指标，通过水蒸气透过试样的量来衡量。

1. 正杯透湿法

中国国家标准 GB/T 12704—91B B 是正杯透湿法。在直径为 60mm、深度为 20mm 的透湿杯内放入 10mL 蒸馏水，将试样制成直径为 70mm 的圆形，将织物的测试面朝向水，放在透湿杯上，使样品与杯子形成组合体。将组合体放入温度为 38℃、气流流速为 10cm/min 的透湿箱中，平衡 30min 后称量组合体重量 W_1（精确到 0.001g），立即放回透湿箱中，继续放置 60min 后再称其重量 W_2，按下式计算透湿量。

$$W_{VT} = [(W_1 - W_2)/S] \times 24 \tag{4－1－3}$$

式中：W_{VT}——透湿量，g/（m²·24h）；

　　　S——试样透湿面积，m²。

美国的 ASTME96 Produce Band D C，日本的 JISL－1099A2 D，加拿大的 CGSB－4.2 No.49－99 E，英国的 BS 7209—1990 1 等均属于水蒸气透过法（正杯法）。

2. 吸湿法

国标 GB/T 12704—91A B 为吸湿性测试方法。其做法是在直径为 60mm、深度为 20mm 的透湿杯内放入经干燥处理的氯化钙，将待测试样放在透湿杯上，使试样与杯子形成组合体。将组合体放入温度为 38℃ ±2℃、相对湿度为 90% 的透湿箱中，氯化钙通过待测织物吸收透湿箱中的水分，重量增加。平衡 30min 后称量组合体重量 W_1（精确到 0.001g），称后立即放回透湿箱中，继续放置 60min 后称其重量 W_2，按下式计算织物的透湿量。

$$W_{VT} = \left[(W_2 - W_1)/S \right] \times 24 \tag{4-1-4}$$

式中：W_1——组合体放入透湿箱中 30min 的重量，g；

W_2——组合体称重后再放入透湿箱中 60min 的重量，g；

W_{VT}——透湿量，g/（m^2·24h）；

S——试样透湿面积，m^2。

美国的 ASTME 96 BW、ASTME 96 C，日本的 JISL - 1099A1 C，比利时 UCB 公司标准 UCB - D 等是用吸湿法评价透湿性。

3. 水蒸气倒杯法

美国 ASTME 96 BW，为水蒸气倒杯法，该方法目前应用较多。测试步骤是：将待测织物覆盖于盛有蒸馏水的透湿杯上固定，形成组合体，倒置，称其重量 W_1（精确到 0.001g）。将杯子放入温度为 23℃、相对湿度为 50%、风速为 2.5m/s 的环境室中。然后分别在 3h、6h、9h、13h、23h、26h、30h 时称重，并记录重量（W_i），用下式计算透湿量。

$$W_{VT} = 24 \times \triangle m/(S \times t) \tag{4-1-5}$$

式中：$\triangle m = W_1 - W_i$，W_1——织物与透湿杯组合体初始重量，g；

W_i——组合体在透湿箱中放置不同时间的重量，g；

S——待测织物接触水的面积，m^2；

t——组合体在透湿箱中放置时间，h。

7 个样品的平均值作为测试的结果，平均值乘以 24 转换为以 g/（m^2·24h）为单位的结果。

4. 出汗热盘法

出汗热盘法也称为"皮肤模型"法，是一种用来测试模拟紧贴皮肤所发生的传热传质过程的装置。此方法属于蒸发热转移阻抗法，适用于测量不同类型织物对水蒸气的阻抗。水蒸气阻抗是指织物两侧的蒸汽压力差除以压力梯度方向单位面积蒸发热流量。蒸发阻抗越低，则透湿性能越好。ISO 11092 为出汗热盘测试水蒸气透过阻力的标准。

测试方法为[15]：热盘温度和空气温度均控制在 35℃ ±0.5℃。经蓄水池向热盘内喷淋水。液体阻隔层放置在热盘上，并在边缘处用胶带将其固定好，以保证接触织物的仅仅是水蒸气而不是液态水。将试样（50.8cm×50.8cm）放置在水平的平整热盘上，并使织物紧贴皮肤的穿着面正对热盘。当温度处于允许误差范围内，系统允许保持在平衡态 1h。在样品达到平衡态之后，测试和数据收集在 45min 内完成。测试装置如图 4 - 1 - 17 所示。

收集的数据包括热盘表面温度 T_s，四个热盘罩进口处的空气平均温度 T_a，空气露点温度

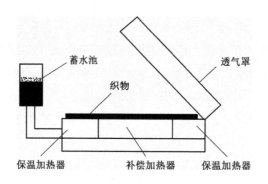

图4-1-17 出汗热盘仪结构示意图

T_{dp}，测试部分的电流和电压。传递到测试部分的功率 H，通过电流和电压读数来计算。每一样品和热盘裸露状态测试分别进行三次重复试验。计算总的由液体阻隔器、织物和空气层产生的蒸发传递阻力的基本公式如下：

$$R_{et} = \frac{(P_s - P_a)A}{H} \qquad (4-1-6)$$

式中：R_{et}——由织物系统和空气层产生的蒸发传递阻力，$m^2 \cdot kPa/W$；

A——热盘测试部分的面积，m^2；

P_s——热盘表面的水蒸气压力，kPa；

P_a——空气中的水蒸气压力，kPa；

H——输入功率，W。

平行测试三次取平均值。

蒸发阻力测试值（R_{et}）范围一般为 $148.7 \sim 3.9 m^2 \cdot Pa/W$。$R_{et}$ 与透湿程度的关系如表4-1-3所示。

表4-1-3 阻力测试值（R_{et}值）与透气性的对应关系

R_{et}值（$m^2 \cdot Pa/w$）	透湿程度	适用性
小于6	极端透气	高运动量时穿着舒适
6~13	非常透气	高运动量时穿着舒适程度一般，一般运动量时穿着舒适
13~20	透气	高运动量时穿着不舒适，一般运动量时穿着舒适
20~30	低透气	高运动量时穿着非常不舒适，低运动量时一般舒适
大于30	不透气	在各种运动量时穿着都不舒适

5. 出汗假人法

假人测试因模拟了典型人体的形状和尺寸，考虑的变量更多更具有实际意义，包括人体不同部分的皮肤温度差异，服装覆盖人体的表面积，纺织品的层数，人体表面空气层的分布，松、紧配合，身体的位置和运动状态等。但是，目前出汗假人法处于研究阶段，仪器及方法复杂、昂贵，测试费用比热盘法高很多，在实际应用中尚不多见[20]。

（二）防水性能评价——静水压试验

静水压法是表征材料对有一定压力的液体的阻隔能力。测试标准为 GB/T 4744—1997，其方法是使织物的一面接触水，并受到持续上升的水压作用，当试样的另一面有三处水珠渗出时，此时的水压力即为测试织物的静水压（kPa）。图4－1－18 为静水压测试议。

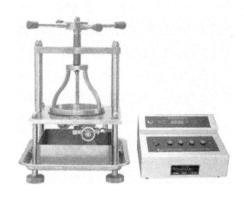

图4－1－18　静水压测试仪

👉 **思考题**

1. 制备防水透湿涂层织物遵循的理论基础是什么？

2. 防水透湿织物一般的加工方法有哪些？

3. 防水透湿织物主要评价指标是什么？

参考答案：

1. 制备防水透湿涂层织物遵循的理论基础是基于微孔型透湿机理和水阶梯型透湿机理。

2. 防水透湿织物常用的加工方法主要有织造高密织物法、涂层法和层压法。

3. 评价织物防水透湿性的重要指标是透湿性和防水性，评价防水性能目前主要采用静水压试验，评价透湿性主要采用透湿量。

第二节　吸湿排汗快干整理

本节知识点

1. 吸湿排汗快干整理的发展状况

2. 吸湿排汗快干整理原理

3. 常见的吸湿排汗快干整理剂

4. 纺织品吸湿排汗快干评价方法

随着人们生活水平的不断提高，服装的舒适性越来越受到广泛关注。人们把服装的舒适性定义为着装者通过感觉和知觉等对所穿着服装的综合体验。它涉及心理学、卫生学、美学以及社会学等诸多领域，主要包括热湿性舒适、接触性舒适、适体性舒适等。在服装的舒适性中，热湿舒适性是最基本的内容，这是因为服装需要在各种乃至极限环境下保持身体正常的热湿生理状态。服装穿着的热湿舒适性是指在一定气候条件和人体活动水平下服装调节人体与环境间的热量和水汽交换，为人体正常生理机能创造良好条件，从而维持使人体感觉舒适的衣内微气候的性能。服装的热湿舒适性是环境、服装、人体之间生物热力学的综合平衡，能满足人体生理状态的要求，穿着舒适与否对人们的日常生活、工作影响很大[21,22]。

服装的吸湿快干性能是影响服装穿着热湿舒适性的重要因素，本节主要介绍了服装的吸湿排汗快干整理，旨在将人们在高温高湿的环境中或在活动时产生的汗液迅速排到体外而逸散，使人体皮肤保持干燥清爽。

一、吸湿排汗快干整理概述

近年来，人们对服装面料的舒适性、健康性、安全性和环保性等要求越来越高，随着人们在户外活动时间的增加，休闲服与运动服相互渗透、融为一体的趋势也日益受广大消费者的青睐，即希望织物具有吸湿和快干性。如何将人体散发的水汽、液态汗水尽快排出服装，是提高穿着舒适性的关键之一。

我们把人体、服装、环境看作是一个系统，在这个系统中，人体由于新陈代谢要散发热量并排出汗液，这些热量、汗水以及挥发的汗气通过服装的中介作用而传向外界。人体在静止坐着的情况下，大约产生 $230 \sim 251 kJ/(m^2 \cdot h)$ 的热量。更何况人体一天的大部分时间是处于运动状态的。无论是正常的行走，还是进行室内外运动，人体的产热量都会增大，随之出汗增多。在出汗时，则对服装要求具有良好的湿热舒适性，即吸湿排汗快干的性能。"吸湿排汗快干"性是指在湿热环境下穿着时，织物能迅速吸收皮肤表面的汗液，并迅速将其传导至织物外表面进而蒸发掉，使皮肤表面保持干爽，人体感觉舒适。

由于纤维截面异形化之后吸湿性有所增加，国内外很多公司致力于研究具有吸湿排汗功能的异形截面纤维[23-30]。表4-2-1列举了部分厂商的吸湿快干聚酯纤维的截面特点[30]。

表4-2-1　吸湿快干聚酯纤维的生产厂、商品名称及其截面特点

生产商	商品名	纤维截面特点
杜邦	Coolmax/Coolmax AID	+co，六角凹槽
东洋纺	Triactor、Eksilive	Y
仓敷螺萦	Panapack QD	T
南亚	Diliht	T
华隆	Cool on	T
中兴	Coolplus 系列	+ (Y)
新光	Cooltech	+，Y

生产商	商品名	纤维截面特点
卡吉尔道	Ingeo	—
豪杰	Technofine/DryFil	W/ +
远东	Topcool	+ （CDP，短纤）
泉州海天	Cooldry	特殊表面沟槽
仪征化纤	Coolbst	全新纤维截面"H"
顺德金纺	Coolnice	异形截面
Optimer	Dri – Release	微混法
尤尼契卡	Hygra	吸水聚合物包覆锦纶的芯鞘型
晓星公司	Aerocool 系列	"苜蓿草"四叶形细微沟槽和孔型异形截面
东国贸易	I – cool 系列	异形截面

吸湿排汗织物可以通过化学改性和物理改性的方法来实现吸湿排汗的特性。

1. 化学改性法

（1）纤维表面化学改性：增加纤维表面的亲水性基团（接枝、交联），达到迅速吸湿的目的。最典型的例子是应用亲水性化合物制备聚乙二醇的共熔结晶性聚酯。

（2）亲水剂整理：利用亲水性助剂在印染过程中赋予织物或者纱线亲水性能，用亲水性整理剂对纤维进行涂层处理以改变疏水表面层性能，是应用较广的方法。

2. 物理改性法

（1）纤维截面的异形化：在化学纤维生产中，采用改变喷丝板孔形及纺丝工艺条件等方法制造各种非圆形截面形状的纤维，统称异形纤维。由于纤维的截面形状与纤维的特性密切相关，借助于纤维截面形状的改变获得人们需要的各种特性。如"H""W""Y"字形截面，增加表面积，其纤维的截面必须具有沟槽，利用这些沟槽，织造时纤维和纤维之间形成通道，通过这些沟槽的芯吸效应起到吸湿快干的功能。同时由于聚酯纤维具有较高的湿模量，在湿润的状态时不倒伏，所以始终能保持织物与皮肤间的微气候状态，达到快速吸湿排汗、提高舒适性的目的。

（2）中空或微多孔纤维：通常是指芯部有中孔，皮层有微孔的差别化纤维，其中有部分微孔成为从表面到中孔部分的贯穿孔。利用毛细管和增加表面积的原理将汗液迅速扩散出去，具有优良的导湿排汗功能。

（3）采用多层织物结构：利用亲水性纤维作为织物内层结构，将人体产生的汗液迅速吸收，再经外层织物空隙传导散发至外部，从而达到舒适的性能。

（4）双组分复合共纺法：借助共轭熔融纺丝技术，将两种聚合物分别通过两台螺杆挤压机连续熔融挤出，经过各自的熔体管道，并经过计量泵定量输入纺丝组件，在组件内适当部位两组分以一定方式复合，从同一块喷丝板喷出后经卷绕成型，最终得到截面为星形、橘瓣形、米字形结构，及单丝线密度小于 0.3dtex 的裂片型复合超细纤维或单丝线密度小于 0.08dtex 的海岛型复合超细纤维。

将聚酯与其他亲水性聚合物，用双螺杆进行复合纺丝，研制具有皮芯复合结构的异形截面的新型吸湿排汗纤维，对其吸水性和外观进行改善。亲水性材料作为芯层，常规聚酯作为皮层，两种组分分别起到吸湿和导湿的作用。

（5）纤维细旦化法：细旦纤维织制的织物，表面立起的细纤维形成无数个微细的凹凸结构，相当于无数个毛细管，因此织物毛细芯吸效应明显增加，能起到传递水分子的作用，大大改善织物的透气性能和输水导汗性能。现在细旦导湿工艺主要用于丙纶织物。

二、吸湿排汗快干整理机理[31,32]

通常在高温剧烈运动或高强度体力劳动下，人体内热量会积聚。为了促进体热散发，人体依靠排汗促进皮肤表面水分蒸发散热，达到体热平衡、体温稳定的目的。而服装是影响汗液蒸发的重要因素之一，其影响程度取决于服装的透湿和隔热性能。透气性和吸湿性好的服装，对汗液蒸发影响较小。被汗水浸湿的服装会减慢蒸发速度，因为服装被汗水湿透后，其间的水分占据了纱线之间的空隙，服装失去了透气性能，从而使蒸发速度变慢。从人体接触舒适的角度出发，人们希望这些汗液能被服装很快吸收、转移，且让汗液在服装表面快速蒸发，以保持皮肤表面和服装内侧环境的干燥。这一吸湿、排汗功能在运动服、训练服及体力劳动用的服装中尤其需要。人体工学中，织物吸湿排汗原理模型如图4-2-1所示。

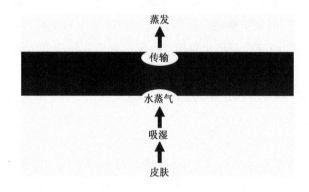

图4-2-1　纺织品吸湿排汗原理模型

（一）湿传递机理

人体皮肤表面水分的散失可以分为无感出汗和有感出汗两种。无感出汗，又称无感蒸发、非显汗或潜汗，是指与汗腺活动关系很小的人体每时每刻从皮肤表面蒸发的水分，主要以气态（汗汽）的形式存在；有感出汗，又称显汗，是指当外界温度等于或超过皮肤温度或者人体进行激烈活动时，人体汗腺分泌的汗液，主要以液态的形式存在。

人体出汗，实际上是一个从无感蒸发到全身大量出汗的渐进过程。当皮肤表面有显汗时，通常所说的汗以汗汽和汗液两种形式存在于人体表面，这时通过服装湿传导的初始状态是液态水。因此，织物的吸湿性和透气性与织物的湿传递性能关系密切。

人体分泌的汗液是先从皮肤蒸发到衣下微气候中，然后再通过服装蒸发到外界环境中去。在服装的实际穿着过程中，由于人体的不断运动，使得人体—服装—环境之间的热湿传递过程处于一个动态变化过程之中。织物的湿传递包括气态水（汗汽）的传递和液态水（汗液）的传递。

1. 气态水（汗汽）的传递

汗汽可通过织物中纱线间、纤维间及纤维内的空隙，从分压高的一侧向分压低的一侧扩散，同时伴随有被纤维本身吸收并释放的过程。描述水汽扩散的公式可用费克扩散定律，即扩散能量正比于浓度梯度，织物内部纤维之间和纱线之间贯通空间的水蒸气浓度（或蒸汽分压）差引起汗汽扩散传递。其表达式为：

$$G = -D(\mathrm{d}C/\mathrm{d}x) \tag{4-2-1}$$

式中：G——水汽传递量，g；

D——扩散系数，m^2/cm；

$\mathrm{d}C/\mathrm{d}x$——浓度梯度，g/cm^3。

2. 液态水（汗液）的传递

液态水可通过芯吸或润湿传递，对于液态水的传递，多用毛细理论进行描述。即由于织物的纱线及纤维结构中存在大量毛细管，液态水可由毛细管作用从织物的一面传递到另一面。空隙介质中的毛细作用与液体的特性、液体与介质的表面以及介质中空隙的几何结构有关。

气态水与液态水在织物中的传递比较如表4-2-2所示。

表4-2-2 织物的湿传递机理

状态	传递机理	传递的通道或途径	评价指标
液态汗（显汗）	芯吸效应	纱线中、纤维表面	毛细效应、扩展因子
气态汗（潜汗）	扩散、渗透	纤维、纱线间	透湿阻力
	纤维分子吸、散湿	纤维内部	回潮率、干燥速度

（二）导湿快干整理机理

1. 织物的导湿

无论气态水还是液态水在传导过程中总与织物内毛细结构、纤维表面的结合特性有关。当气态水透过织物时，除通过浓度梯度传递外，还与纤维发生吸附、解吸的过程，而且伴随有气态水凝结成液态水而进入毛细管的过程，因此液态水与纤维、织物之间的相互作用规律将影响织物吸湿、放湿、透湿的性能。因此，首先要了解液态水与织物产生作用的机制。

液态水与织物、纤维接触时，要发生润湿、渗透、传输、蒸发的过程。

（1）液态水在织物表面的润湿行为：当一滴水滴在织物表面时，受纤维表面能、液体表面能、液体—纤维界面能的影响，会形成如图4-2-2所示的平衡体系。

如图4-2-2所示，将一滴水（L）滴放在空气中的平整固体（S）上，若水滴不完全铺展，则平衡时各界面自由能的关系可由杨氏（Young）方程式表示如下：

$$\gamma_{\mathrm{SL}} - \gamma_{\mathrm{SG}} + \gamma_{\mathrm{LG}}\cos\theta = 0 \tag{4-2-2}$$

式中：θ——接触角；

γ_{LG}——液气界面张力；

γ_{SG}——固气界面张力；

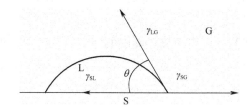

图4-2-2 液体在固体表面三相交界处受力平衡示意图

γ_{SL}——固液界面张力。

由杨氏方程可知，接触角的大小取决于各界面张力的大小，如降低 γ_{SG} 或增大 γ_{SL} 以使 $\gamma_{SG} - \gamma_{SL} < 0$ 时，可使水对织物的接触角增大到90°以上，就可能阻止液态水通过毛细管；反之，则液滴在表面有良好的润湿能力。

图4-2-3描述的润湿状态与纤维表面性质有密切关系。天然纤维因具有良好的吸湿能力、较高的表面张力，而具有良好的润湿性能，实际穿着时体现出较好的湿热舒适性。

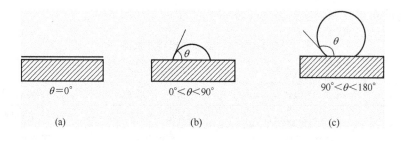

图4-2-3 液滴在固体表面的浸润状态

（2）液态水在织物上的渗透与传输：液态水传输通过织物时降低人—服装微环境中汗水浓度，是提高湿热舒适性的关键。液态水在织物表面润湿后会渗透进入由纱线、纤维所构成的毛细管，如图4-2-4所示。

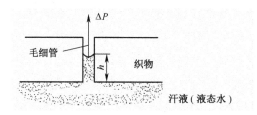

图4-2-4 汗液在织物毛细管中渗透与传输

在毛细管中，汗液受表面张力的影响，而形成如图4-2-4所示的附加压强作用，从而驱使汗液沿毛细管移动。毛细管中附加压强可用 Young-laplace 公式求得。

$$\Delta P = 2\gamma_{LG}cos\theta/r \tag{4-2-3}$$

式中：ΔP——附加压强；

γ_{LG}——汗液表面张力；

r——毛细管理论半径；

θ——润湿角。

由式4-2-3可知，当接触角$0° < \theta < 90°$时，$\cos\theta$大于零，ΔP大于零，外界对水滴施加的压力和毛细管附加压力方向相同，水能顺利通过织物形成的毛细管而透过织物。一般来讲，毛细管越细，毛细管附加压力越大，水透过织物的推动力增加，但由于水的流动阻力与毛细管半径的四次方成反比，总结果是水的透过速率降低，即水透过流量降低。

当接触角$90° < \theta < 180°$时，$\cos\theta$小于零，ΔP小于零，毛细管附加压力阻止水的通过。毛细管附加压力的大小主要取决于接触角θ和毛细管半径r的大小。接触角θ越大，毛细管半径r越小，附加压力则越大。对于一般的织物来讲，此时水是否能透过主要取决于外界对水施加的压力和毛细管附加压力的大小。当外界对水施加的压力小于毛细管附加压力时，水就无法通过。

织物中，毛细管处于各种状态，其极端状态主要有两种：

①处于垂直状态毛细管：当体系处于平衡时：

$$\Delta P = \rho \cdot g \cdot h = 2\gamma_{LG}\cos\theta/r$$

式中：h——液柱高度；

ρ——液体密度；

g——重力加速度，$9.8m/s^2$。

显然，此时水若透过织物必须克服液柱重力的负作用。通常可以通过改善纤维的表面张力来调整液态水的传导形式，提高纤维表面张力显然有利于水的传输；减小毛细管半径不仅提高了毛细管水柱的高度，而且使附加压强ΔP进一步提高，产生芯吸效果，然而由于毛细管半径的降低却使液体传输阻力大幅提高，反而降低了液体传输流量。

②处于水平放置毛细管：如图4-2-5所示。

附加压强：$\Delta P = 2\gamma_{LG} \cdot \cos\theta/\gamma$

因不受液体重力的影响，液体在ΔP的作用下沿毛细管水平移动，直到如图4-2-6所示将液体完全吸入毛细管为止，此时受液滴两侧附加压强的共同作用而达到平衡。

由$\Delta P = 2\gamma_{LG} \cdot \cos\theta/\gamma$可知，当润湿角$\theta > 90°$时，附加压强$\Delta P < 0$，即其作用方向与图4-2-4~图4-2-6所示附加压强方向相反，将不利于液体的传输，此时需要外加作用力以克服ΔP的影响，促进液体透过毛细管进行传输。

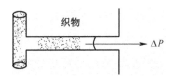

图4-2-5　水平放置毛细管

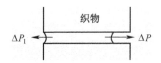

图4-2-6　液滴沿水平毛细管移动平衡态

在实际的服装穿着过程中，织物内纱线之间形成的大孔对液体的传输（微量水）并不起关键作用，纱线内纤维之间的毛细管对液体的传输起关键作用。而纱线中毛细孔的走向是沿纱线轴向呈螺旋排布，因此上述两种情形均存在。由此导致液体传输过程十分复杂，其传输能力介于两种状态之间。

（3）液态水的蒸发过程：渗透转移到织物表面的液态水，借助表面张力的作用，进一步沿纤维表面润湿，如图4-2-7所示。

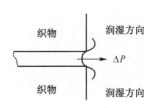

图4-2-7 液体在织物外表面毛细管状态

此时纤维表面润湿能力决定了毛细管内液态水在织物表面的铺展能力，处于毛细管端口部位的水受附加压强的作用使蒸发能力受到影响。当$\Delta P > 0$时，ΔP与环境大气压强的抵消作用有利于水分的蒸发；反之，当$\Delta P < 0$时，液柱表面承受的压强增加，不利于水分的蒸发。显然，增加织物外表面纤维的亲水性（仅限于纤维表面）有利于水分的蒸发。同时，水分在表面纤维的进一步润湿、铺展，增加了水的蒸发面积而有利于水分向大气环境的挥发。

液态水迁移到织物表面后，首先处于游离状态的水逐渐蒸发，直到剩余结合水为止。随后为吸附（结合）水的蒸发过程。在上述过程中，为强化游离态水的传输，希望织物表面纤维的亲水性增强，而这一变化带来的困惑是，结合水的蒸发过程将变得困难。

2. 亲水机理

织物的亲水性是指织物遇到水滴时，水滴能够将织物润湿，并渗透到纤维内部。织物具有可润湿性是产生芯吸作用必要的前提。

$$\Delta P = (2\gamma_{LG}\cos\theta)/r = 2(\gamma_{SG} - \gamma_{SL})/r \qquad (4-2-4)$$

毛细管管径r越小，则ΔP越大。同时，提高纤维的临界表面张力γ_{SG}有利于加大液体的扩散性和渗透性。也就是使水对织物的接触角减小到90°以下，液态水就可能自发通过毛细管而透过。这正是亲水整理的目的。此外，γ_{SL}的性能取决于水和纤维的表面性质，纤维临界表面张力的提高也有利于液体渗透。

3. 导湿快干整理原理

导湿快干整理原理分为两类：一类是汗液在微气候区蒸发成水汽后，气态水在织物内表面纤维中的孔洞和纤维表面凝结成液态水，通过毛细效应，将织物内层的汗水吸到织物外层，再重新蒸发成水汽扩散到外空间，实现织物的吸湿快干。另一类是汗液通过直接接触以液态水形式在织物表面迅速扩散，增大汗水的蒸发面积，实现织物的吸湿快干。两种作用的结果导致水分子发生了迁移，前一种作用主要与纤维材料的物理结构有关，希望材料具有较好的毛细效应和较好的扩散作用，能迅速地将吸附的水分扩散到空气中。后者则与纤维大分子的化学结构有关，具有良好亲水性的材料，能快速吸附水分。水分被纤维材料吸收后，再从材料表面放出来，这一过程即为干燥。

人体分泌的汗液是先从皮肤蒸发到衣下微气候中，然后再通过服装蒸发到外界环境中去。在服装的实际穿着过程中，由于人体的不断运动，使得人体—服装—环境之间的热湿传递过程处于一个动态变化过程之中。

4. 吸湿排汗织物的差动毛细效应

利用杉树吸水的差动毛细效应机理（图4-2-8），采用毛细管直径由内到外逐渐变细的形态来解决芯吸高度与传输速度的矛盾。由内层到外层，随着织物毛细孔由粗到细的变化，毛细管导湿能力明显增强且具有单向导湿的性能。通过这一原理开发出含有100%聚酯的多层结构针织品，该面料在靠近皮肤一侧用粗纤维形成粗网眼，在外侧则配置细的纤维形成的细网眼，通过这种形式使汗水迅速向外部放出[33]。

利用吸湿排汗纤维织造的运动纺织品有以下特点：

（1）汗水通过纤维和纱线构筑的毛细效应从皮肤表层迅速向织物表层输送，不会倒流；

（2）汗水不进入纤维内部结构，而在织物表面大面积蒸发，织物干燥快；

（3）边出汗边输送，通过表层的迅速蒸发，不断吸收来自内层的汗水，形成一个微型系统。

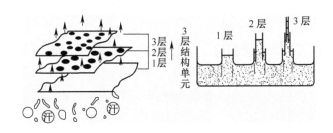

图4-2-8 杉树效应织物结构图

因此，通过润湿—吸湿—散湿三步完成吸汗、排汗、快干过程。纤维本身的吸湿、导湿与散湿能力为本质原因，三者之间是相互协调、相互制约的。三者之间的协调作用是保持织物干爽、人体舒适的必要条件。一般来说，纤维的亲水基团多，纤维的吸水率就高；纤维与空气接触的面积越大，纤维的散湿速度就越快，干爽舒适性就好。同样，纱线中空隙多，气流通道顺畅，水汽传递也快，干爽舒适性就好。具体来说，就是利用纤维表面微细的粗糙沟槽所产生的毛细现象使汗水经芯吸、扩散、传输等作用快速迁移至织物表面并挥发，从而达到吸湿排汗快干的目的。

当织物中纤维形成的毛细管处于水平位置时，虽然没有外力场的势能差，但由于毛细管弯月形曲面附加压力的作用，能自动引导液体流动，这就是芯吸。有人利用灯芯点芯吸作用构造出了更为理想的双层织物：织物内层为拒水性高特合纤，外层为超细合纤，中间引进疏水导湿纤维连接织物两面，起到灯芯点芯吸的效果。连接纤维一般为涤棉混纺纱。此种织物的结构综合利用了差动毛细效应和灯芯点芯吸效应两种原理，多层织物内外层之间既存在差动毛细效应，传导液态水，又存在芯吸效应，织物芯吸速度快，与其他双层织物结构模型相比较，具有更好的导湿快干作用。利用灯芯点芯吸作用设计的织物结构示意图如图4-2-9所示[34]。

织物芯吸效应是一种动态浸润现象。织物的芯吸性能一般是指液态水在纤维表面扩散，

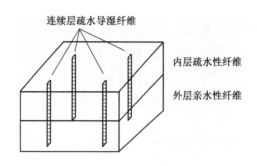

图4-2-9　织物灯芯点芯吸作用结构示意图

并被纤维之间形成的毛细管吸收、传输的过程。芯吸过程从机理上分为润湿、扩散、膨胀和饱和四个阶段。液体在织物集合体内流动，一般是纤维表面亲水基团和液体接触引起的毛细作用力或外力的驱动作用的结果。液体被毛细作用力驱动进入多孔介质系统发生的芯吸作用是一种瞬间传输的现象。由于毛细作用力是毛细管壁固体表面的润湿引起的，因此芯吸现象就是整个毛细管系统内瞬间润湿的结果。

纤维的芯吸性能与纤维的化学结构、物理结构及形态结构紧密相关。对疏水性纤维如涤纶或尼龙，纤维物理形态结构变化引起的纤维之间空隙变化对芯吸性能的影响更为重要。因此疏水性化纤的芯吸过程只包括润湿、扩散和饱和三个阶段。对亲水性纤维如棉或麻纤维而言，在纤维大分子的结晶区或高序区，水分子难以扩散或渗入，而在非晶区或低序区以及形态结构粗糙、微孔或孔隙较多的区域，水分较易于渗透扩散并停留在纤维内部，从而导致纤维吸湿膨胀。另外，纤维材料的回潮率、面料额定厚度、平方米克重、透气率、紧度及表面化学处理剂的亲水性能等也会影响织物的芯吸性能。

对于多孔性的织物来说，浸润过程不仅依赖其平衡态的特征参数和表面性质，而且取决于多孔性材料的几何特征。目前，通过纤维截面异形化技术来提高化学纤维的芯吸导水性能，是开发吸湿排汗类织物广泛使用的一种有效途径。

5. 单向导湿快干性能

单向导湿快干是通过内外层织物的亲、疏水性不同，即织物外层亲水而内层大部分疏水，汗液从内层小部分亲水的部位传输到织物的亲水性外层，并在外层快速蒸发。多数疏水性的内层使人体出汗时穿着不沾身，织物外层能快速扩散、蒸发，使人体感觉凉爽、舒适。单向导湿快干织物是一种随外界环境变化（人体产生汗液）而自动将汗液排至外层的织物，因此，它属于一种智能织物。

单向导湿织物的工作原理是织物内层（接触皮肤面）大部分疏水，小部分亲水，而织物外层亲水。因此单向导湿织物所用的纤维的选择面较广，可以选择两种亲/疏水性不同的纤维或同种纤维做不同亲/疏水性整理，通过特殊的交织工艺进行织造；可以选择亲水性纤维织成的织物，在织物内层做部分拒水整理；也可选择疏水性纤维织成的织物，在其外层做亲水性整理。在实际应用中，应用较多的是亲水性纤维织成的织物并在其内层做拒水性整理，其中应用最多的是纤维素纤维。对于单向导湿快干的纯棉织物，可以将经拒水性整理和未经整理的纯棉纱线通过交织方法制成亲/疏水双侧结构织物，或者通过印花方式对棉织物反面进行拒水整理来实现。同理，其他纤维素纤维也可以用类似方法来实现。值得注意的是，经过拒水整理之后的棉织物，水蒸气传导性能会下降。另外，还可采用吸湿快干整理剂处理纯棉织物，或者利用复合整理法或化学接枝法对织物进行整理，达到吸湿快干功能。目前，除纤维素纤维外，其他纤维（如莫代尔、氨纶和锦纶）也被用作单向导湿织物。

三、吸湿排汗快干整理剂及其应用

人们把能够赋予纤维亲水性能的一种功能整理助剂，基于亲水整理剂用于疏水性的纤维后，能产生吸湿快干功能，因而，这类商品有时被称为吸湿快干整理剂。如吸湿快干整理剂 FC-226、TF-620、GX-12、HSD 等[35-37]。其中亲水整理剂的主要组分是聚醚酯嵌段共聚物。聚醚酯嵌段共聚物是共晶链段和亲水链段相间排列的线性高分子。亲水性由亲水链段来实现，耐久性由共晶链段来保证，从而使整理织物既有良好的亲水性又有一定的耐久性。

吸湿快干整理剂 FC-226 的整理工艺[35]：

工艺处方：

吸湿快干剂 FC-226　　　　　　　20g/L

工艺流程：

浸轧（二浸二轧，轧液率80%）→ 预烘（100℃，5min）→ 焙烘（150℃，30s）

四、吸湿排汗快干整理效果的评价

中国国家质量监督检验检疫局首次发布了纺织品有关吸湿快干性能的测试标准，即 GB/T 21655.1—2008《纺织品吸湿速干性的评价第 1 部分：单项组合试验法》，该标准主要是测试洗涤前后织物的吸水率、滴水扩散时间、水蒸发速率和蒸发时间、芯吸高度以及透湿量。该标准对针织物和梭织物的吸湿快干性能有不同的评价标准，见表 4-2-3[38]。

表 4-2-3　针织物和梭织物吸湿快干评价标准

测试项目		针织物	梭织物
吸湿性	吸水率（%）	≥200	≥100
	滴水扩散时间（s）	≤3	≤5
	芯吸高度（mm）	≥100	≥90
快干性	蒸发速率（g/h）	≥0.18	≥0.18
	透湿量（g/（m²·24h））	≥10000	≥8000

美国纺织化学家和染色家协会（AATCC）颁布了导湿快干性能的测试标准 AATCC TM 195—2009《织物的液态水分管理特性》。该标准通过液态水分管理测试仪（MMT）测量织物润湿时间、吸收水速率、最大润湿半径、扩散速度和单向传输能力来计算织物综合导湿快干能力，以表征织物的导湿快干性能。具体评判等级见表 4-2-4。在 AATCC 的测试标准中，单向传输指数表征了织物内外层平均含水量的差别，是单向导湿织物的一个重要指标[39,40]。

表 4 – 2 – 4　AATCC TM 195—2009 具体指标与评判等级标准

指标		织物等级				
		1	2	3	4	5
润湿时间（s）	上层	≥120	20～119	5～19	3～5	<3
	底层	≥120	20～119	5～19	3～5	<3
吸水速率（%/s）	上层	0～9	10～29	30～49	50～100	>100
	底层	0～9	10～29	30～49	50～100	>100
最大润湿半径（mm）	上层	0～7	8～12	13～17	18～22	>22
	底层	0～7	8～12	13～17	18～22	>22
扩散速度（mm/s）	上层	0.0～0.9	1.0～1.9	2.0～2.9	3.0～4.0	>4.0
	底层	0.0～0.9	1.0～1.9	2.0～2.9	3.0～4.0	>4.0
单向传输指数 R		< –50	50～99	100～199	200～400	>400
综合导湿快干性（OMMC）		0.00～0.19	0.20～0.39	0.40～0.59	0.60～0.80	>0.80

　　织物的吸湿快干功能的检测技术与其原理和所采用的加工工艺紧密相关，目前国内外尚无单一的方法可以涵盖所有不同种类的产品。一般来说，评价吸湿排汗织物的性能指标主要有织物的吸水性、吸湿性、透湿性和快干性，其中最重要的是吸水性和快干性。上述几项指标都可以通过现有方法和简单的仪器进行测试。

　　吸水性测试主要有毛细上升高度法、滴水法、垂直吸水法和保水率法。毛细上升高度法见纺织行业标准 FZ/T 01071《纺织品毛细效应试验方法》，适用于测定各类纺织品的毛细效应，且仪器简单、操作简便、应用广泛。滴水法为杜邦技术实验室方法，专用于评价织物吸湿排汗整理后的效果。

　　吸湿性测试，主要参考日本工业标准 JISL 1079。

　　透湿性测试一般主要用于评价防水透湿涂层织物的整理效果，这里主要用来评价吸湿排汗整理剂是否造成织物组织空隙变小而使湿气无法顺利通过。我国国家标准 GB/T 12704—2009A《织物透湿量的测定方法　透湿杯法》采用蒸发法和吸湿法，与 ASTME 96 原理基本相同，只是条件不同。测试方法见本章第一节五（一）1 正杯透湿法。

　　快干性测试，具体试验方法请参照我国台湾地区纺拓会标准 TTF 007《吸湿速干纺织服饰品》。但在日常生活中，人体汗液蒸发快慢不仅取决于织物本身性质，还与外界环境的温度、湿度、风速等密切相关，所以快干性测试条件并不能完全再现织物实际服用时的状态，其所测得的结果只具有相对性。

　　近几年，国内外一些科研机构相继研发了一些新的吸湿排汗整理织物测试技术。美国北卡罗来纳州州立大学纺织学院开发了一种"重力吸水性测试系统"（简称 GATS），武汉科技学院（现武汉纺织大学）与香港理工大学合作，成功研制了测试仪器"Moisture Management Tester"，用于测试纺织面料的芯吸效果、织物两面导水性能的差异，特别是能够测试织物两面的单向导汗性能以及快干性能。该仪器为国际首创，已获得美国发明专利。

👉 **思考题**

1. 简述织物的湿传递机理。
2. 简述导湿快干整理原理。

参考答案：

1. 织物的湿传递包括气态水（汗汽）的传递和液态水（汗液）的传递。

（1）汗汽的传递：汗汽可通过织物中纱线间、纤维间及纤维内的空隙，从分压高的一侧向分压低的一侧扩散，同时伴随有被纤维本身吸收并释放的过程。水汽扩散能量正比于浓度梯度，织物内部纤维之间和纱线之间贯通空间中的水蒸气浓度（或蒸汽分压）差引起汗汽扩散传递。

（2）液态水的传递：液态水可通过芯吸或润湿传递，对于液态水的传递，多用毛细理论进行描述。即由于织物的纱线及纤维结构中存在大量毛细管，液态水可通过毛细管作用从织物的一面传递到另一面。空隙介质中的毛细作用与液体的特性、液体与介质的表面以及介质中空隙的几何结构有关。

2. 导湿快干原理分为两类：一类是汗液在微气候区蒸发成水汽后，气态水在织物内表面纤维中的孔洞和纤维表面凝结成液态水，通过毛细效应，将织物内层的汗水吸到织物外层，再重新蒸发成水汽扩散到外空间。另一类是汗液通过直接接触以液态水形式在织物表面迅速扩散，增大汗水的蒸发面积，实现织物的吸湿快干。

第三节　蓄热调温整理

本节知识点

1. 蓄热调温整理机理
2. 相变材料及其性能
3. 蓄热调温织品的加工和评价方法

一、纺织品蓄热调温整理概述

蓄热调温纺织品是一种新型的智能纺织品。获得这种智能调温纺织新材料的手段之一是对纺织品或纤维材料进行蓄热调温整理。蓄热调温整理是将一种具有双向调温功能的相变储能材料应用于纺织品的加工过程。这种蓄热调温材料具有热活性，在相变过程中吸收或放出相变潜热，为纺织品所包覆的空间营造一个温度相对稳定的微气候环境，其主要目的是改善纺织品的舒适性[41,42]。

相变储能材料当遇冷或遇热后发生可逆相变，同时放出或吸收热量，即当外界环境温度升高时，相变材料吸收热量，延缓了局部温度（如服装内微气候环境）升高，并储存能量；当外界环境温度降低时，相变材料释放热量，延缓了局部温度（如服装内微气候环境）降低，从而使服装微气候环境的温度波动相对较小，人在穿着这种服装时会感觉更加舒适，有"空调"纺织品的美誉。

自20世纪60年代开始，美国宇航和太空总署（NASA）为了保护宇宙飞船内的精密仪器和宇航员不受外界温度剧烈变化的影响，开始重视对相变材料的研究工作。此后，美国空军、海军、能源部、农业部先后多次资助这方面的研究项目[43]。20世纪80年代初期，Vigo等人将无机相变材料 $CaCl_2 \cdot 6H_2O$ 和 $SrCl_2 \cdot 6H_2O$ 填充到聚丙烯等中空纤维中，利用含有结晶水的盐类在熔融、结晶过程中的吸热、放热的性质，研制出了蓄热调温纤维。由于无机材料在相变过程中，容易失去水分子，因此纤维的耐久性较差。80年代中期，他们又将聚乙二醇填充到中空纤维内，经过上百次的循环试验，调温效果良好，但纤维需要制成的孔径较大，工业化有一定的难度。1987年，美国空军资助的一个小试项目，旨在开发用于极端低温环境中工作的飞行员和地勤人员手套，该项目使用了相变微胶囊（Micro PCMs），为制备保温型纤维奠定了基础，并获得了美国专利。1995年，美国海军进行了一项中试研究，将含有 Micro PCMs 的纤维用于寒冷环境下使用的袜子，这种袜子独特的热性能使其能够免于像普通袜子那样受压缩和潮湿的影响[44]。

20世纪90年代初，美国 Triangle 公司将石蜡类碳氢化合物封入 $1.0\mu m$ 的微胶囊中，并申请了专利。1997年 Outlast 根据 Triangle 公司的授权，在聚丙烯腈湿法纺丝液中加入这种微胶囊，生产具有调温功能的腈纶，目前已工业化生产[42]。日本公司采用石蜡为相变材料填充于纤维内部，并在纤维表面进行环氧树脂处理，防止石蜡从纤维中析出。日本东洋纺公司利用熔点在 $5 \sim 70℃$、比热容为 $30J/g \cdot ℃$ 以上的塑性晶体为芯材，以普通成纤聚合物为壳层，以皮芯复合纺丝工艺制成一种发热耐久和力学性能良好的复合纤维[45,46]。

美国的 Schoeller 公司将蓄热调温微胶囊添加到聚氨酯（PU）中，制成具有良好的保温和调温功能的泡沫材料[47]。我国的研究人员分别采用烷烃和聚乙烯醇相变微胶囊与聚丙烯腈—偏氯乙烯共聚物共混后进行溶液纺丝，制成的腈氯纶具有较好的储能调温性和可纺性[48]；利用相变材料作为低温相变物质，采用熔融皮芯复合纺丝工艺研制出了在 $22 \sim 35℃$ 温度范围内具有热能吸收、储存和释放功能的短纤维[49]。采用后整理技术将一定量的聚乙烯醇（PEG）储能微胶囊与黏合剂、消泡剂混合均匀，采用涂层的方法将储能微胶囊负载到纯棉及涤/棉织物上，得到了具有耐久性的蓄热调温纺织品，但织物的力学性能受到了一定影响[50]。

经历20余年的研究开发，蓄热调温化学品、纤维及织物等在军工、建筑、工业、农业、医疗卫生和服用纺织品中得到了广泛应用[51,52]。

二、蓄热调温整理机理

相变材料（Phase Change Materials）简称 PCMs，是蓄热调温纺织品重要的组成成分，通过特定的技术与织物或纤维结合，从而获得调温纺织材料。因此，研究蓄热调温纺织品首先应了解相变材料的性能及其作用机理。

在常温常压下，物质以气、液、固三种相态存在于自然界中。同一种物质不同相态之间的转变称为相转变。发生相转变的温度称为相变温度。能够发生相转变的材料，简称为相变材料。在一定条件下，物质的相态转化过程伴随着热量的变化，在发生相态变化时，所吸收或放出的能量称为相变热。在自然界中，相变材料种类非常多，但能够作为相变储能材料则必须具有：高储热密度、合适的相态变化及合适的相变温度。因此，真正具有应用价值的数量不多，美国 Dow 化学公司发现在近两万种相变材料中只有 1% 可以进一步研究。而适宜纺织品整理用的相变材料不过几十种。

相变储热材料是利用相变潜热进行能量存储的材料，通过其相转变过程中在近似恒温的条件下，吸收或放出大量热量，进行温度调节控制。也就是说，当环境温度升高时，物质储存热量，自身由固态变成液态或气态，当环境温度降低时，物质由液态或气态变成固态，释放热量。这个过程可以用图 4 - 3 - 1、图 4 - 3 - 2 进一步说明。

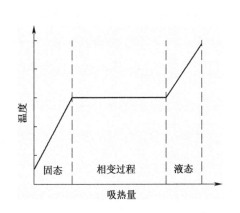

图 4 - 3 - 1　相变材料温度与吸热量的关系　　　图 4 - 3 - 2　水的相转变过程示意图

由图 4 - 3 - 1 可见，图中曲线分为三段，在固态和液态下，随着热量的吸收，物质温度不断升高；在物质发生相变过程中，虽然不断吸收热量，但自身温度基本不变化。图 4 - 3 - 2 为水的热量吸收与相态转变、温度变化的关系，固态和液态时物质吸收显热温度升高；固态转变为液态时，物质吸收大量潜热，而温度没有明显变化，表现为储能过程。

当相变物质发生固、液相态变化时，吸收或放出的热量用下式定量表示：

$$Q = M[(T_m - T_1)C_{ps} + H_f + (T_2 - T_m)C_{pl}] \tag{4 - 3 - 1}$$

式中：Q——吸收或放出的热量；

$\quad C_{ps}$——固相的比热容；

$\quad C_{pl}$——液相的比热容；

$\quad M$——物质质量；

$\quad H_f$——熔解焓；

$\quad T_m$——熔点；

$\quad T_1$——低温温度；

$\quad T_2$——高温温度。

当物质发生相变时，自身的温度变化较小时，式 4 - 3 - 1 可简化为：

$$Q = MH_f \qquad\qquad (4 - 3 - 2)$$

由式 4 - 3 - 1 可知，蓄热调温材料的熔解热越大，织物上施加的相变材料量越多，所吸收、释放的潜热越多，调温能力就越强[17]。

图 4 - 3 - 3 是两种有机相变材料和水随着环境温度变化而变化的曲线，由图 4 - 3 - 3 可知，当环境（空气）温度升高时，水温升高，但滞后于空气，表明水在一定程度上缓解了微气候的迅速升温；Prethermo C - 25、Prethermo C - 31 是以高级脂肪烃为主要成分制成的相变微胶囊材料，两者的升温速度均滞后于水，表明在维持微气候的温度方面比水更具优势，且 Prethermo C - 31 在 6h 以后才达到试验的最高环境温度，使微气候的舒适性延长了。而曲线的降温段则恰好与升温段相反，空气温度迅速下降，水的降温滞后于空气，Prethermo C - 31 则降温最慢。在 Prethermo C - 25、Prethermo C - 31 的曲线上分别在 25℃ 和 31℃ 处出现水平段，此两点分别是 Prethermo C - 25 和 Prethermo C - 31 的相变温度。同时在升温初期 1 ~ 2h 之间，Prethermo C - 25 的温度低于 Prethermo C - 31，在升温 2 ~ 4h 之间 Prethermo C - 31 温度高于 Prethermo C - 25，根据脂肪烃同系物的性质，如果将两者按一定的比例混合将得到介于两者之间（1 ~ 4h）的升温曲线。

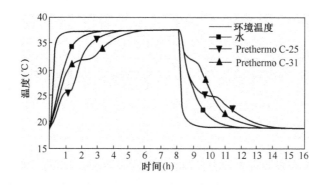

图 4 - 3 - 3　相变材料的温度变化曲线

三、相变储能材料及其分类

由于相变材料用途广泛、种类繁多，分类方法也很多[53]。

（一）按相变温度分类

可分为低温型，相变温度范围 15 ~ 90℃；中温型，相变温度 90 ~ 550℃；高温型，相变温度高于 550℃。中、高温型主要是一些无机盐类、氧化物、金属合金类，通常适用于一些特殊的高温环境。低、中温型主要是一些无机水合物、有机物、高分子材料。

（二）按相变过程的相态分类

可分为固—固相变、固—液相变、固—气相变、液—气相变四种形态。在纺织品整理中，应用较多的当属固—液和固—固相变形态。固—气、液—气相变在相态变化过程中相变潜热大，但由于材料体积变化较大，因此，实际应用在纺织品上的很少。

（三）按相变材料的化学类别分类

可分为无机相变材料、有机相变材料、复合相变材料和高分子类储能材料四大类。

1. 无机相变材料

无机相变材料主要是水合无机物、盐、碱金属与合金、高温熔化盐类和混合盐类等，无机相变材料的储能机理较为复杂，如水合盐类相变材料，当温度升高时，水合盐脱水成为不含结晶水的盐，释放的水又成了盐的溶剂，将盐溶解，此过程伴随着热量的吸收；当温度降低时，水溶液中的盐又与水重新结合，形成结晶水合盐，此过程伴随放热。此可逆过程伴随着热量的吸收（储能）与释放（释放能量），达到储能调温的目的。无机相变材料的特点是，熔解热大、有固定的熔点、相变体积变化小，最大缺点是有腐蚀性，价格较高，在相变循环过程中容易失去结晶水，导致相变潜热降低、出现分层及过冷现象，影响产品的使用寿命。无机相变材料在调温纺织品和纤维的制备中应用不多。

2. 有机相变材料

在可应用的相变材料中，有机相变材料的种类最多，主要包括了石蜡类、高级脂肪烃类、醇类、脂肪酸及其酯类等小分子有机相变材料，还有有机聚合物类相变材料，包括了聚合多元醇、聚酯、聚环氧乙烷、聚酰胺、聚烯烃等。有机相变材料的特征为，固体成型性好，不易发生相分离及过冷现象，性能稳定，腐蚀性较小等。与无机类相比有导热性较差，储能密度小等缺点。表4-3-1为几种有机物的相变温度（熔点）及相变焓[54]。

表4-3-1 相变材料性能

名称或分子式	T_m（℃）	ΔH_m（kJ/kg）
辛酸	16	148.5
甘油	17.9	198.7
正十六烷	18.2 16.7 18.5 18	238 237 237 237
聚乙二醇	22	127.2
正十七烷	22 22.5	215 213
硬脂酸丁酯	18~23	140
十二烷醇	26 —	200 188.8
正十八烷	28.2 — 28	235.66 245 244

名称或分子式	T_m（℃）	ΔH_m（kJ/kg）
正十九烷	31.9	222
	32.1	229.8
正癸酸	32	152.7
	31.6	163
	30.1	158
正二十烷	36.8	239.02
	36.7	244
	37	247
十四烷醇	38	205
正二十一烷	40.5	231.15
苯酚	41	120

3. 复合相变材料

若将两种及两种以上的物质混合，但其中一种为储能材料，所形成的混合物共同作为储能材料，称为复合相变材料。复合相变材料包括了无机类和有机类相变材料的混合物及相变材料与非相变材料的混合物两大类，复合方式很多，如有机、无机复合，有机同系物复合等。利用复合手段容易达到改变相变温度或改善储能材料性能的目的。

4. 高分子类储能材料

高分子类相变储能材料，是一类以高分子为基体的相变储能材料，通常称为高分子基相变材料。高分子类相变储能材料的特点是，在相变过程中，发生固—固相转变，保持了宏观形状不发生变化。根据相变介质与基体的结合方式，可将高分子相变储能材料分为三大类，即以高聚物为基体的复合相变材料、接枝型结晶高聚物相变储能材料和交联型结晶高聚物相变储能材料[56]。

（1）以高分子材料为基体的复合 PCMs：以高分子材料为基体，以有机或无机材料为相变介质，通过共混制备的形态稳定的复合材料。如石蜡/高分子基 PCMs，将相变温度为 42 ~ 44℃，相变潜热为 192.8 J/g 的石蜡（直链烷烃混合物）与低密度聚乙烯（LDPE）复合，制备固—固 PCMs，石蜡均匀分散到作为骨架的 LDPE 中，石蜡含量可高达 77 %，相变温度高于其熔点，无渗透问题。复合的相变储能材料相变温度为 37.8℃，相变潜热为 147.6 J/g[55]。

（2）接枝型结晶高聚物 PCMs：这类高分子相变储能材料是将结晶高分子长链的链端通过化学反应接枝在另一种熔点较高、强度大、结构稳定的骨架高分子上而制得。在加热过程中，低熔点的结晶性高分子支链发生从晶态到无定形态的相态变化，实现相变储能。由于其接枝在尚未熔融的高熔点的高分子主链上，这种高分子骨架材料支撑了整个材料的结构，并且限制了低熔点高分子的宏观流动性，因此，材料在整体上仍保持其固体状态，实现固—固相变储能。如以纤维素大分子为骨架，以 PEG 柔性链为支链，形成一种梳状或交联网状结构的固—固相转变材料。其相变机理是，PEG 在结晶态和无定形态之间转变，在整个相变过程中，PEG 吸收或放出潜热，同时，整个复合分子保持固态[56]。

（3）交联型结晶高聚物 PCMs：此类 PCMs 主要是聚氨酯结构的固—固 PCMs。它是以 PEG 为软段，以二异氰酸酯和低相对分子质量的聚乙二醇为硬段，合成的软硬段交替联接的聚氨酯高聚物。这种相变体系的相变机理是，软段 PEG 由结晶固态变为无定形固态的过程，利用此相变过程产生的热效应实现能量的存储和释放。在相变过程中，随温度的升高，软段 PEG 分子热运动加快，挣脱了分子间作用力的束缚，结晶形态被破坏，形成无定形态。但转化为无定形态的 PEG 受到硬段交联点对它的束缚，从而表现出固—固相变行为[57]。

此外，高分子相变储能材料还有聚烯烃类、聚多元醇类、聚烯醇类、聚烯酸类、聚酰胺类以及其他的一些高分子。

（四）几种纺织品整理用相变材料介绍

1. 脂肪酸及其酯类

脂肪酸及其酯类相变材料的优点是，相变焓高（100～200J/g），融化和凝结能可逆的重复实现，基本没有过冷问题，密度大，其缺点是导热系数较低。脂肪酸及其酯类相变材料包括了硬脂酸（$C_{18}H_{36}O_2$）、月桂酸（$C_{12}H_{24}O_2$）、肉豆蔻酸（$C_{14}H_{28}O_2$）、棕榈酸（$C_{16}H_{32}O_2$）和硬脂酸丁酯（$C_{17}H_{34}COOC_4H_9$）等。硬脂酸丁酯相变范围为 18～23℃，相变焓 l40 J/g 左右，几乎无过冷及相分离现象，腐蚀性小，不易燃，因此常作为相变材料用于智能调温织物或舒适性纺织品的制备[58]。将硬脂酸丁酯作为芯材，采用原位聚合法用脲醛树脂包覆硬脂酸丁酯，制成相变储能微胶囊用于纺织品蓄热保温整理；或利用多孔石墨的毛细管作用，吸附硬脂酸丁酯制成定形相变材料，该相变材料的峰值温度为 26℃，相变焓值为 100J/g 左右，且具有良好热稳定性[59]。

2. 烷烃类

烷烃类相变储能材料有十六烷、十八烷、石蜡等，十八烷性能好、相变温度合适，研究较多，但材料成本较高，限制了应用推广。石蜡作为一种 PCMs 具有很多优点，如相变潜热高，熔化热为 200～220J/g，几乎没有过冷现象，熔化时蒸汽压力低，不易发生化学反应，化学稳定性较好，没有相分离和腐蚀性问题，成本较低。其主要缺点是导热系数低和密度小等。提高石蜡的导热性能，目前的做法是通过添加高导热系数的添加剂强化传热，如在相变材料中加入铝、铁、铜、铝硅合金或石墨[60]。石蜡相变温度在 40～65℃，对于服用纺织品而言，相变温度较高，通常用于产业用纺织品的储能整理。

3. 高分子类

主要包括高密度聚乙烯和经过化学修饰的 PEG。PEG 分子上的端羟基具有反应活性，能与纤维素、聚氨酯等含活性基团的高分子反应，而接枝到纤维素或聚氨酯的主链上，形成一种梳状或交联网状的结构，即制成了这种侧链型的固—固相变储能材料。

目前，在纺织品的调温整理研究中应用最多是聚乙二醇（PEG）。PEG 属聚合物类相变材料，其结构通式为 HO（CH_2CH_2O）$_n$H，聚乙二醇由于聚合程度的不同，可形成一系列平均分子量为 200～20000 不等的聚合物，相变温度随聚合度的增加而提高。表 4-3-2 为不同相对分子质量的聚乙二醇的相变温度。

表4-3-2　不同相对分子质量聚乙二醇的相变温度

相对分子质量	400	600	1500	6000
相变温度（℃）	4~8	20~25	44~48	56~63

聚乙二醇作为相变材料的优点很多，潜热较大、无毒、无刺激、绿色环保，使用时不会发生过冷和相分离现象，化学性质稳定。在20℃时，当平均分子量高于600时以固态形式存在，不仅在发生固—液相变有热量的储存与释放，在固—固相变时也伴随吸热、放热。通过选择不同相对分子质量的PEG和适当的混合比例，可以制成一系列相变温度的储能材料，如制成相变温度30~35℃的相变材料，接近于人体的舒适温度。以PEG作为相变材料，用不同方式添加到纺织材料上，使织物具有双向调温的特殊功能。

聚乙二醇还被作为热记忆材料的代表，如果将聚乙二醇与棉、涤纶、锦纶等相结合，当环境温度升高时，聚乙二醇吸热，延迟纤维升温；当环境温度降低时，聚乙二醇放热，延迟纤维降温，这种热记忆效应是结合在纤维上的相邻聚乙二醇螺旋间的氢键的作用，当环境温度升高时氢键解离，系统趋于无序"线团松弛"，过程吸热，当环境温度降低时氢键恢复，系统变为有序"线团压缩"，过程放热。聚乙二醇类在调温纤维和纺织品中应用很多，特别是封入微胶囊以后性能更好，用途更广。

4. 多元醇类相变材料

有机多元醇类相变材料的调温作用，是通过材料不同晶形之间在相互转变过程中发生的吸热、放热现象实现的。相变潜热主要是不同晶形间氢键的形成或破坏而放出或吸收热量。因此，多元醇类相变材料，分子中羟基数目越多，其相变温度越高，相变潜热越大。这类材料包括季戊四醇、新戊二醇、2,2-二甲基-1,3丙二醇、2-羧甲基-2-甲基-1,3丙二醇等。这类材料适宜于做芯、壳型调温纤维。

（五）相变储能微胶囊及其制备方法

1. 相变储能微胶囊

相变材料微胶囊就是利用微胶囊化技术，将相变材料用天然或合成高分子材料包覆起来，形成直径为1~1000μm，外壳壁厚为0.01~10μm的球形颗粒，如图4-3-4所示。使相变材料在聚合物形成的微小容器中发生相变，在吸收/释放热量时达到调温效果。液态相变材料被包覆后就不能随意流动，如果胶囊的直径较小，它在基体材料中即可比较容易地均匀分散。由于囊壁具有一定韧性，保证了相变材料在发生相变时不从囊壁溢出而损失。另外，囊壁还阻止了PCMs与外界环境的直接接触，对其起到了保护作用，延长了使用寿命。由于微胶囊粒径很小，比表面积大，从而提供了巨大的传热面积。调温纤维与纺织品在应用微胶囊技术后，改善了相变材料的应用性能，将它向实际应用大大推进了一步。

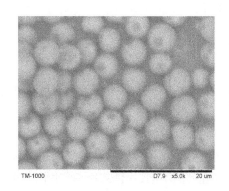

TM-1000　　　　D7.9　x5.0k　20 um

图4-3-4　相变储能微胶囊照片

目前，可作为微胶囊芯材的固—液相变材料有结晶水合盐、共晶水合盐、直链烷烃、石蜡类、脂肪酸类、聚乙二醇等。外壳材料常用的是高分子材料，如脲醛树脂、蜜胺树脂、聚氨酯、聚丙烯腈、聚甲基丙烯酸甲酯和芳香族聚酰胺等。为了提高囊壁的密闭性或热、湿稳定性，有时还将几种壁材联合使用。

2. 相变微胶囊的制备方法

目前，常用的制备微胶囊的方法主要有原位聚合法、界面聚合法、复凝聚法和喷雾干燥法等[61]，在相变微胶囊的制备中，以前三者居多。

（1）原位聚合法：原位聚合法制备相变微胶囊时，壁材单体及催化剂位于相变材料液滴的内部或外部，聚合反应发生在液滴表面，但前提是囊壁的单体可溶而聚合物不可溶。壁材单体既可以是水溶性也可以是油溶性，可以是低相对分子质量的聚合物或预聚体。首先，在液滴表面上，聚合单体产生低相对分子质量的预聚物，随后预聚物分子链逐渐增大，就会沉积在芯材的表面，由于交联及聚合反应在不断进行，形成固体微胶囊外壳，最终生成的聚合物膜覆盖于芯材液滴的全部表面。该方法获得的微胶囊囊壁坚韧、粒径分布均匀，聚酰胺、聚酯、聚脲、蜜胺等高分子材料都可作为原位聚合法的壁材。图 4 - 3 - 5 所示的微胶囊是以正十八烷为芯材，蜜胺树脂为壁材，采用原位聚合法制备的相变微胶囊，微胶囊形貌为球形。

图 4 - 3 - 5　原位聚合法制备的相变微胶囊的形貌

采用原位聚合法分别制备以正癸烷、正十九烷和正二十烷为芯材，脲—蜜胺—甲醛聚合物为壁材的储能微胶囊，搅拌转速 10000r/min，制得平均粒径为 0.4 ~ 1.1μm、壳层厚度为 30 ~ 300nm 的微胶囊，微胶囊为球形，表面光滑。当烷烃的质量分数为 70% 时，其相变热达 160J/g。采用三聚氰胺—甲醛为囊壁，正十八烷为囊芯，用原位聚合法制成相变材料微胶囊，所制胶囊中的相变材料质量分数为 65% 左右，胶囊粒径为 0.2 ~ 4.6μm。

（2）界面聚合法：界面聚合法既可以包覆水溶性芯材，也可以包覆油溶性芯材。界面聚合法制备微胶囊时，胶囊外壁是通过两类单体的聚合反应而形成的。其基本步骤为：首先将芯材溶于含有单体 A 的分散相中，经乳化、分散，形成微小的液滴；然后将所得的乳液分散到连续相中，并加入适当的乳化剂和反应单体 B；最后单体 A、B 分别从两相内部向乳液液滴的界面移动，并且迅速在相界面发生聚合反应，形成聚合物，生成的聚合物膜将 PCMs 包覆形成微胶囊。如在乳液体系中，采用界面聚合法合成以正十八烷为核、聚脲为壳的微胶囊，微胶囊产品粒径约为 1μm，表面光滑、分布均匀，相变温度为 22.8℃，与单纯正十八烷的相变温度相同，相变焓略小于单纯正十八烷的相变焓。界面聚合法具有反应速度快、反应条件温和、对反应单体纯度要求不高、对两种反应单体的原料配比要求不严等优点。

（3）悬浮聚合法：悬浮聚合法是一种新型的微胶囊制备方法，制备过程中聚合物单体溶解于有机物中，随着聚合反应的进行不断从有机相中析出，沉积在有机液滴表面，最终形成微胶囊。

（4）复凝聚法：复凝聚法也是一种相分离方法。它是以两种或多种带有相反电荷的线性无规聚合物作为壁材，将芯材分散于其水溶液中，在适当的 pH、温度和稀浓度条件下，使带相反电荷的高分子材料之间发生静电作用而相互吸引，导致芯材的溶解度降低并分成两组，即贫相和富相，其中富相中的胶体可作为微胶囊的壳，此现象称为复凝聚。复凝聚法常用于包覆油溶性芯材。其过程如图 4-3-6 所示。

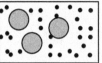

(a) 芯材在明胶—阿拉伯树胶溶液中分散　(b) 互相分开的微凝聚物从溶液中析出　(c) 微凝聚物在芯材表面上逐渐沉析　(d) 微凝聚物结合形成微胶囊的壁材

图 4-3-6　复凝聚微胶囊化过程

（5）喷雾干燥法：喷雾干燥法是将芯材和壳材的混合物通入加热室或冷却室，快速脱除溶剂后凝固得到微胶囊，一般是先将壳材溶于溶剂中，然后芯材在壳材的溶液中乳化，最后喷雾干燥。

四、蓄热调温纺织品整理工艺方法

制备蓄热调温纤维一般通过两个步骤：先制成中空纤维，然后将其浸渍于相变材料溶液中，使纤维中空部分充满相变材料，经干燥后再将纤维两端封闭。如将无机固—液相变材料 $CaCl_2 \cdot 6H_2O$、$SrCl_2 \cdot 6H_2O$，用浸渍法填充到人造丝和聚丙烯中空纤维中，经烘干和密封处理得到具有调温功能的纤维；将中空纤维浸渍于聚乙二醇溶液中，得到中空部分含有聚乙二醇的调温纤维，如图 4-3-7 所示。这种纤维的热调节能力是未处理纤维的 1.2~2.4 倍。将相对分子质量为 500~8000 的聚乙二醇和无醛或低甲醛 20 树脂等交联剂及催化剂加入到后整理液中，使 PEG 与纤维发生交联，以获得蓄热性能更持久的纤维。

采用织物后整理的方法制备储能调温纺织品，目前主要有浸轧法、涂层法、接枝法。利用浸轧法和涂层法把相变材料整理到纺织品上，简便易行。例如，将储能聚乙二醇（PEG）或储能微胶囊与黏合剂、交联剂共混制成工作液，经轧—烘—焙技术将储能调温材料负载到纺织品上，如图 4-3-8 所示。采用涂层技术制备的聚氯乙烯（PVC）储能调温涂层材料，其断面电镜照片图 4-3-9 显示了 PVC 膜中储能微胶囊的分布情况，可见，储能微胶囊是均匀分散于 PVC 涂层胶中的。

采用浸轧法用储能微胶囊整理涤/棉织物工艺举例：

工作液处方：

相变微胶囊	20%~50%
交联剂	10%~20%
催化剂	2%~5%

图4-3-7　中空纤维填充法制备的海岛型储能纤维

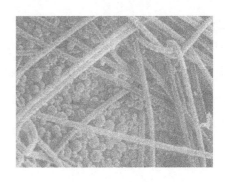

图4-3-8　微胶囊在纤维中的附着形态

工艺流程：

浸轧（二浸二轧，轧液率80%）→预烘（80℃）→焙烘（140℃，3min）→洗涤（40℃，10min，洗涤剂2g/L）→烘干

将聚乙二醇相变材料用改性2D树脂作交联剂、氯化镁和对甲基苯磺酸作催化剂，用浸轧法固着在纤维上。制成的织物相变焓为6.40J/g。但因树脂的存在，手感受到影响。

采用浸轧法将PEG整理到涤/棉织物上。具体工艺为：

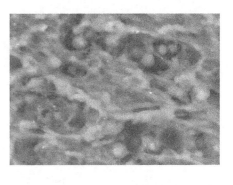

图4-3-9　PVC膜中微胶囊的分布状态

工作液处方：

PEG	50%
改性2D树脂	21%
$MgCl_2 \cdot 6H_2O$/柠檬酸	3%

工艺流程：

浸轧（二浸二轧，轧液率90%）→预烘（60℃，7min）→焙烘（140℃，3min）→洗涤（60℃，10min，洗涤剂2g/L）→烘干

单独PEG施加于织物，整理的效果不耐久，交联剂能在PEG与纤维素分子之间、PEG自身之间形成交联，提高耐久性。但发生交联反应后，PEG热活性有所下降。整理后织物的热活性指标与PEG的相对分子质量有关，在一定范围内，随着相对分子质量的增大，热活性呈上升趋势。干热处理对PEG的稳定性有影响，焙烘温度不能过高，如在150℃左右时，随着焙烘温度的提高和处理时间的延长，失重率增大，热活性明显降低。

将一定量的PEG储能微胶囊与黏合剂、消泡剂混合均匀，采用涂层方法将PEG微胶囊整理到纯棉及涤/棉织物上，织物的相变热可达40J/g，CLO值也从原来的0.207提高到0.245。将聚乙二醇与改性2D交联剂、柠檬酸催化剂混合，经浸轧整理到纯棉织物上，得到了具有耐久性的蓄热调温纺织品，但织物的力学性能受到影响[50]。如果将储能微胶囊与聚氨酯涂层胶共混，可制得具有调温和防水透湿功能的纺织品。将十二醇和十四醇复合芯材的储能微胶囊，以质量比为30%的量加入到PVC涂层胶中，用转移涂层法制备具有储能调温性能的膜材。测试发现，储能膜材包围的空间内，其温度升高较常规PVC膜材低6~7℃，如图4-3-10所示。图4-3-11为PVC储能调温涂层材料的步冷步热曲线，可见，在步冷步热曲线上均出现一段升温降温的平缓区间。

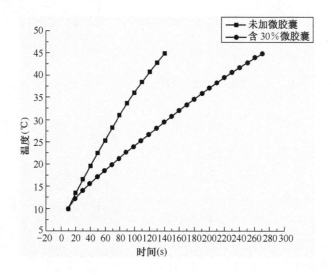

图4-3-10　膜材包围空间的步热曲线

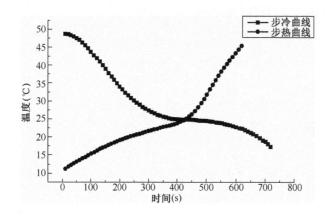

图4-3-11　PVC储能膜材步冷步热曲线

将PEG与亲水型聚氨酯共混后涂层，制备多功能的防护服材料。

处方：

PU涂层胶　　　　　　100份

PEG　　　　　　　　 15份

工艺流程：

制备涂层液→直接涂层→烘干（100℃，5min）→焙烘（130℃，3min）

制品具有防水透湿和蓄热调温功能，根据涂层膜厚度不同，耐静水压可达30kPa以上，且较未加PEG的涂层织物的透湿性高。

五、蓄热调温整理效果的评价

目前，蓄热调温纺织品的性能评价还主要限于使用差示扫描量热仪 DSC 测试试样的相变温度和相变热。也有用测 CLO 值的方法，通过测纺织品的保暖性来评价织物保持微气候温度的能力，从而间接评价调温性能。

1. 差示扫描量热法（DSC）

差示扫描量热法是目前应用最有效的相变材料测试手段。在测定过程中，样品和参比物之间保持相同的温度。在程序温升过程中，记录样品的温度和向样品输入的热流量与向参考样品输入的热流量的差值。从 DSC 测试结果中可以得到相变温度、相变焓、相变的起止温度等参数信息。图 4 - 3 - 12 是以十二醇为芯材、蜜胺树脂为壁材的相变微胶囊的差示扫描量热（DSC）曲线，曲线给出了储能微胶囊的相变温度和相变焓等参数。

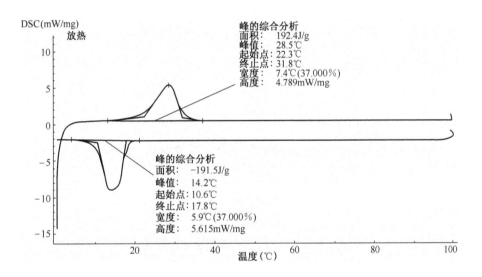

图 4 - 3 - 12 十二醇为芯材储能微胶囊 DSC 曲线

2. 差热分析法（DTA）

差热分析法是一种在程序控制温度下，测量物质和参比物之间温度差与温度对应关系的一种技术，它通过信号放大，比直接的热分析测量更为灵敏。通过记录样品与参考样品的温差，及参考样品的温度（炉温），就可以得到 DTA 热谱图。当样品有相变发生时，便会有热效应发生，这样促使样品与参比物温升（温降）速率发生变化，反映在 DTA 谱图上就会有一个脉冲出现，根据图谱就可以得到相变的有关信息，从而分析相变过程。

3. 克罗值法（CLO）

一个安静坐着或从事轻度脑力劳动的人，在室温 20~21℃，相对湿度小于 50%，风速不超过 0.1m/s 的环境中，感觉舒适时所穿着服装的隔热值为 1CLO。

4. 点温计法

这是一个半定量的方法，方法简单，不需要特殊仪器。通过试验得出的步冷步热曲线可以直观地反映被测织物在外界环境温度发生变化时，其所包裹的小环境内升、降温滞后的变化情况，以此表征储能调温纺织品的功能效果。

将待测样品包裹在点温计的探头上，密封包严固定成一个体系，将探头端置于冰水混合物中，使其降温至相变温度10℃以下，取出，迅速将探头端放入自制的红外加热箱中加热升温并开始计时，每隔10s记录一次探头温度，直至温度升至相变温度以上10℃时停止，此时得到了一系列升温时间—温度数据；再将包裹点温计的探头端放入5℃冰箱（根据相变温度确定），从高于相变温度10℃开始计时，以相同的方法每隔10s记录一次温度，当温度降低到相变温度以下10℃时停止。得到了一系列降温时间—温度数据，最后以时间为横坐标，温度为纵坐标绘图，得到样品的步冷步热曲线，此曲线反映了储能纺织品对温度变化的响应程度。

图4-3-13所示为储能膜材料的步冷步热曲线，曲线在20~25℃出现了明显的平滑区，这个区间就是储能材料的相变温度区间，步冷步热曲线表明了储能纺织品所包围的区间，在外界温度发生变化时，温度上升或降低缓慢，有一定的保持"恒温"的作用。

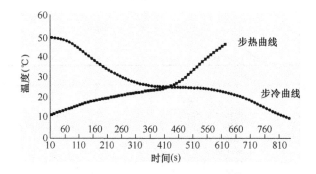

图4-3-13 储能膜材料的步冷步热曲线

☞ **思考题**

1. 何为相变材料？蓄热调温机理是什么？
2. 纺织品用蓄热调温整理剂一般制备成微胶囊形式，有何好处？
3. 服用蓄热调温纺织品对相变温度有何要求？

参考答案：

1. 相变材料：能够发生相转变的材料，称为相变材料。

蓄热调温机理：在一定条件下，物质的相态之间发生相互转化，转化过程伴随着热量（或热焓）的变化。蓄热调温材料是一种具有双向调温功能的相变储能材料，当环境温度升高时，物质吸收并储存相变热，自身由固态变成液态，当环境温度降低时，物质由液态变成固态，释放相变潜热，调节环境温度。

2. 相变材料被包覆后，它在液态时就不能随意流动，如果胶囊的直径较小，它在基体材料中即可比较容易地均匀分散。其次还阻止了PCMs与外界环境的直接接触，对其起到了保护作用，延长使用寿命。

　　3. 用于服装的蓄热调温纺织品，适合使用的三种不同的相变温度，用于严寒气候为18.33～29.44℃；用于温暖气候为26.67～37.78 ℃；用于大运动量和炎热气候为32.22～43.33℃。

参考文献

[1] 陈进来. 防水透湿织物的发展现状 [J]. 棉纺织技术, 2010, 38 (1): 67 – 68.

[2] 付延鲍, 刘萍, 王东, 等. 防水透湿织物的发展与现状 [J]. 青岛大学学报, 1999, 14 (4): 33 – 36.

[3] 黄机质, 张建春. 防水透湿织物的发展与展望 [J]. 棉纺织技术, 2003, 31 (2): 5 – 8, 69 – 72.

[4] 杨栋樑. 织物防水透湿整理技术近况 (一) [J]. 印染, 2003 (6): 40 – 43.

[5] 陈丽华. 不同种类防水透湿织物的性能及发展 [J]. 纺织学报, 2012, 33 (7): 151 – 157.

[6] 顾振亚. 高技术防护织物发展动向 [J]. 中国个体防护装备, 2001 (1): 24 – 29.

[7] 黄机质, 张建春, 王锋. 防护服用聚四氟乙烯复合膜的结构和性能 [J]. 纺织学报, 2006, 27 (9): 78 – 80.

[8] 陈珊妹, 李敖琪. 双向拉伸 PTFE 微孔膜的制备及其孔性能 [J]. 膜科学与技术, 2003, 23 (2): 19 – 22.

[9] 罗瑞林. 织物涂层技术 [M]. 北京: 中国纺织出版社, 2005.

[10] 涂程, 周奥佳, 阎克路. 水性聚氨酯防水透湿涂层剂的合成与性能 [J]. 印染, 2010 (2): 11 – 14.

[11] 涂程. 水性聚氨酯防水透湿涂层剂的合成与应用研究 [D]. 上海: 东华大学, 2010.

[12] 丁雪梅, 胡金莲. 形状记忆聚氨酯与普通聚氨酯的区别 [J]. 纺织学报, 2000, 21 (4): 57 – 59.

[13] 权衡. 形状记忆聚氨酯与智能型防水透湿织物 [J]. 印染助剂, 2006, 21 (3): 5 – 9.

[14] 沃尔特·冯. 涂层和层压纺织品 [M]. 顾振亚, 牛家嵘, 田俊莹, 译. 北京: 化学工业出版社, 2006. 1: 99 – 100.

[15] 张建春, 黄机质, 郝新敏. 织物防水透湿原理与层压织物生产技术 [M]. 北京: 中国纺织出版社, 2003.

[16] 赵磊, 樊理山. 防水透湿 PU 膜层压复合机织物的性能研究 [J]. 产业用纺织品, 2013 (2): 11 – 14.

[17] 霍瑞亭, 杨文芳, 田俊莹, 等. 高性能防护纺织品 [M]. 北京: 中国纺织出版社, 2008.

[18] 杨青, 陶忠华, 杨文堂. 水性防水透湿涂层胶 FS2809 [J]. 印染, 2006 (6): 35 – 36.

[19] 杨栋樑. 织物防水透湿整理技术近况 (二) [J]. 印染, 2003 (7): 34 – 40.

[20] 吴基作. 防水透湿织物的湿阻检测 [J]. 印染, 2012 (19): 39 – 42.

[21] 张渭源. 服装舒适性与功能 [M]. 北京: 中国纺织出版社, 2005.

[22] 唐世君, 于守健. 一种新型舒适材料——高吸水 HYGRA 纤维 [J]. 中国个体防护装备, 2001 (3): 20 – 21.

[23] 张一平, 许瑞超, 陈莉娜. 导湿快干系列纤维和纱线的研制开发现状 [J]. 山东纺织科技, 2006 (1): 42 – 45.

[24] 张晶, 顾平. 吸湿排汗的 Coolmax、Coolplus 纤维 [J]. 国外丝绸, 2007 (4): 38 – 40.

[25] 王帅栋, 张复全, 李勇. Clencool 长丝的性能测试及应用 [J]. 针织工业, 2008 (10): 22 – 23.

[26] 俞金林, 姜红飞, 郑扎贤. CoolDry®/羊毛导湿干爽面料的开发 [J]. 纺织导报, 2010 (10): 104 – 105.

[27] 赵恒迎，王其，俞建勇. Coolbst 及织物导湿透汽性能的研究 [J]. 纺织科学研究，2003（3）：18.

[28] 倪海燕，付世伟. Coolplus 纤维针织物的热湿舒适性能研究 [J]. 现代纺织技术，2008（4）：44－47.

[29] 刘延辉. 新型温度调节织物结构与性能的研究 [D]. 西安：西安工程大学，2012.

[30] 胡家军，赖红敏. 吸湿排汗（快干）纤维的应用级开发 [J]. 浙江纺织服装职业技术学院学报，2010（2）：11－15.

[31] 何天虹. 纯纤维素纤维吸湿排汗快干织物的设计开发与研究 [D]. 天津：天津工业大学. 2007.

[32] 王发明，胡锋，周小红，等. 吸湿排汗纤维湿传递模型的研究 [J]. 青岛大学学报，2007（9）：23－26.

[33] 张慧茹，董继红. 湿热舒适功能纺织品 [J]. 合成纤维，2010（3）：9－13.

[34] 敬凌霄，高培虎. 导湿快干针织物的设计 [J]. 针织工业，2005，（12）：15－17.

[35] 杭伟明. 吸湿快干整理剂 FC－226 [J]. 印染，2011（24）：37－38.

[36] 刘玉磊，孟家光. 吸湿排汗纺织品类型及应用 [J]. 纺织科技进展，2009（5）：27－30.

[37] 王阳，方蓓. 三种不同吸湿速干整理剂工艺的探讨 [J]. 染整技术，2007（7）：35－39.

[38] 徐伟杰，张玉高. 导湿快干与单向导湿织物 [J]. 印染，2011（2）：49.

[39] 郑春晓，郝超伟，董侠，等. 一种新方法研究细线密度丙纶织物单向导湿性能 [J]. 西安工程科技学院学报，2004，18（4）：287－289.

[40] Yueping Guo, Yi Li, Hiromi Tokura. Impact of fabric moisture transport properties on physiological responses when wearing protective clothing [J]. Textile Research Journal, 2008（78）：1057.

[41] 张兴祥，王馨，吴文键. 相变材料胶囊制备与应用 [M]. 北京：化学工业出版社，2009.

[42] 赵晓娣，邓桦. 微胶囊技术在蓄热调温整理上的研究 [J]. 纺织导报，2004（3）：67－70.

[43] 宋肇棠. 调温纤维及其纺织品 [J]. 印染助剂，2004，21（3）：1－4.

[44] 蔡利海，张兴祥. 相变材料微胶囊的研究与应用 [J]，材料导报，2002，16（12）：61－64.

[45] 日本东洋纺. 具有潜热的合成共轭纤维及其制造方法 [P] 日本专利：公开特许平4－163 370，192.

[46] 王学海，付中玉，陈放. 蓄热调温纤维的熔纺制备及其性能研究 [J]. 北京服装学院学报，2009，29（2）：1－6.

[47] Shim H, McCullough E A, Jones B W. Using phase change materials in clothing [J]. Textile Res. J, 2001, 71（6）：495－502.

[48] 张兴祥，王学晨，牛建津. 蓄热调温纤维的纺制及其性能研究 [J]. 天津工业大学学报，2005，24（2）：1－5.

[49] 孙涛. 蓄热调温纤维材料的研究暨飞行员用保温材料的研制 [J]. 天津纺织工学院学报，2000，19（1）：11.

[50] 马晓光. 聚乙二醇蓄热调温性能及其在功能纺织品上的应用 [J]. 功能高分子学报，2003（9）：367－372.

[51] 张琳琳，王跃强. 智能调温纤维综述 [J]. 印染助剂，2011，28（1）：9－12.

[52] 韩娜，张荣，张兴祥. 储热调温纤维的研究进展（二）[J]. 产业用纺织品，2011（6）：10－11.

[53] 沈学忠，张仁元. 相变储能材料的研究和应用 [J]. 节能技术，2006，26（5）：460－463.

[54] 张东，周剑敏，吴科如. 相变储能复合材料的研究和应用 [J]. 环保与节能，2004（1）：17－19.

[55] 郭静，李楠. 高分子基相变储能材料的研究进展 [J]. 合成纤维，2008（5）：27－31.

[56] 姜勇，丁恩勇，黎国康. 一种新型的相变储能功能高分子材料 [J]. 高分子材料科学与工程，2001，

17（3）：1－3.

［57］粟劲苍，刘朋生. 聚乙二醇型聚氨酯软硬段对其相变储热性能的影响［J］. 高分子学报，2007（2）：97－102.

［58］张顺林，徐子根，李百年. 硬脂酸丁酯浸渍墙体砌块控温性能研究［J］. 工业技术，2012（9）：69－70.

［59］张晓宇，张公正. 硬脂酸丁酯微胶囊的制备与表征［J］. 化学研究，2006，17（3）：49－51.

［60］刘先之，刘凌志，门永锋. 石蜡相变微胶囊的制备与表征［J］. 应用化学，2012，29（1）：9－12.

［61］袁文辉，刘都树，李莉. 微胶囊相变材料的制备与表征［J］. 华南理工大学学报（自然科学版），2007，35（7）：46－51.

第五章　生物整理

第一节　生物抛光整理

本节知识点

1. 生物抛光的作用机制
2. 用于棉织物生物抛光整理的生物催化剂
3. 生物抛光整理的影响因素

一、生物抛光整理概述

生物抛光是通过酶反应去除织物表面绒毛，达到表面光洁和性能提高的整理方法[1-6]。在生物抛光整理中，织物表面的绒毛在纤维素酶的作用下被水解，而得以去除。织物表面绒毛去除后，织物组织更清晰，颜色更鲜亮。而且，纤维上的微原纤被去掉后，织物起球的倾向随之大为减少。再有，纤维上的微原纤被去掉后，为纤维创造了一个相互自由移动的机会，这消除了纤维弯曲滞后现象，增加了柔软性。还有，纤维上的微原纤被去掉后，织物中纱线的自由度增加，因此织物悬垂性也得到较大的改善。因此，纺织品经过生物抛光处理，在纤维素酶的作用下，去除织物表面的绒毛，能达到减少起球趋势，提高光滑度和柔软性，增加织物的光泽度和色彩鲜艳度，改善织物手感和悬垂性的效果。

二、生物抛光用生物催化剂——纤维素酶

1. 纤维素酶的概念

纤维素酶是一种混合酶，是催化水解纤维素、生成葡萄糖的酶的总称，是由多组分酶组成的酶系，从化学本质上看是多组分的混合蛋白质。纤维素酶在适当的条件下，能使不溶性纤维素材料水解成可溶性糖。

2. 纤维素酶的组成

人们对纤维素酶的组成与结构的认识经历了漫长的过程[7-12]。1906 年，Seilliere 首次在蜗牛消化液中发现了分解天然纤维素的纤维素酶。1933 年，Grassman 从一种真菌产生的纤维素酶系中分辨出两个组分。在 20 世纪 60 年代，证实了纤维素酶的多组分性质。

一般认为纤维素酶至少含有三种成分的酶，即可任意切断纤维素分子中 $\beta-1,4-$ 糖苷键的内切 $\beta-$ 葡聚糖酶（Endoglucanases，EGs）；从没有还原基末端开始切断 $\beta-1,4-$ 糖苷

键成纤维二糖剩基的外切 β – 葡聚糖酶（Cellobiohydrolases，CBHs）和将纤维素二糖分解成葡萄糖的 β – 葡萄糖苷酶（β – Glucosidases，BGs）。

3. 纤维素酶的来源

目前，工业用纤维素酶主要来源于丝状真菌和细菌。

细菌产生的纤维素酶的量较少，主要是 EGs 组分，对结晶纤维素的活性很低，多数不能分泌到细胞外部。丝状真菌如木霉属、青霉属、曲霉属和根霉属的菌种能产生大量的纤维素酶，其中尤以木霉属菌株的产量居高。在木霉属中，里氏木霉（Trichoderma reesei，T. reesei）和绿色木霉（Trichoderma viride，T. viride）等是活性较高的菌种。真菌产生的纤维素酶含有完整的三组分，能分泌到菌体外部，一般不会聚集形成多酶复合体，且组分间有较强的协同作用。

属于丝状真菌的霉菌多产生酸性和中性纤维素酶，而细菌产生碱性纤维素酶。通常用于纺织品染整加工的是酸性和中性纤维素酶。酸性纤维素酶在酸性条件下较稳定，其反应适宜的 pH 在 3 ~ 6 之间，而以 pH = 4 ~ 5 最佳；中性纤维素酶在中性条件下较稳定，其反应最佳的 pH 在 6 ~ 7 之间。

4. 纤维素酶的结构及作用方式

自从纤维素酶被发现以来，人们对纤维素酶的组成、结构及作用机制，一直在进行不断的探索[7-12]。

1950 年，Reese 等提出了著名的"C1 – Cx"假说来阐述纤维素酶的作用方式，该假说认为纤维素酶是一个三组分的混合物，分别命名为 C1 酶、Cx 酶和 β – 葡萄糖苷酶。这三种组分对纤维素的作用方式不同，C1 酶作用于纤维素的结晶区，使之转变为可被 Cx 酶作用的形式。而 Cx 酶可随机水解非结晶纤维素、可溶性纤维素衍生物及葡萄糖的 β – 1，4 – 寡聚物。β – 葡萄糖苷酶的作用则是将纤维二糖和纤维三糖水解成葡萄糖。

到了 20 世纪 60 年代，纤维素酶的多组分性质得到了证实。但是，C1 和 Cx 分阶段水解纤维素的设想，即 C1、Cx 以及 β – 葡萄糖苷酶必须同时存在方能水解天然纤维素在以后的实验中并未得到证明。

后来，Wood 等人以及我国研究人员分别对 C1 酶进行了分离鉴定，改变了 C1 酶的非水解作用的概念。随着分子生物学的发展，人们对纤维素酶的研究取得了突破性进展，纤维素酶的作用方式也渐趋明朗。近来的研究认为，C1 酶和 Cx 酶都是水解酶，而且是包含多种异构酶的水解酶。为了避免混淆 Reese 和 Nisizawa 提出的两种截然相反的关于 C1 和 Cx 酶的概念，将这两种酶根据各自的作用方式重新命名为，内切葡聚糖酶（Endoglucanases，缩写为 EGs）和葡聚糖纤维二糖水解酶（Cellobiohydrolases，缩写为 CBHs）。内切葡聚糖酶（EGs）作用于纤维素纤维内部的非晶区，随机水解 β – 1，4 – 葡萄糖苷键，将纤维素大分子截短。葡聚糖纤维二糖水解酶（CBHs）则从纤维素链的末端作用，每次切下一个纤维二糖单元，故又称为外切酶（exo – Cenulase）。β – 葡萄糖苷酶（β – Glucosidases）将上述两种酶水解产生的纤维二糖和短链的纤维寡糖进一步分解为葡萄糖。这三种组分虽各有专一性，但相互之间又具有协同作用。具有结晶结构的纤维素在这三者的协同作用下，可以被彻底分解为小分子的糖。

三、生物抛光的作用机制

1. 纤维素酶各组分的作用

纤维素酶的作用机制错综复杂，到目前为止还没有完全弄清。除各组分对纤维素分子的分解作用外，现在越来越多的研究表明纤维素酶的各组分之间存在着协同作用[7-12]。

不同来源的纤维素酶，组分与作用不同。一般认为真菌纤维素酶的 EGs 主要包括两种异构酶，EG Ⅰ 和 EG Ⅱ，其中 EG Ⅰ 是主要成分。研究表明，在木霉纤维素酶中，CBHs 是主要组分，主要包括两种异构酶 CBH Ⅰ 和 CBH Ⅱ。其中 CBH Ⅰ 的含量很高，约占原酶蛋白总量的 60%。它和底物的亲合性较高，但活性较 CBH Ⅱ 低。CBH Ⅱ 所占的比例少，但特异性强，活力高，它降解微晶纤维素产生还原糖的能力是 CBH Ⅰ 的 3 倍。

目前，一般认为纤维素酶是由催化结构域（Catalytic Domain，CD）、连接域（Linker）和吸附结构域（Cellulose Binding Domain，CBD）三部分组成，CBD 通过一个连接肽与 CD 连接在一起。连接域的作用可能是保持 CD 与 CBD 之间的距离，有助于不同酶分子间形成较为稳定的聚集体，而 CBD 影响着纤维素酶对纤维素表面的结合，对于外切纤维素酶作用的起始和推进有着重要的意义。

如果不细分纤维素酶各组分和各功能区域的复杂作用机制，纤维素酶的水解作用大体上可以分为：

（1）酶分子从水相转移到纤维表面；

（2）酶分子与纤维表面结合，形成酶和底物的复合物；

（3）水分子进入酶与底物复合物的激活位点；

（4）在酶与底物的复合物催化下，水与纤维的接触表面发生反应；

（5）纤维素水解产物转移到水相中。

2. 棉纤维结构的作用

纤维素酶对棉纤维的催化水解发生的先决条件是酶与纤维素底物结合。由于组成棉纤维的纤维素不溶于水，且在棉纤维细胞壁中以一定的超分子结构排列。于是，纤维素酶必须扩散到细胞壁内纤维素大分子的表面才能与其接触。因此，棉纤维的任何阻碍酶扩散和与它接触的结构特性都将影响纤维素酶的作用，其中主要的影响因素包括纤维素纤维的形态结构和超分子结构。

从形态结构看，棉纤维中有两类毛细管。一类是粗毛细管，如细胞腔和纹孔等，其直径在 20nm 和 10mm 之间或者更大；另一类是细胞壁毛细管，如微原纤之间和无定形区纤维素大分子链之间的空隙，平均直径为 1nm，吸水溶胀后有些空隙可达到几十纳米。若将纤维素酶分子看作是球形，那么它的直径范围为 2.4 ~ 7.7nm，平均 5.9nm。若将酶的分子看作是长短轴比约 6 的椭圆形，那么其宽和长的范围在 1.3nm × 7.9 nm 至 4.2nm × 25.2 nm。因此，纤维素酶分子小于棉纤维中的粗毛细管，容易扩散进入。但对于细胞壁毛细管，即使在棉纤维吸水溶胀时，也只有少数细胞壁毛细管才允许酶分子的进入。

　　超分子结构是影响棉纤维被纤维素酶催化水解的另一个重要因素。纤维素酶容易水解纤维素的无定形区，而不易作用于结晶区，故纤维的结晶度越高，酶解就越困难。另外，酶的作用也与纤维素结晶的晶格大小和形状有关。有研究发现，将绿色木霉分别培养在四种不同晶格结构的纤维素培养基中，发现在某种培养基中产生的酶对该种纤维素水解所需的活化能最低，说明绿色木霉的酶合成环境能改变酶的活性中心的结构，以适应底物中特异的晶格结构。

3. 纤维素酶与棉纤维相互作用过程

　　棉织物进行生物抛光处理时，纤维素酶首先接触织物或纱线表面的纤维，以及突出在织物或纱线上的绒毛，然后才进入到纱线内部的纤维。由于天然纤维素纤维的结构复杂，结晶度较高，在一定的酶浓度和时间条件下，不会出现纤维素纤维被彻底分解成葡萄糖单体的情况。在生物抛光整理条件下，纤维素酶仅对织物的表面或伸出织物表面的绒毛状短小纤维作用。此外，纤维素分子的结晶区被酶作用而松解，使处理后的织物手感柔软，悬垂性和吸水性亦随之提高。

　　生物抛光的实现，不仅需要纤维素酶对纤维素进行水解，而且一般都还需要机械作用力。这不仅是为了促进酶分子与纤维的吸附和解吸的速度，而且有助于使酶水解的产物尽快分散到液相中。因为机械搅动有助于被酶水解的绒毛从织物表面脱落，使织物表面变得光洁，这是纤维素酶工业化应用中不可或缺的条件。除此之外，机械搅动还增加了酶分子与织物接触的频率，从而达到理想的处理效果。

　　生物抛光整理过程中，纤维素酶的分子在突出于织物或纱线表面的绒毛根部以及纱线交织处的纤维根部扩散得最快，这些地方与酶的接触最多，受酶的作用最强，这些部位在织物运动中的受力也最强，因而此处的纤维也最容易发生断裂。因而酶处理时，除了要达到改善织物的外观风格和手感的效果外，还要注意保持织物或纱线的强力。

四、生物抛光加工过程的影响因素

1. 纤维素酶的种类与用量

　　在纤维素纤维的生物抛光整理中，纤维素酶的选择是非常重要的。不同种类的纤维素酶，其组成、结构和性能都是有差异的。用于纤维素纤维的生物抛光的纤维素酶，要选择组分全、活性高、能和纤维素很好地结合的酶。

　　另外，酶用量对酶处理效果也有重要影响。由于各种纤维素酶的酶活力是不一样的，所以在确定用量时，要考虑纤维素酶的酶活力以及待处理织物的种类和具体工艺要求。酶活力高的，其用量相对少些，酶活力低的，其用量则相对多点。

2. 纤维素纤维的结构

　　纤维素纤维的生物抛光整理，从本质上看，是纤维素在酶催化作用下的水解过程，涉及纤维与酶的相互作用。因此，在此过程中，纤维的因素也是很重要的。作为底物的纤维素纤维的形态结构和超分子结构，会对生物催化反应产生重要影响。

　　纤维中孔隙的多少和孔径的大小，均会影响纤维素酶与纤维素的结合。纤维中的毛细孔径越大、大毛细管的数量越多，酶越容易与纤维素结合。纤维结晶度是另一个重要结构因素。纤维结晶度越小，即晶区越少，无定形区越多，越容易被纤维素酶分解。

纤维素纤维的前处理加工，尤其是丝光处理，对纤维结构与性能有重要影响。丝光充分的织物，更易于在纤维素酶的作用下分解，生物抛光处理更容易进行，但要注意防止被纤维素酶过度分解，造成强力损伤。

3. 温度的影响

不管是化学加工还是生物加工过程，温度都是重要的工艺条件。温度对酶处理效果也会产生显著影响。生物抛光整理中，处理液的温度对纤维素酶的酶活力也有很大的影响。温度太低，会使酶的活性无法充分发挥出来；温度过高，同样也会导致酶失去其活性，从而达不到预想中的处理效果。生物抛光整理中，处理液的温度一般控制在 45 ~ 55℃。

4. pH 的影响

作为生物催化剂的酶，都有其最适 pH。生物抛光整理中，pH 也会影响纤维素酶的处理效果。一般在生物抛光整理中，所用的纤维素酶为酸性酶和中性酶。

若 pH 过低，则酶的理化性质过于稳定，发挥不了其有效的催化作用。但同样，pH 过高，也会导致酶"失活"，也即失去了自身的催化作用。对于酸性纤维素酶而言，pH 应控制在 4.4 ~ 5.5，而对于中性纤维素酶的 pH，则应该控制在 6 ~ 7 的范围内。

5. 时间的影响

在工艺条件中，时间和温度的作用是密切相关的。一般温度较高时，处理的时间就要短一些；温度相对较低时，时间就适当长一些。在生物抛光整理中，织物处理时间不宜过长，否则织物的失重率就过大，会损伤强力。

在生物抛光整理中，织物处理时间与搅拌条件也密切相关。在能够充分搅拌的设备中，对织物的酶处理时间就可以较短些；在搅拌条件不够充分的设备中，处理时间就可以相对长一点。比如在水洗机中，酶处理的时间一般控制在 40 ~ 60min。

6. 助剂的影响

表面活性剂是染整加工中常用的助剂。生物抛光整理中添加的或织物上残留的表面活性剂，会对纤维素酶的活性产生影响，从而影响生物抛光的效果。一般而言，除非离子型表面活性剂外，其他类型的表面活性剂都会抑制纤维素酶的活性。阳离子表面活性剂的抑制作用最强，几乎使纤维素酶的活力完全消失；阴离子表面活性剂对纤维素酶也有较强的抑制作用，特别是烷基硫酸钠或磺酸钠；两性类的表面活性剂对纤维素酶也有明显的抑制作用。非离子表面活性剂对纤维素酶活性影响不大，甚至还有活化作用。

另外，某些物质从结构上看属于产物或底物的类似物，如纤维二糖、葡萄糖、甲基纤维素等，对纤维素酶可引起竞争性抑制，也会对酶产生抑制作用。某些物质能够引起酶的蛋白质结构改变，从而引起纤维素酶的失活，如单宁酸、甲醛、多酚固色剂等，这些都是生物抛光整理液中所要避免出现的物质。还有，卤素化合物、重金属离子等典型的酶抑制剂，能使纤维素酶失活，也是要避免出现的。与之相反，钙、镁离子和中性盐等物质能使纤维素酶活化，可以作为促进剂添加到生物抛光处理液中。

7. 染料的影响

在生物抛光加工作为后整理工序使用时，不可避免地要考虑染料对纤维素酶作用的影响。染料通常也是纤维素酶的抑制剂，棉型织物染色用的活性染料、还原染料和直接染料都对纤维素酶的活性有抑制作用。

染料对酶的抑制作用方式主要有两种：一是染料被吸附在纤维分子链上，阻止了酶分子活性部位对纤维分子链的靠近、结合和催化作用。二是由于直接和活性染料是阴离子染料，如果酶分子具有正电荷，可能和酶分子通过库仑力结合，或者形成不活泼的染料—酶络合物，这样也可起抑制作用。尤其是染料和酶同浴处理时，抑制作用更加明显。

五、生物抛光的加工工艺

纤维素酶是一种对所有纤维素都起作用的酶，可用它来处理棉、黏胶纤维、亚麻、苎麻，并能作用于它们的混纺织物。原则上，生物抛光可以在湿处理的任何一道工序中使用，既可单独使用，也可与其他工序合并。根据经验看，生物抛光最好用于织物漂白后的湿加工阶段。这样做的优点是织物经漂白处理后亲水性提高了，更有利于纤维素酶的作用。生物抛光若在染色后进行，织物色泽有可能受到影响，而染料亦有可能减弱酶效能，因此可能会要求增加酶浓度。

纤维素酶根据应用条件可分为酸性、中性和弱碱性等。根据实际情况如纤维的种类、织物要求的强力和克重、所用的设备以及织物的预处理情况等选用合适的酶产品。目前可用于生物抛光的纤维素酶产品有诺维信公司的 Cellusoft L、Cellusoft APL、Cellusoft Plus L、Cellusoft Ultra L 以及 Suhong Cellish L，杰能科公司的 Primafast ® Luna，拜耳公司的 Blue – J Quantum BPE Conc. 等。

生物抛光可以采用两种方式。将纤维素酶处理与机械搅拌同时作用，或者先用酶浸渍堆置，使短纤弱化，在随后的水洗中通过机械作用去除附着在表面的短纤。

生物抛光时，为有效控制纤维素纤维水解，必须按要求对各种工艺参数进行调节和监控，包括酶的用量、温度、处理时间、pH、浴比和设备类型及机械作用力的大小。

酶处理后必须进行灭活处理，以避免造成织物强力损失过多。在生物抛光过程中，应合理控制酶的水解程度。可以通过检测织物的失重率作为度量酶处理效果的尺度，另外也可通过测定水解生成物之一的葡萄糖来控制酶的水解程度。但前者是否包括被去除的绒毛量，后者是否包括去除绒毛时产生的葡萄糖，这些问题尚无法说清。并且以酶处理前后纺织品重量的损失来表示失重率，费时费力，不能及时反馈并用于实际生产控制，目前，用测定酶处理液中生成的葡萄糖含量的分析法可以较快捷地测得纺织品的失重率。

生物抛光常用的处理设备是浸染类型的循环系统，如在喷射溢流染色机或高速绳染机中。机器装载和速度与平常染色一样，浴比视物情况，可控制在 1∶(7~20) 之间。在溢流染色机或其他具有物理搅拌作用的设备上加工，可以使织物有一个物理揉搓作用。

生物抛光处理液温度一般在 45~55℃，pH 在 4.5~5.5 或 6~7 之间。酶的剂量依据织物类型与处理时间而定，但正常情况下每千克织物用 5~30g 纤维素酶，处理时间保持 30~

60min。最后终止反应时，要将温度升至 70 ~ 75 ℃，保温 10 ~ 15min。

六、展望

虽然纤维素酶染整加工工艺日趋成熟，但其成本依旧比传统的化学加工工艺高出许多。另外，纤维素酶在使用过程中有一定的不可控性。因为纤维素酶是混合酶，并且酶制剂的敏感程度较高，很容易受到外界环境条件影响。因此，生产价廉易得且稳定高效的酶是今后发展的一个方向。除此之外，目前生产的酶尚不能重复利用，提高酶的利用率，将酶固定化，对酶加以复配修饰并将其制成微胶囊，也是今后研究的热点。

☞ 思考题

1. 纤维素纤维生物抛光的作用机制。

2. 纤维素纤维生物抛光处理后的效果有哪些？

3. 纤维素酶的主要成分有哪些？

参考答案：

1. 在生物抛光整理条件下，纤维素酶仅对织物的表面或伸出织物表面的绒毛状短小纤维作用，通过酶反应去除织物表面绒毛，达到表面光洁和性能提高的整理效果。

2. 纺织品经过生物抛光处理，在纤维素酶的作用下，去除织物表面的绒毛，能达到减少起球趋势，提高光滑度和柔软性，增加织物的光泽度和色彩鲜艳度，改善织物手感和悬垂性的效果。

3. 一般认为纤维素酶至少含有三种成分的酶，即可任意切断纤维素分子中 $\beta-1，4-$ 糖苷键的内切 $\beta-$ 葡聚糖酶（Endoglucanases；EGs）；从没有还原基末端开始切断 $\beta-1，4-$ 糖苷键成纤维二糖剩基的外切 $\beta-$ 葡聚糖酶（Cellobiohydrolase；CBHs）和将纤维素二糖分解成葡萄糖的 $\beta-$ 葡萄糖苷酶（$\beta-$Glucosidases；BGs）。

第二节　成衣酶洗整理

本节知识点

1. 成衣酶洗整理过程中的返染问题

2. 用于牛仔服装成衣酶洗整理的生物催化剂

3. 成衣酶洗整理的工艺

一、概述

随着人们审美观念的变化，对牛仔布的外观提出了特殊要求。"仿旧感"是靛蓝牛仔布最流行的趋势，深受国际时尚大众的青睐。利用靛蓝染料的环染与湿摩擦牢度低的特点，可以通过特殊水洗使其局部脱色或褪色，获得"石磨蓝"效果，以达到"做旧"效果。返旧外观是衡量牛仔布外观品质的一个重要内容。

"石磨水洗"是最为常见的牛仔布做旧方法。由于石磨水洗利用的是浮石与织物的机械摩擦作用，通过这种摩擦实现纱线表面染料的局部脱落。石磨水洗过程中，浮石与织物持续摩擦，会导致纱线断裂，对织物损伤严重，同时，浮石残渣会遗留在织物上，在穿着时刺激皮肤。石磨水洗还会对机械设备产生磨损，另外，浮石残渣还会堵塞下水管道，需要经常进行疏通，严重影响生产效率。

1986 年，意大利 Life 公司提出"化学洗涤"的工艺，该法是将氧化剂（NaClO 或 $KMnO_4$）渗入浮石中，用转鼓洗涤，在牛仔服装表面呈现出雪花状白斑，使其具有水洗风格。但使用高浓度氧化剂会引起牛仔布泛黄、脆化、劳动保护不利等问题。

1988 年，人们尝试使用纤维素酶进行"生物洗涤（Biowash）"，结果发现酶洗同样可获得石磨水洗的效果。纤维素酶水洗具有效率高、清洁环保和对机器及织物损伤小等优点。于是，牛仔布后整理加工很快就由传统的漂洗、石磨水洗转变为纤维素酶水洗。

二、酶洗作用机制与返染问题

随着纤维素酶在牛仔水洗中的大量应用，出现了新问题。纤维素酶对纤维素产生水解的作用，一部分靛蓝染料也随之脱落到溶液中，这是要达到的目的。但是随着反应的进行，脱落下来的靛蓝染料又会重新吸附到牛仔布表面，降低了经纱和纬纱的蓝白对比，影响织物正反面处理效果，并污染牛仔裤白色内袋等。这些问题影响了牛仔布的外观，降低其品质，这种现象称之为返染。返染现象引起了生产和研究人员的广泛关注，许多人对返染现象提出了不同的解释，对解决返染问题进行了许多探索[14-18]。

1. 牛仔布酶洗时返染机理的研究

牛仔织物酶洗做旧过程中靛蓝染料的返染现象，是国际相关领域学者关注的热点问题，而其机理尚不明确。目前较为常见的解释为，靛蓝染料与纤维素酶蛋白之间具有较好的亲和力，使其吸附到织物上并对织物再次沾色。纤维素酶首先吸附到织物纤维表面进而对其发生剪切作用，且吸附后纤维素酶很难发生脱附；而靛蓝染料与纤维素酶之间存在的相互作用将其吸附到已被固着在织物表面的纤维素酶分子上，进而对织物造成返染。如加拿大学者 Jose Morgado 和 Luis Almeida 对牛仔布的纤维素酶洗进行了深入研究，他们认为织物上的蛋白质吸附量是靛蓝染料沾色的主要原因，蛋白质吸附越多，返染越严重。纤维素酶蛋白与靛蓝染料之间有亲和作用，纤维素酶能够起到使靛蓝染料分散变小的作用。在纤维素酶水解纤维素的过程中，纤维素酶可作为靛蓝染料的载体，将其源源不断地运送到织物上。当纤维素酶对纤维素不再作用时，靛蓝染料就留在织物表面上。

也有人认为纤维素酶水洗牛仔布过程中的返染现象与纤维素酶种类有关系。葡萄牙学者 Cavaco Paulo 和加拿大学者 Jose Morgado 等人经研究发现，在采用不同种类的纤维素酶进行牛仔布酶洗时，酸性纤维素酶比中性纤维素酶沾色更严重；Campos R. 等人研究发现酸性纤维素酶结合靛蓝染料的能力比中性纤维素酶结合靛蓝染料的能力高。正因为两种酶与靛蓝染料的结合能力不同，导致了酸性纤维素酶沾色比中性纤维素酶沾色严重。大多数纤维素酶含有催化区（Catalytic Domain，CD）和没有催化作用的纤维素吸附区（Cellulose Binding Domain，CBD）。纤维素酶吸附区通常位于纤维素酶分子的—NH$_2$和—COOH端，其可能通过芳香环与葡萄糖环的堆积力吸附到纤维素上，纤维素吸附区上其余的氢键形成残基与相邻葡萄糖链形成氢键，将单个葡萄糖链从纤维素表面疏解下来，以利于催化区的降解作用。靛蓝染料和纤维素酶之间的结合主要是通过靛蓝表面的疏水性基团和纤维素酶氨基酸残基上的芳香基共同作用所致。纤维素酶氨基酸残基上的非极性芳香基团越多，纤维素酶和靛蓝染料之间的亲和力越大，靛蓝的返染也越严重。

有人认为，在牛仔布酶洗过程中纤维素酶一直与纤维素织物结合，又因为纤维素酶对靛蓝染料有亲和作用，因此导致了返染现象的发生。比如 Tzanko 和 Jurgen Andreaus 等人发现牛仔布上纤维素酶蛋白吸附量越多，牛仔布进行纤维素酶水洗时沾色越严重。

2. 纤维素酶水洗时返染控制的研究

在牛仔布纤维素酶水洗过程中，脱落下来的靛蓝染料又重新吸附到织物上，就导致了返染现象发生。因此，解决返染的根本方法就是阻止从织物上脱落下来的靛蓝染料再吸附到纤维上。目前，各国学者已基于生物、化学、化工等学科知识，利用多种方法对解决织物酶洗过程中靛蓝染料返染问题进行了研究，提出了多种不同的解决方法。

（1）将多余的纤维素酶分解：有人提出将吸附在纤维素织物表面的纤维素酶分解去除，使纤维素酶与吸附在其上的靛蓝染料一起脱落，从而减少返染。对纤维素起到水解作用的是纤维素酶，产生沾色现象的主要原因也是纤维素酶与靛蓝染料和牛仔布之间的相互作用。1994 年 Clarkson 首先提出在纤维素酶洗溶液中加入蛋白酶，用来降低返染现象的发生。Foody 等及 Clarkson 等在牛仔织物酶洗过程中，加入一定量的蛋白酶来分解纤维素酶，通过将吸附在纤维素纤维织物表面的纤维素酶降解，破坏靛蓝的吸附位点，从而使纤维素酶与吸附在其上的靛蓝染料一并脱落，降低返染现象。2005 年，中国纺织科学研究院的张鹏等同样利用蛋白酶进行纤维素酶的水解，来减少靛蓝染料的返染。Genencor 公司通过基因工程方法，生产出防靛蓝返染专用蛋白酶 Protex OxG，据称在实验中取得了较为理想的效果。不过加入蛋白酶的时间需要把握。因为加入过早，纤维素酶还没来得及作用，减弱纤维素酶洗效果；加入太晚，又起不到防沾色的作用。

（2）将酶洗过程脱落的靛蓝染料分解：也有研究者认为，重要的是将酶洗过程脱落的靛蓝染料分解，避免其再次上染纤维，这样才能从根本上减少返染。Campos 等利用纯化后的漆酶将靛蓝染料降解，从而达到织物脱色做旧的效果。用漆酶来水解靛蓝染料，也是牛仔织物酶洗做旧整理中的可行途径之一，然而漆酶生产中高昂的成本是将其推向工业化的最大阻碍。

（3）添加功能性化学助剂：有人尝试通过添加功能性化学助剂减少牛仔酶洗过程的返染与沾色。化学助剂的添加一方面可以起到分散靛蓝染料的作用，将水解产物和脱落下来的靛蓝染料分散到溶液中；另一方面可以促进纤维素酶的反应活性，使其能够快速水解纤维。表面活性剂的种类不同对返染现象的防治效果也不同。杨颖等研究了不同浓度、种类的表面活性剂对纤维素酶活力以及对牛仔布酶洗效果的影响。结果表明阴离子型表面活性剂对纤维素酶活力有很大的抑制作用，阳离子次之，非离子型表面活性剂对纤维素酶活力影响不大。研究还发现，脂肪醇聚氧乙烯醚在聚氧乙烯加成数相对较低时，具有较好的防返沾色效果。高分子表面活性剂聚乙烯吡咯烷酮（PVP）也具有较好的防返沾色作用。脂肪醇聚氧乙烯醚类表面活性剂与脂肪胺聚氧乙烯醚类表面活性剂的复配物有优异的防返沾色作用。

Hamaya 等研究了碳酸钙/氧化钛胶体及 Avicel CL - 611 胶体在纤维素酶酶洗牛仔布做旧处理中的防返染现象，得到了较好的效果；Salsman 等将合成的聚酯树脂用于靛蓝防返染处理；Rodrigues 等通过实验证明疏水改性后的水溶性高分子对靛蓝具有一定的防返染作用；Andreau 等研究了多种表面活性剂对靛蓝脱附处理的影响，提出表面活性剂的化学结构，特别是乙氧基数是影响靛蓝脱色的关键因素。在改变纤维素酶组分方面，徐晓飞等指出可设计纤维素酶使其在保持催化活性的同时不含有可与靛蓝染料结合的基团，从而彻底避免靛蓝的吸附返染。徐飞飞等人用司盘 80 和吐温 20 复配得到一系列 HLB 值不同的非离子表面活性剂，用于牛仔布防返染试验，并研究了防返染效果与 HLB 值之间的关系，其结果表明加入非离子表面活性剂的 HLB 值在 9 ~ 10 之间，靛蓝染料在牛仔布上的返染程度最轻，并在此基础上合成了一种专用的嵌段聚醚类防返染剂。

（4）对纤维素酶的筛选：当前用于牛仔布酶洗的纤维素酶种类主要有酸性纤维素酶和中性纤维素酶。酸性纤维素酶一般情况下对纤维素织物作用力比较强，织物减量率较高，在短时间内就能达到酶洗效果。而中性纤维素酶作用比酸性纤维素酶弱，要达到与酸性纤维素酶一样的效果，需要较长的水洗时间。所以在生产加工中可以根据实际需要选择适合的纤维素酶种类。

大多数纤维素酶都含有催化区 CD 和纤维素吸附区 CBD。Andreaus 和 Gusakov 等人研究发现全酶与没有 CBD 结构的纤维素酶相比较，前者对靛蓝染料的亲合力更高，导致沾色更加严重。因此，可以利用基因工程技术生产一种既不包含结合区 CBD 又能够降解纤维素的纤维素酶。

（5）优化酶洗时的工艺条件：由于纤维素酶具有生物特性，必须在其最适反应条件下才能达到最佳效果，但当达到纤维素酶最大活性时，返染现象也比较严重。所以我们可以适当控制纤维素酶水洗时的浴比、水洗时间、酶浓度等条件，选择使纤维素酶水洗效果最好，而沾色较轻的工艺条件。

三、酶洗过程中的工艺控制

目前已有的用于牛仔酶洗的纤维素酶有多种，比如 Genencor 公司的返旧整理酶 Indi Age 系列产品、Novozymes 公司的返旧整理酶 Deni Max 系列产品和 Bayer 公司的返旧整理酶 Blue - J Quantum 系列与 Blue - J Ocean Wash 系列产品等。

虽然各返旧整理酶产品的具体工艺条件略有差异，但牛仔服酶洗的一般工艺过程是大致相同的。牛仔服酶洗的一般步骤：

牛仔织物投入水洗机→放水至适当水位→升温至 50 ~ 60℃→缓冲液调 pH→淀粉酶退浆（α - 淀粉酶 2g/L，55 ~ 60℃，pH = 6 ~ 7，15 ~ 30min）→升温到 95 ~ 100℃，作用 20min→水

洗→烘干（80℃，30min）→升温至50~60℃→缓冲液调pH→纤维素酶洗（pH=4~6，搅拌30~60min，浴比1:20）→皂洗→升温至100℃，纤维素酶灭活→水洗→烘干

需要注意的是牛仔服装酶洗前要经过退浆处理，处理不好会直接影响后整理。不同牛仔面料的退浆温度要求不同，例如弹力牛仔一般不能超过55℃，否则会造成弹力损失，非弹力牛仔则可以达到70℃。退浆的浴比一般控制在1:20，酶洗浴比1:20也较优。浴比过高浪费水资源、增加升温能耗和水处理费用，但浴比太低时水位过低，衣物润湿不匀，容易引起水线，导致色花、色斑的产生，破坏整理效果。酶洗温度一般控制在45~50℃，温度太低，酶过于稳定，不能充分发挥催化作用；但温度太高，酶催化纤维素纤维的水解量太多，织物强力损伤大，同时给工艺控制带来难度。

对返染要求不高的服装可选用酸性纤维素酶，酸度控制在酶作用的最佳效果，即pH为4.5~5.5。如果要求色泽浅和起花更快，可将pH调至4.0~5.0，在适当的弱酸性条件下，染料与棉纤维的亲和力较低，而纤维素酶又能够很好地发挥其活性，从而达到较好的效果。中性纤维素酶（pH为6~8）较酸性纤维素酶整理效果好，防沾色效果优良，对织物损伤小，因此，进行高档棉织物整理时，选择中性纤维素酶比较理想。

四、成衣酶洗加工的新进展

1. 漆酶的使用

漆酶（Laccase，p - benzenediol：oxygen oxidoreduetase，E. C. 1. 10. 3. 2）是一种氧化还原酶，是研究比较早的酶类之一，目前漆酶的生产方法主要是真菌发酵法。

漆酶是一种含铜的多酚氧化酶，它能够催化o - 联苯酚和p - 联苯酚、多酚、木质素、氨基苯酚、多胺、芳基二胺和特定的无机离子的氧化反应，而且形成的自由基可以继续引发高聚物的解聚、重聚、脱甲基和酮类的生成等[19-23]。

可以催化大多数染料的氧化反应而使之脱色。漆酶对靛蓝染料的分解效率很高，因而已被用于牛仔织物的酶洗加工，以实现脱色返旧整理。漆酶酶洗可以使织物获得全新的风格，整理后织物手感厚实、表面光洁平整、色泽明快淡雅。而且，由于漆酶主要对染料产生作用，对纤维素的活力很低，因此织物的强度损失小。另外，与常规纤维素酶洗相比，漆酶洗可使靛蓝降解脱色，减少脱落靛蓝对织物的返染。这样，水洗液中的染料浓度降低，所排放污水的污染也减少。

自1996年丹麦诺和诺德公司（现诺维信公司）首先推出水洗用漆酶制剂Denilite以来，不断有学者们将漆酶用于靛蓝牛仔布的返旧水洗整理。目前已有的商品漆酶有诺维信公司的DeniLite、印度Zytex公司的Zylite等。应用漆酶进行酶洗目前已成为牛仔布返旧整理中的比较好的工艺，但考虑到漆酶的价格比较高，工业化大生产还有待发展。

鉴于漆酶价格虽高却可以防止返染，而酸性纤维素酶处理造成返染较强但价格较低，可考虑将两者结合起来，协同作用，以达到较好的整理效果。

2. 超声波的应用

超声波是物质介质中的一种弹性机械波，它是一种物理的能量形式。当超声波在介质中

传播时，与介质相互作用，产生一系列力学、热学、电磁学和化学的超声效应。

人们认为超声波的空化作用能增强纤维素酶的活性，促进纤维素酶与纤维的接触，水解纤维素纤维，破坏染色织物纤维结构，使之成为易溶物质，便于清洗。最近，石文奇等研究了超声波对酸性纤维素酶活性及牛仔生物水洗效果的影响，发现靛蓝牛仔布超声波催化酶洗工艺的"返旧"程度明显高于酶液静置水洗，接近酶液搅拌水洗工艺。

陈新琪等采用 DNS 法研究了超声波条件下中性纤维素酶的活性，结果表明适当的超声波处理能提高中性纤维素酶的活性，经超声波协同纤维素酶整理的牛仔布的退色情况有所增强，退色率提高了 14.1%。

在牛仔服装洗水领域，超声波结合纤维素酶的水洗方式有着巨大的节能减排潜力，有望取代传统机械搅拌式水洗工艺。

思考题

1. 分析纤维素酶水洗过程中造成返染沾色的可能原因。

2. 减少纤维素酶水洗返染沾色的方法有哪些？

参考答案：

1. 靛蓝染料与纤维素酶蛋白之间具有较为显著的亲合力，使其吸附到织物上并对织物再次沾色；返染现象也与纤维素酶种类有关系；纤维上的纤维素酶对靛蓝染料有亲合作用，因此导致了返染现象的发生。总的来说，研究靛蓝返染现象必须综合考虑靛蓝染料、纤维与纤维素酶三者之间的相互作用问题。

2. 将多余的纤维素酶分解；将酶洗过程脱落的靛蓝染料分解；添加功能性化学助剂；对纤维素酶进行筛选；优化酶洗时的工艺条件。

第三节 羊毛防毡缩生物整理

本节知识点

1. 羊毛的毡缩机制

2. 羊毛防毡缩整理所用蛋白酶种类及防毡缩原理

3. 蛋白酶羊毛防毡缩整理中常用的预处理方法

一、概述

传统的羊毛防毡缩化学整理工艺均存在环境污染问题，随着生物技术的快速发展及其在纺织生产中的应用日益增加。应用生物整理剂进行羊毛防毡缩加工的方法受到格外的关注，研究较多的羊毛织物生物整理是应用蛋白酶进行羊毛防毡缩加工[24-29]。

二、羊毛的结构与毡缩机理

虽说人类很早就对羊毛的毡缩特性有所体验并加以利用，比如制毡、制毯及呢绒等，但关于羊毛毡缩的机理却众说纷纭[24,26,29]。由于研究的对象不同，如散纤维、纱线或织物，测试方法各异，结论也不尽相同。

目前对于羊毛毡缩机理主要有以下几种解释：

1. 鳞片说

鳞片说是 1937 年由 Speakman 和 Stott 提出的。该理论认为毡缩是由于羊毛表面有方向性的附着物——鳞片，导致了羊毛顺逆摩擦系数的差异。当毛纤维和其他物体摩擦时，沿着纤维轴向两端运动的摩擦系数不同，其逆鳞片方向（羊毛指向毛根运动）的摩擦系数比顺鳞片方向（羊毛指向毛尖运动）的摩擦系数要大。这种现象称为定向摩擦效应。

湿热状态下，羊毛纤维被润湿和膨化，处于散乱状态的毛纤维受到不规则力的作用时，纤维之间便产生相对位移，这种运动的方向必然是各纤维的梢部向对方的根部定向移动。当外力去除后，各纤维的鳞片凹凸互补，互相交错，形成锁状，致使纤维不能滑移恢复原状，而停留在新的位置。当再次受到外力作用时，又产生新的位移，并且因纤维本身的卷曲而形成套圈，使毛团紧缩。如此反复多次，挤压揉搓造成纤维互相缠结，产生毡化。

2. 卷曲说

该理论认为羊毛的毡缩性是由它特有的天然卷曲引起的。因为羊毛具有正副皮质层双边结构，使之具有特定的卷曲。将羊毛拉伸后，去除外力，它会自动恢复为原来的卷曲，这导致纤维螺旋位移和相互纠缠。当羊毛处于润湿状态时，这种现象更为明显。由于纤维卷曲的内侧比外侧具有更大的定向摩擦效应，在外力作用下纤维倾向于进入羊毛卷曲内，因而产生毡缩。

3. 胶化说

这种理论认为羊毛鳞片表皮层中独特的胶质蛋白，是羊毛毡缩的主要原因。羊毛鳞片表皮层中存在与其他部位性质不同的、类似于胶质的蛋白质，其分布也不均匀，在鳞片的边缘多于内部。当羊毛吸水时，这层蛋白质会膨润胶化，经机械作用而彼此黏结产生毡缩。如果用化学试剂将皮层去除，则羊毛毡缩性减小。

4. 弹性说

羊毛具有很高的伸缩性能，其聚集体在交变力的作用下，会因伸缩而传递外力，引起纤维蠕动。羊毛的弹性和迁移能牵制组合压缩变形，结果导致聚集体密集，产生毡缩。

除上述理论外，还有毡缩动力学、运动应变—松弛理论等，这些都从某一侧面解释了羊毛的毡缩性，都有其合理性和片面性。目前人们对于羊毛毡缩机理尚无统一的认识。

三、蛋白酶的防毡缩整理

最初人们考虑到羊毛毡缩性主要依赖于纤维表面性能，若用蛋白酶对纤维表面的蛋白质肽链进行水解，有可能减少羊毛毡缩的倾向。后来有研究结果表明，羊毛鳞片表层中的疏水性类脂层能降低酶分子在纤维表面的吸附，导致蛋白酶分子对羊毛鳞片的实际水解效率较低。

而且，一旦纤维鳞片表层被部分破坏，蛋白酶极易对鳞片层与皮质层之间的胞间物质作用，使之分解，导致局部的鳞片层突出而呈剥离之势。这样，随着鳞片的剥落，皮质层逐渐暴露，纤维结构进一步松弛。所以，仅用蛋白酶处理羊毛织物，酶解反应过程不易控制，不但减量率低，防毡缩效果改善不明显，而且由于酶处理中部分鳞片不能均匀去除，毛织物强度显著下降。

当前，用于防毡缩加工的蛋白酶包括来源于枯草杆菌的丝氨酸蛋白酶（如丝毛蛋白酶、碱性蛋白酶）和来源于植物的巯基蛋白酶（如木瓜蛋白酶、菠萝蛋白酶等）[30]。目前羊毛防毡缩加工中应用较多的是枯草杆菌类碱性蛋白酶，但也有报道认为基于植物来源的中性蛋白酶似对羊毛纤维鳞片角蛋白具有更好的水解效果。羊毛蛋白酶防毡缩加工中，整理效果与蛋白酶种类相关。

为控制蛋白酶催化反应主要集中在羊毛纤维表面，许多研究着眼于蛋白酶的改性。尽管许多改性蛋白酶处理羊毛可获得低毡缩率，但有些蛋白酶改性后酶活力下降，酶的性质发生改变，表现为酶解反应空间位阻增加及对底物的专一性增强，影响了羊毛纤维表面鳞片酶解效率，也不同程度地制约了其在羊毛防毡缩加工中的应用。

四、化学处理与生物处理联合的防毡缩整理

1. 氧化—蛋白酶处理

氧化预处理破坏羊毛纤维表面类脂层的连续分布状态，切断部分鳞片表层下的半胱氨酸二硫键。但预处理过程中，氧化剂的种类与氧化条件会影响毛纤维后续蛋白酶防毡缩整理效果，若工艺控制不当，反而会造成毡缩率增加与纤维强力下降。

2. 氧化—蛋白酶—树脂整理

树脂的防毡缩整理是利用树脂能在纤维表面交联成膜的性能，使纤维表面覆盖一层连续薄膜，掩盖毛纤维鳞片结构，降低定向摩擦效应，从而达到防毡缩的目的。

但是，树脂在纤维表面形成的薄膜会影响毛织物的手感。

3. 氧化—蛋白酶—谷氨酰胺转胺酶处理

谷氨酰胺转胺酶（简称 Tgase）是一种催化蛋白质分子间或分子内形成 ε -（γ - 谷氨酰基）赖氨酸共价键的酶。Cortez 等利用 Tgase 催化羊毛内部官能团发生交联反应，从而实现羊毛纤维之间的交联作用，达到防毡缩目的。Cui 等用 Tgase 进行羊毛外援蛋白接枝研究，结果表明 Tgase 提高了明胶对毛纤维的整理效果，织物毡缩率下降而强力有所提升。

Du 等采用"氧化—蛋白酶—谷氨酰胺转胺酶"三步法进行羊毛织物的防毡缩研究，与"氧化—蛋白酶"二步法处理相比，经前者处理的织物强力增加，毡缩率下降，纤维的碱溶解度也有所降低，该结果表明 Tgase 不但改善了纤维的毡缩性能，而且还弥补了纤维在氧化预处理和蛋白酶处理中的强力损伤。与树脂整理方法相比，"氧化—蛋白酶—谷氨酰胺转胺酶"三步法处理的试样强力稍差，但毡缩率与之相当，整理后织物手感较好，且处理液的COD 值较低。

五、多种酶联合使用的防毡缩整理

为减少化学预处理对纤维的损伤，近年来，人们开始探索用其他种类的酶进行羊毛的生物法预处理，然后再用蛋白酶进行处理，以实现羊毛防毡缩加工。目前用于羊毛预处理的酶有脂肪酶、角质酶和角蛋白酶等。

1. 脂肪酶—蛋白酶处理

有研究先用脂肪酶除去羊毛纤维外表面的脂类，再用谷胱甘肽还原酶/还原型烟酰胺腺嘌呤二核苷酸磷酸（NADPH）还原二硫键，最后用木瓜蛋白酶对羊毛进行后处理。结果表明，处理后羊毛的缩绒阻力增加，但次于 DCCA 处理的效果。有人用"脂肪酶—过氧甲酸—对苯甲酸钠—亚硫酸钠—木瓜蛋白酶"对羊毛进行了联合处理，结果表明脂肪酶处理有利于改善羊毛纤维的润湿性能。经该工艺联合处理后羊毛的毡缩性得到了改善，但与木瓜蛋白酶相比，脂肪酶的作用相对较小。Hutchinson 等比较了硫酯酶和几种商业脂肪酶对羊毛纤维表面疏水性类脂 18 – MEA 模型底物的作用效果，结果表明不同脂肪酶对模型底物的作用效果均明显，但作用于羊毛纤维时织物表面的润湿性改进较少。王平等考察了两种脂肪酶（L3126 和 Lipex 100L）对羊毛表面类脂物的作用效果，结果表明单一脂肪酶处理对纤维表面亲水性改进作用较小，对后续蛋白酶处理无明显的促进作用。

2. 角质酶—蛋白酶处理

角质酶属于丝氨酸酯酶类，对可溶性合成酯类、不溶性长链脂肪酸酯、甘油三酯等多种酯均有水解活力。

王平等用角质酶进行羊毛酶法预处理加工，以增加类脂物去除效果，提高鳞片表面亲水性与后续蛋白酶水解效率。以枯草芽孢杆菌 WSH 06 – 07 菌株发酵生产的角质酶为生物预处理剂，结果表明仅用角质酶处理，纤维强力与毡缩性无明显变化，但羊毛织物表面接触角与润湿时间呈下降趋势，如果结合蛋白酶处理，织物表面亲水性进一步增强。与仅经蛋白酶处理样相比，经角质酶和蛋白酶两步处理后，织物水洗毡缩率下降2%左右。相同染色条件下，试样染色深度较空白对照样明显增强，表明角质酶预处理促进了鳞片表层脂肪酸酯键的水解，提高了纤维表面蛋白酶分子的作用效果。比较不同试样表面 X 射线光电子能谱（XPS）测试结果，经角质酶与蛋白酶处理试样具有更高的 C/N 比，这说明蛋白酶处理后含碳量较高的鳞片表层得到有效去除。研究还发现，低浓度过氧化氢处理后织物再进行角质酶、蛋白酶处理，整理效果优于过氧化氢与蛋白酶两步法处理。

3. 角蛋白酶—蛋白酶处理

角蛋白酶具有降解天然角蛋白的特性，属于碱性丝氨酸蛋白酶或金属蛋白酶族，能水解化学结构稳定、二硫键交联度高和亲水性低的角蛋白。

用角蛋白酶对羊毛进行预处理，可以去除羊毛鳞片表面的角蛋白，有利于后续处理。

角蛋白酶对羽毛、羊毛等表面硬性角蛋白的降解是一个复杂的过程，迄今尚没有明确的定论。有人认为二硫键还原酶是角蛋白降解的关键酶，首先作用于角蛋白分子中的二硫键，使角蛋白的高级结构解体，形成变性角蛋白，变性角蛋白再在多肽水解酶的作用下逐渐水解成多肽、寡肽和游离氨基酸，使角蛋白彻底分解。

　　浙江大学蔡成岗选育出一株能产角蛋白酶的枯草芽孢杆菌 KD – N$_2$，江南大学王平等对角蛋白酶和 Savinase 蛋白酶进行了二步法羊毛酶处理试验。研究结果表明单一角蛋白酶处理对纤维表面性能的改善并不明显，织物失重率与防毡缩性增加较少，但用角蛋白酶和蛋白酶两步法处理后羊毛织物的防毡缩性有所改进。不同条件下蛋白酶处理残液的氨基酸分析结果表明，经过角蛋白酶与蛋白酶两步法处理后，残液中胱氨酸相对质量浓度略高，这说明角蛋白酶可促进基于鳞片外层的角蛋白水解。

六、结束语

　　尽管蛋白酶在羊毛防毡缩加工中的应用研究的报道已有很多，但至今并未实现工业化应用。现有蛋白酶防毡缩效果不理想与羊毛纤维结构特点有关，筛选对鳞片层具有高度专一性的蛋白酶及改性蛋白酶是解决这一问题的关键，探索不同种类的酶的组合，也有助于提高羊毛酶法防毡缩整理效果，比如角质酶和角蛋白酶与蛋白酶的联合使用。此外，对适度环保型、反应可控型氧化预处理方法的探索，也是增加羊毛酶法防毡缩整理效果的努力方向。

思考题

　　1. 羊毛为什么会发生毡缩现象？

　　2. 蛋白酶处理如何实现羊毛的防毡缩？

　　3. 蛋白酶羊毛防毡缩整理中常用的预处理方法有哪些？

参考答案：

　　1. 目前人们对于羊毛毡缩机理尚无统一的认识，但主要有鳞片说、卷曲说、胶化说和弹性说等几种理论。

　　2. 用蛋白酶进行羊毛的防毡缩整理，主要是通过蛋白酶的催化分解作用，实现羊毛表面鳞片层的部分去除，从而减少了羊毛的毡缩现象。

　　3. 蛋白酶羊毛防毡缩整理中常用的预处理方法主要有化学法和生物法两大类，化学法主要是氧化预处理，生物法包括用脂肪酶、角质酶和角蛋白酶进行预处理。

第四节　聚酯纤维织物功能化生物整理

本节知识点

　　1. 聚酯纤维织物生物处理的作用机制

　　2. 用于聚酯纤维织物生物处理的生物催化剂

　　3. 聚酯纤维织物生物处理效果的评价方法

一、概述

聚酯（Poly ethylene terephthalate，PET）是重要的通用高分子材料。PET 纤维一直是合成纤维中产量最大、种类最多的品种，PET 材料还广泛应用于工程塑料、生物材料、容器及产品包装等多个领域。虽然具有很多优良的性能，但是由于其表面具有很高的疏水性，限制了 PET 在信息功能材料、生物医学材料等领域作为高性能材料的应用。

功能化和高性能化是高分子材料的发展方向，生物催化与生物转化是实现高聚物功能化和高性能化的重要途径，对实现材料加工过程的清洁生产有重要意义。

最初与 PET 纤维织物生物处理相关的研究主要从对酯键有水解作用的商品酶［如脂肪酶（Lipase）、酯酶（Esterase）等］中筛选可用于催化 PET 水解的酶。因为效果不理想，人们又从环境中进行有关微生物的筛选与分离。通过以 PET 单体的模拟物为底物进行微生物的培养，从中分离出可以利用 PET 单体模拟物的菌株。尽管目前所获得的菌株及相应的酶对 PET 纤维织物的生物催化效率较低，但总算取得了阶段性的成果[31-58]。近来，与 PET 纤维织物生物处理有关的研究主要集中在对酶的分离、提纯、改造与提高方面，并取得了一系列新进展[59-69]。

目前国内外都有研究机构在从事 PET 纤维织物生物处理有关的研究，国外研究机构主要有奥地利的格拉茨技术大学（Graz University of Technology）、葡萄牙的米尼奥大学（University of Minho）和德国的莱比锡大学（University of Leipzig），国内的天津工业大学、东华大学、江南大学和浙江理工大学也都有研究人员在从事相关研究。

二、PET 纤维织物生物处理效果的检测与评价

1. 以底物为对象的分析方法

通过对生物处理前后作为底物的 PET 样品进行检测，分析其结构与性能的变化，可以为 PET 纤维织物生物处理效果提供最直接的判断依据。

对 PET 材料进行功能化处理最首要的目的就是增加材料表面的亲水性。因此，对生物处理后 PET 底物亲水性的分析是最常见的测试手段。最简单和快速的测量底物表面亲水性改善的方法是水的接触角测量法。通过水的接触角测量可判定水滴在 PET 纤维织物表面的铺展性能。许多研究表明，酶处理后样品与水的接触角减小，PET 纤维织物表面亲水性增加。吸湿性测试也是常用的方法。织物样品在生物处理前后吸湿性的改变可以通过织物的垂直芯吸实验、水滴在织物表面的扩散实验及对织物回潮率、保水率等检测来实现。因为亲水性或吸湿性的提高会带来织物抗静电和抗起毛起球性能的提升，所以也有研究比较了生物处理后织物抗静电和抗起毛起球性能的变化情况。

因为生物处理后极性基团的增加，会提高织物的可染性，因此织物染色实验也常被用于评价生物处理后的样品性能。分别对经过生物处理的织物和未处理织物对照进行染色，比较染色织物的 K/S 值，可以间接反映织物样品的生物处理效果。

除了检测生物处理后织物样品性能的变化，研究者还从形态结构、超分子结构和化学结构等方面研究了生物处理对底物结构上的影响。扫描电镜和原子力显微镜是对 PET 底物表面

形态进行检测的常用方法。许多研究都对生物处理后的 PET 纤维或薄膜进行了表面形态的检测，结果显示处理后纤维或薄膜表面出现了刻蚀的痕迹，粗糙度增加。

差式扫描量热法（DSC）、傅里叶红外变换光谱学（FTIR）和 X 射线衍射（XRD）等方法被用于检测生物处理后 PET 样品结晶度的改变。研究结果显示，生物处理后 PET 样品的结晶度增加了，这表明生物处理导致的 PET 分解优先发生于非晶区。

生物催化分解可能导致高聚物底物表面形成新的基团，分析底物表面化学基团的变化也是对底物结构分析的重要手段。被用于检测底物表面化学结构的方法有 X 射线光电子能谱法（XPS）和傅里叶红外变换光谱法（FTIR）。用 XPS 可以分析出 PET 表面 10nm 厚度范围的元素组成。傅里叶红外变换光谱学（FTIR）是另外一种能够判定用酶处理后的 PET 样品表面微米范围内发生的化学变化的方法。有研究表明，生物处理后 PET 样品表面的羟基和羧基数目增加。

在对 PET 生物处理后样品的结构与性能检测中，最大的困难在于排除底物表面所吸附蛋白质的干扰。因为生物处理过程中，酶及微生物细胞会吸附到底物表面，而且底物表面的这层蛋白质物质很难被彻底清除。底物表面所吸附蛋白质层会增加其亲水性、吸湿性及染色性等性能，也会引起底物表面化学基团的改变。如何避免底物表面吸附蛋白质层的干扰是以底物为对象的分析方法需要面对的首要问题。

2. 以产物为对象的分析方法

除对作为底物的 PET 样品进行检测与分析，检测发酵液中可溶性小分子物质的变化，监测 PET 底物在生物催化过程中产物的释放，也是 PET 生物处理效果的评价方法。

无论是 DTP、2PET、3PET 等 PET 模拟物，还是 PET 纤维、织物和薄膜，用作底物来研究 PET 的生物分解过程时，发酵液中的可溶性产物有很多仍具有苯环结构。紫外分光光度计和具有紫外检测器的高效液相色谱是检测这些产物的首选方法。研究表明，这些芳香族产物可在 240~255nm 波长范围内被检测到。

生物处理过程中，对苯二甲醇（TA）被认为是一种最主要的 PET 分解产物。为提高对 TA 的检测精度，荧光检测法也被用于对 PET 发酵液的分析。在 90℃下 TA 与 35% 的过氧化氢反应，被转化为羟基对苯二甲酸，可以用荧光光谱仪进行发射光谱的检测，并以在 425nm 处的发射峰为依据进行定量检测。

也有人用薄层色谱法（thin layer chromatography，TLC）进行 PET 生物分解所释放出的 TA 的分析。滴定法也曾被用于 TA 浓度的检测，该方法通过测量 PET 底物生物分解过程中氢氧化钠的消耗量来判定 TA 浓度的高低。

目前的许多研究都根据生物处理中所产生 TA 的浓度，进行底物的分解程度或酶的活性的评价。一般而言，在直接以酶进行 PET 底物处理的研究中，随酶处理时间的延长，TA 的浓度都是呈线性增加的。但是，在微生物生长条件下进行的 PET 底物生物处理，其情况要复杂得多。因为 PET 底物分解产生的 TA 会被微生物摄入细胞内，作为碳源参与细胞内的代谢过程。这样，发酵液中的 TA 会随着底物的分解而不断产生，同时因被细胞摄入而不断减少。在这种情况下，如果仅凭培养液中 TA 的含量而进行 PET 生物处理效果的评价，难免有失偏颇。

目前，在以 PET 模拟物及 PET 纤维、织物和薄膜为底物的生物催化分解过程中，已经被检测到的、被作为 PET 分解产物的物质有对苯二甲酸（TA），mono（2 - hydroxyethyl）terephthalate（MHET），bis（2 - hydroxyethyl terephthalate）（BHET），1，2 - ethylene - mono - terephthalate - mono（2 - hydroxyethyl terephthalate）（EMT），1，2 - ethylene - bis - terephthalate（EBT）和苯甲酸（BA）等。囿于研究思路和测试方法，目前人们对 PET 分解产物的研究仍多以 TA 及与其结构类似的其他芳香族化合物为主。在生物分解过程中，这些物质被进一步分解所形成的产物，如苯环开环后形成的物质，及可溶性小分子被摄入细胞内所形成的胞内代谢物，也是非常值得关注的。但目前的研究基本上没有涉及这些方面。相信随着研究的继续深入，还会有更多的 PET 生物分解的产物被发现。

对 PET 材料的生物法表面功能化而言，产物的形成并不是目的。对于 PET 生物处理过程而言，并不是产物的量越多越好，关键在于大分子链发生分解的部位。所以，除了发酵液中产物的浓度，分解产物的种类也非常重要。

三、PET 纤维织物生物处理的机理

1. 微生物处理条件下的 PET 生物分解机制

以高聚物为底物的生物催化过程与以可溶性小分子为底物的生物催化过程有很大不同。由于 PET 不溶于水并且分子较大，微生物不能直接将 PET 大分子摄入细胞而进行利用。在以 PET 为底物的生物催化反应中，首先需要细胞分泌出一定的胞外酶。通过酶分子上的活性位点与 PET 大分子链的特殊部位结合，在酶的催化作用下，PET 大分子链发生化学键的断裂，导致 PET 大分子的分解。随着生物催化分解反应的进行，会陆续产生短链物质。当分子链足够短的时候，这些 PET 分解产物就可以溶解在发酵液中，成为可溶性物质。这些可溶性的小分子中间产物可以被细胞摄入，作为碳源参与细胞内的代谢过程。在细胞内的代谢循环中，这些物质被逐步分解，直至最终形成二氧化碳和水等最终产物。

在此过程中，PET 大分子在胞外酶作用下的分解是整个过程的限速步骤。而且，由于胞外酶分子太大因而不能进入到 PET 的内部，生物催化分解反应只能在 PET 底物的表面进行，因此 PET 材料的生物催化分解过程是一个典型的表面侵蚀过程。另外，PET 是不溶性的大分子物质，其在胞外酶作用下的分解过程是发生在固相和液相接触面的多相反应，其机理必然不同于以可溶性小分子为底物的均相反应。

2. 底物结构与性能对 PET 生物催化反应的影响

有研究认为，高聚物的相对分子质量、聚合度、结晶度及亲水性等特征都是影响生物催化反应发生的重要因素。但是，这些聚合物特征都不足以最终解释高聚物在生物催化条件下的分解行为。

有人认为，在聚酯的酯键分解反应中，酯键连接较多的芳香基时，会形成空间位阻，使得酶分子难以接近酯键，影响水解反应的发生。但是，Marten 等认为，在这类反应中酯键周围的化学键并不是影响反应的最主要因素，更重要的是与聚合物本身有关的性质。在用源于

Pseudomonas sp. 的脂肪酶处理不同种类的脂肪族聚酯时，Marten 等发现聚酯的生物降解率与 ΔT_{mt} 密切相关。ΔT_{mt} 是发生生物反应的温度与聚酯熔点的差值。研究发现，ΔT_{mt} 越小，聚酯的生物降解反应越容易发生。对于部分结晶的聚酯，ΔT_{mt} 可以作为评价聚酯大分子链活动性的指标。一般生物催化反应进行的温度都在 30~40℃ 之间，作为底物的聚酯的熔点越低，聚酯熔点与生物催化反应温度的差值也就越小，即 ΔT_{mt} 小。这种情况下的聚酯大分子活性大，有关链段容易进入脂肪酶的活性位点，使得生物催化反应容易进行。在对脂肪族聚酯与芳香族聚酯共聚物的研究中，也发现 ΔT_{mt} 是影响聚酯底物生物反应性的关键因素。芳香族聚酯是公认的难以生物降解的高聚物，但研究表明无定形态的芳香族聚酯也能够被生物降解。这进一步说明链段活性是影响聚酯生物反应性能的关键因素。

循此规律，人们开始寻找在较高温度下具有催化活性的酶，用以进行 PET 的生物处理，并取得了较为显著的进展。

四、菌株的选育

人们很早就开始了用生物方法进行 PET 材料的处理。早在 1983 年，就有人尝试用源于芽枝状枝孢霉（Cladosporium cladosporioides）的酯酶（Esterase）对 PET 纤维和薄膜进行处理。从 20 世纪 90 年代开始，PET 纤维织物生物处理的研究开始逐渐增多。最初，人们从已商品化的脂肪酶、酯酶等酶试剂中来筛选可用于 PET 处理的产品。因为效果不理想，研究人员转而从环境中筛选适用于 PET 处理的微生物。通过以 PET 单体的模拟物为底物进行微生物的培养，从中分离出可用于 PET 单体模拟物的菌株。

到目前为止，可用于 PET 纤维织物生物处理的菌株有腐皮镰孢菌（Fusarium solani）、门多萨假单胞菌（Pseudomonas mendocina）、嗜热子囊菌（Thermobifida fusca）、嗜热腐质菌（Thermomyces insolens）、伯克霍尔德氏菌（Burkholderia cepacia）、南极假丝酵母（Candida antarctica）、疏绵状嗜热丝孢菌（Thermomyces lanuginosus）、曲霉（Aspergillus sp.）、米曲霉（Aspergillus oryzae）、枯草芽孢杆菌（Bacillus subtilis）、地衣芽孢杆菌（Bacillus licheniformis）、枝状芽枝霉，枝状枝孢菌（Cladosporium Cladosporioides）、子囊菌热白丝菌（Melancarpus albomyces）、桔青霉（Penicillium citrinum）等，从种类上看这些微生物涵盖了从细菌、放线菌到真菌和霉菌。其中腐皮镰孢菌、多门萨假单胞菌和嗜热子囊菌可以产生角质酶，枝状芽枝霉、枝状枝孢菌、嗜热子囊菌、子囊菌热白丝菌、桔青霉可以产生酯酶，能够产生脂肪酶的微生物最多，包括嗜热腐质菌、伯克霉尔德压菌、南极假丝酵母、疏绵状嗜热丝孢菌、曲霉、米曲霉、枯草芽孢杆菌、地衣芽孢杆菌等。

在已经用于 PET 纤维织物生物处理研究的菌株中，属于真菌的 F. solani、T. insolens、T. lanuginosus 和 A. oryzae 以及属于细菌的 T. fusca 和 P. mendocina 被认为效果比较好。

五、酶的筛选与改造

目前用于 PET 纤维织物生物处理的酶主要是角质酶（Cutinase）和脂肪酶（Lipase）两种。

1. 角质酶

角质酶（EC 3.1.1.74）是一类能够催化角质分解的酶。在已经发现的可用于 PET 纤维织物生物处理的角质酶中，效果比较好的有来源于 F. solani 的角质酶、来源于 P. mendocina 的角质酶和来源于 T. fusca 的角质酶。表 5 - 4 - 1 列出了这三种角质酶的物理性能指标。

表 5 - 4 - 1　用于 PET 纤维织物生物处理的 3 种主要角质酶物理性能指标

来源	F. solani	P. mendocina	T. fusca
氨基酸数目	197	272	261
相对分子质量（kDa）	22	30	28
等电点	7.2	—	6.43
最适 pH	6.5 ~ 8.5	9.0 ~ 9.5	6.5 ~ 8.0
最适温度（℃）	50	50	60 ~ 70
催化活性中心	Ser 120	Ser 126	Ser 132
	Asp 175	Asp 176	Asp 176
	His 188	His 206	His 210
GXSXG 保守序列	G - Y - S - Q - G	G - Y - S - Q - G	G - H - S - M - G

对于丝状真菌 F. solani 所产角质酶的报道始于 1973 年。该类角质酶能用于从短链到长链的多种酯的催化水解。其最适作用温度为 50℃，在 60℃ 会完全失活；最适作用 pH 为 6.5 ~ 8.5，pH 为 9 时则完全失活。

许多与角质酶处理 PET 相关的研究都是用源于 F. solani 的角质酶进行的。PET 模拟物、膜状或粒状的 PET 样品被作为底物，用 F. solani 所产角质酶处理，会有 TA、BHET、MHET、HEB 和 BA 生成。有研究认为，BHET 可被角质酶继续催化分解成 MHET，MHET 进一步分解生成 TA。

源于 P. mendocina 的角质酶最早在 1987 年被分离出来。除了角质，该来源的角质酶还能够催化甘油酸酯、甘油三酸酯及含 4 ~ 16 个碳的脂肪酸的硝基苯酯，但随着碳链的增长，催化活性逐渐降低。在以角质为底物时，该酶能在 pH 为 8 ~ 10.5 的较宽范围内保持活性。

这种角质酶被用于催化作为 PET 模拟物的 DTP（DET）的分解，也有研究将其用于催化低结晶度的 PET 膜的分解。但在处理后的产物中只有 TA 和乙二醇被检测到。用该酶在 50℃ 处理 96h，低结晶度的 PET 膜会产生 5% 的失重。

源于 T. fusca 的角质酶是近年来研究最多的一种角质酶。在含角质（Cutin）或软木脂（Suberin）的培养基中，T. fusca 会产出角质酶。该酶有较好的温度和 pH 稳定性，在 70℃ 和 pH 为 11 的条件下，角质酶活性的半衰期为 1h。

T. fusca 所产的角质酶已经被用于对 PET 纱线、织物、膜和 PET 模拟物（3PET）的处理，在处理液中有 TA、BA、BHET、MHET 和 HEB 等产物被陆续检出。

2. 脂肪酶

脂肪酶（EC3.1.1.3）是另一种能够催化 PET 分解的酶。通常，脂肪酶被用于催化不溶性的长链甘油酯水解。与角质酶不同，脂肪酶在催化酯类水解时，具有"界面活性"。

在已经发现的可用于 PET 纤维织物生物处理的脂肪酶中，效果比较好的有来源于 Thermomyces insolens、Thermomyces lanuginosus 和 Aspergillus oryzae 的脂肪酶。表 5-4-2 列出了三种脂肪酶的物理性能指标。

表 5-4-2　用于 PET 纤维织物生物处理的 3 种主要脂肪酶的物理性能指标

来源	T. insolens	T. lanuginosus	A. oryzae
氨基酸数目	194	269	—
相对分子质量（kDa）	20~21	31.7	—
等电点	8	—	—
最适 pH	8.5	—	—
最适温度（℃）	80		
催化活性中心	Ser 140	Ser-Asp-His	Ser 126
	Asp 195	—	Asp 181
	His 208		His 194
GXSXG 保守序列	G-Y-S-Q-G	—	—

T. insolens 是一种嗜热丝状真菌，其所产生的脂肪酶在 70~80℃，pH 在 7.0~9.5 之间均具有活性。结构分析表明，这种脂肪酶与 F. solani 所产角质酶有高度的同源性。

有研究将 PET 的模拟底物 DTP（DET）、BET 和 3PET 作为底物，用该脂肪酶处理，有 TA、BHET 和 MHET 等产物检出。研究表明，产物的种类及各产物间的比例关系与酶的浓度有关。

T. lanuginosus 也是一种嗜热丝状真菌，这种菌所产生的脂肪酶被用于处理 PET 和 PTT 样品。在这种脂肪酶的催化作用下，3PET 分解会产生 TA、MHET、BHET、HET 和 BA 等产物。但是，在该酶以 BHET 为底物时，处理液中并没有 TA 的释放。而且，HET 也不会被这种脂肪酶进一步分解为 BA，这一点与角质酶不同。

在 BHET 的诱导作用下，丝状真菌 A. oryzae 也能产生脂肪酶，该酶可分解 DP，并可提高 PET 的亲水性。与 F. solani 所产角质酶相比，A. oryzae 脂肪酶多出一个稳定的二硫键，而且从空间结构看，其催化活性中心在一个有利的位置，呈长而深的沟槽形状。这也许是 A. oryzae 脂肪酶对长链底物具有较高的催化活性和较好的热稳定性的原因。

目前的研究都是着眼于酯键的分解作用，所用的酶都是水解酶。对与苯环结构的分解有关的酶及作用机制研究仍很不够。另外，对已经发现的对 PET 催化作用效果较好的酶，还可继续进行修饰和改造，以使其更加适应复杂的纺织品加工环境。

☞ **思考题**

1. 简述聚酯纤维织物生物处理的作用机制。
2. 聚酯纤维织物生物处理效果较好的生物催化剂有哪些？

3. 聚酯纤维织物生物处理效果的评价方法有哪些?

参考答案:

1 在以 PET 为底物的生物催化反应中,首先需要细胞分泌出一定的胞外酶。通过酶分子的活性位点与 PET 大分子链的特殊部位结合,在酶的催化作用下,PET 大分子链发生化学键的断裂,导致 PET 大分子的分解。随着生物催化分解反应的进行,会陆续产生短链物质。当分子链足够短的时候,这些 PET 分解产物就可以溶解在发酵液中,成为可溶性物质。这些可溶性的小分子中间产物可以被细胞摄入,作为碳源参与细胞内的代谢过程。在细胞内的代谢循环中,这些物质被逐步分解,直至最终形成二氧化碳和水等最终产物。

2. 聚酯纤维织物生物处理效果较好的生物催化剂主要有源于 Fusarium solani、Pseudomonas mendocina 和 Thermobifida fusca 的角质酶,源于 Thermomyces insolens、Thermomyces lanuginosus 和 Aspergillus oryzae 的脂肪酶。

3. 聚酯纤维织物生物处理效果的评价方法有接触角测试、差式扫描量热法(DSC)、傅里叶红外变换光谱学(FTIR)和 X 射线衍射(XRD)、高效液相色谱(HPLC)法等。

参考文献

[1] Kan C W, Au C H. Effect of biopolishing and UV absorber treatment on the UV protection properties of cotton knitted fabrics [J]. Carbohydrate Polymers, 2014 (101): 451-456.

[2] Ulson De Souza A A, Ferreira F C S, Guelli U, et al. Influence of pretreatment of cotton yarns prior to biopolishing [J]. Carbohydrate Polymers, 2013, 93 (2): 412-415.

[3] Ibrahim N A, El-Badry K, Eid B M, et al. A new approach for biofinishing of cellulose-containing fabrics using acid cellulases [J]. Carbohydrate Polymers, 2011, 83 (1): 116-121.

[4] Saravanan D, Vasanthi N S, Ramachandran T. A review on influential behaviour of biopolishing on dyeability and certain physico-mechanical properties of cotton fabrics [J]. Carbohydrate Polymers, 2009, 76 (1): 1-7.

[5] Buschle-Diller G, Inglesby M K, Wu Y. Physicochemical properties of chemically and enzymatically modified cellulosic surfaces [J]. Colloids and Surfaces A: Physicochemical and Engineering Aspects, 2005, 260 (1-3): 63-70.

[6] Lenting H B, Warmoeskerken M M. Mechanism of interaction between cellulase action and applied shear force, an hypothesis [J]. J Biotechnol, 2001, 89 (2-3): 217-226.

[7] Juturu V, Wu J C. Microbial cellulases: Engineering, production and applications [J]. Renewable and Sustainable Energy Reviews, 2014 (33): 188-203.

[8] Beckham G T, Dai Z, Matthews J F, et al. Harnessing glycosylation to improve cellulase activity [J]. Current Opinion in Biotechnology, 2012, 23 (3): 338-345.

[9] 刘磊, 陆必泰. 纤维素酶在棉织物生物抛光中的应用 [J]. 武汉纺织大学学报, 2011 (6): 34-36.

[10] Sukharnikov L O, Cantwell B J, Podar M, et al. Cellulases: Ambiguous nonhomologous enzymes in a genomic perspective [J]. Trends in Biotechnology, 2011, 29 (10): 473-479.

[11] 林开江, 阮丽娟. 纤维素酶及其在生物抛光上的应用 [J]. 生物技术, 1996, 6 (3): 45-48.

［12］陈东辉，Daimon. 纤维素纤维织物的生物整理［J］. 纺织学报，1996，17（6）：4-7.

［13］巩继贤，李辉芹. 我国传统的靛蓝染色工艺［J］. 北京纺织，2002，23（5）：25-27.

［14］孙海鑫，沈雪亮. 靛蓝牛仔布的酶洗及返沾色问题研究进展［J］. 印染助剂，2012，29（10）：1-5.

［15］郝龙云，蔡玉青，房宽峻. 纤维素酶对靛蓝染色织物的返旧处理［J］. 染整技术，2007（01）：18-20.

［16］Pazarlioğlu N K, Sariisik M, Telefoncu A. Treating denim fabrics with immobilized commercial cellulases［J］. Process Biochemistry, 2005, 40（2）：767-771.

［17］胡叶碧，杨森林，刘权国. 牛仔布纤维素酶整理中起花和返染的控制［J］. 印染，2004，30（24）：28-29.

［18］Cavaco-Paulo A, Morgado J, Almeida L, et al. Indigo backstaining during cellulase washing［J］. Textile Research Journal, 1998, 68（6）：398-401.

［19］Fu J, Nyanhongo G S, Gübitz G M, et al. Enzymatic colouration with laccase and peroxidases: Recent progress［J］. Biocatalysis and Biotransformation, 2012, 30（1）：125-140.

［20］Euring M, Rühl M, Ritter N, et al. Laccase mediator systems for eco-friendly production of medium-density fiberboard（MDF）on a pilot scale: Physicochemical analysis of the reaction mechanism［J］. Biotechnology Journal, 2011, 6（10）：1253-1261.

［21］Guimarães C, Kim S, Silva C, et al. In situ laccase-assisted overdyeing of denim using flavonoids［J］. Biotechnology Journal, 2011, 6（10）：1272-1279.

［22］Dwivedi U N, Singh P, Pandey V P, et al. Structure-function relationship among bacterial, fungal and plant laccases［J］. Journal of Molecular Catalysis B: Enzymatic, 2011, 68（2）：117-128.

［23］Riva S. Laccases: Blue enzymes for green chemistry［J］. Trends in Biotechnology, 2006, 24（5）：219-226.

［24］王平，王强，范雪荣，等. 羊毛蛋白酶防毡缩加工综述［J］. 印染，2010，36（5）：46-49.

［25］Wang P, Wang Q, Fan X, et al. Effects of cutinase on the enzymatic shrink-resist finishing of wool fabrics［J］. Enzyme and Microbial Technology, 2009, 44（5）：302-308.

［26］Shen J, Rushforth M, Cavaco-Paulo A, et al. Development and industrialisation of enzymatic shrink-resist process based on modified proteases for wool machine washability［J］. Enzyme and Microbial Technology, 2007, 40（7）：1656-1661.

［27］Jus S, Schroeder M, Guebitz G M, et al. The influence of enzymatic treatment on wool fibre properties using PEG-modified proteases［J］. Enzyme and Microbial Technology, 2007, 40（7）：1705-1711.

［28］张茜，张健飞，何嘉易. 蛋白酶处理提高羊毛机织物防毡缩性能［J］. 纺织学报，2007，28（12）：76-80.

［29］张扬，张同亮，陈德兆. 纺织用酸性蛋白酶的性质及其在羊毛处理中的应用［J］. 纺织科技进展，2004（6）：43-44.

［30］Li Q, Yi L, Marek P, et al. Commercial proteases: Present and future［J］. FEBS Letters, 2013, 587（8）：1155-1163.

［31］Eberl A, Heumann S, Brückner T, et al. Enzymatic surface hydrolysis of poly（ethylene terephthalate）and bis（benzoyloxyethyl）terephthalate by lipase and cutinase in the presence of surface active molecules［J］. Journal of Biotechnology, 2009, 143（3）：207-212.

［32］ Donelli I, Taddei P, Smet P F, et al. Enzymatic surface modification and functionalization of PET: A water contact angle, FTIR, and fluorescence spectroscopy study ［J］. Biotechnology and Bioengineering, 2009, 103 (5): 845 – 856.

［33］ Ronkvist Å M, Xie W, Lu W, et al. Cutinase – catalyzed hydrolysis of poly (ethylene terephthalate) ［J］. Macromolecules, 2009, 42 (14): 5128 – 5138.

［34］ Almansa E, Heumann S, Eberl A, et al. Enzymatic surface hydrolysis of PET enhances bonding in PVC coating ［J］. Biocatalysis and Biotransformation, 2008, 26 (5): 365 – 370.

［35］ Feuerhack A, Alisch – Mark M, Kisner A, et al. Biocatalytic surface modification of knitted fabrics made of poly (ethylene terephthalate) with hydrolytic enzymes from ［J］. Biocatalysis and Biotransformation, 2008, 26 (5): 357 – 364.

［36］ Brueckner T, Eberl A, Heumann S, et al. Enzymatic and chemical hydrolysis of poly (ethylene terephthalate) fabrics ［J］. Journal of Polymer Science Part A: Polymer Chemistry, 2008, 46 (19): 6435 – 6443.

［37］ Wang X, Lu D, Jönsson L J, et al. Preparation of a PET – hydrolyzing lipase from aspergillus oryzae by the addition of bis (2 – hydroxyethyl) terephthalate to the culture medium and enzymatic modification of PET fabrics ［J］. Engineering in Life Sciences, 2008, 8 (3): 268 – 276.

［38］ Nimchua T, Eveleigh D E, Sangwatanaroj U, et al. Screening of tropical fungi producing polyethylene terephthalate – hydrolyzing enzyme for fabric modification ［J］. Journal of Industrial Microbiology & Biotechnology, 2008, 35 (8): 843 – 850.

［39］ Silva C, Cavaco – Paulo A. Biotransformations in synthetic fibres ［J］. Biocatalysis and Biotransformation, 2008, 26 (5): 350 – 356.

［40］ Wang Xiahua, Lu Danian, Shao Zhiyu, et al. Enzymatic modification of poly (ethylene terephtalate) fiber with lipase from aspergillus oryzaeL ［J］. Journal of Donghua University, 2007, 24 (3): 357 – 361.

［41］ Nimchua T, Punnapayak H, Zimmermann W. Comparison of the hydrolysis of polyethylene terephthalate fibers by a hydrolase from Fusarium oxysporum LCH I and Fusarium solani f. sp. pisi ［J］. Biotechnology Journal, 2007, 2 (3): 361 – 364.

［42］ Liebminger S, Eberl A, Sousa F, et al. Hydrolysis of PET and bis – (benzoyloxyethyl) terephthalate with a new polyesterase from ［J］. Biocatalysis and Biotransformation, 2007, 25 (2 – 4): 171 – 177.

［43］ Araújo R, Silva C, O Neill A, et al. Tailoring cutinase activity towards polyethylene terephthalate and polyamide 6, 6 fibers ［J］. Journal of Biotechnology, 2007, 128 (4): 849 – 857.

［44］ O Neill A, Araújo R, Casal M, et al. Effect of the agitation on the adsorption and hydrolytic efficiency of cutinases on polyethylene terephthalate fibres ［J］. Enzyme and Microbial Technology, 2007, 40 (7): 1801 – 1805.

［45］ Heumann S, Eberl A, Pobeheim H, et al. New model substrates for enzymes hydrolysing polyethyleneterephthalate and polyamide fibres ［J］. Journal of Biochemical and Biophysical Methods, 2006, 69 (1 – 2): 89 – 99.

［46］ Alisch – Mark M, Herrmann A, Zimmermann W. Increase of the hydrophilicity of polyethylene terephthalate fibres by hydrolases from thermomonospora fusca and fusarium solani f. sp. pisi ［J］. Biotechnology Letters, 2006, 28 (10): 681 – 685.

［47］ Kontkanen H, Saloheimo M, Pere J, et al. Characterization of melanocarpus albomyces steryl esterase produced in trichoderma reesei and modification of fibre products with the enzyme ［J］. Applied Microbiology and Biotechnology, 2006, 72 （4）: 696 – 704.

［48］ Zhang J, Gong J, Shao G, et al. Biodegradability of diethylene glycol terephthalate and poly （ethylene terephthalate) fiber by crude enzymes extracted from activated sludge ［J］. Journal of Applied Polymer Science, 2006, 100 （5）: 3855 – 3859.

［49］ Müller R, Schrader H, Profe J, et al. Enzymatic degradation of poly （ethylene terephthalate）: rapid hydrolyse using a hydrolase from T. fusca ［J］. Macromolecular Rapid Communications, 2005, 26 （17）: 1400 – 1405.

［50］ Vertommen M A M E, Nierstrasz V A, Veer M V D, et al. Enzymatic surface modification of poly （ethylene terephthalate) ［J］. Journal of Biotechnology, 2005, 120 （4）: 376 – 386.

［51］ Alisch M, Feuerhack A, Müller H, et al. Biocatalytic modification of polyethylene terephthalate fibres by esterases from actinomycete isolates ［J］. Biocatalysis and Biotransformation, 2004, 22 （5 – 6）: 347 – 351.

［52］ Fischer – Colbrie G, Heumann S, Liebminger S, et al. New enzymes with potential for PET surface modification ［J］. Biocatalysis and Biotransformation, 2004, 22 （5 – 6）: 341 – 346.

［53］ Zhang J, Wang X, Gong J, et al. A study on the biodegradability of polyethylene terephthalate fiber and diethylene glycol terephthalate ［J］. Journal of Applied Polymer Science, 2004, 93 （3）: 1089 – 1096.

［54］ O´Neill A, Cavaco – Paulo A. Monitoring biotransformations in polyesters ［J］. Biocatalysis and Biotransformation, 2004, 22 （5 – 6）: 353 – 356.

［55］ Hooker J, Hinks D, Montero G, et al. Enzyme – catalyzed hydrolysis of poly （ethylene terephthalate) cyclic trimer ［J］. Journal of Applied Polymer Science, 2003, 89 （9）: 2545 – 2552.

［56］ Zhang Jian – Fei W X G J. Biodegradation of DTP and PET Fiber by Microbe ［J］. Journal of Donghua University, 2003, 20 （4）: 107 – 110.

［57］ Akbar Khoddami´ M M H T. Effects of enzymatic hydrolysis on drawn polyester filament yarns ［J］. IIranian Polymer Journal, 2001, 10 （6）: 363 – 370.

［58］ Hsieh Y L, Cram L A. Enzymatic hydrolysis to improve wetting and absorbency of polyester pabrics ［J］. Textile Research Journal, 1998, 68 （5）: 311 – 319.

［59］ Herrero Acero E, Ribitsch D, Steinkellner G, et al. Enzymatic surface hydrolysis of PET: effect of structural diversity on kinetic properties of cutinases from thermobifida ［J］. Macromolecules, 2011, 44 （12）: 4632 – 4640.

［60］ Kardas I, Lipp – Symonowicz B, Sztajnowski S. The influence of enzymatic treatment on the surface modification of PET fibers ［J］. Journal of Applied Polymer Science, 2011, 119 （6）: 3117 – 3126.

［61］ Ribitsch D, Heumann S, Trotscha E, et al. Hydrolysis of polyethyleneterephthalate by p – nitrobenzylesterase from Bacillus subtilis ［J］. Biotechnology Progress, 2011, 27 （4）: 951 – 960.

［62］ Silva C, Da S, Silva N, et al. Engineered Thermobifida fusca cutinase with increased activity on polyester substrates ［J］. Biotechnology Journal, 2011, 6 （10）: 1230 – 1239.

［63］ Billig S, Oeser T, Birkemeyer C, et al. Hydrolysis of cyclic poly （ethylene terephthalate) trimers by a carboxylesterase from Thermobifida fusca KW3 ［J］. Applied Microbiology and Biotechnology, 2010, 87 （5）: 1753 – 1764.

［64］ Donelli I, Freddi G, Nierstrasz V A, et al. Surface structure and properties of poly － （ethylene terephthalate） hydrolyzed by alkali and cutinase ［J］. Polymer Degradation and Stability, 2010, 95 （9）: 1542 － 1550.

［65］ Karaca B, Demir A, özdoğan E, et al. Environmentally benign alternatives: Plasma and enzymes to improve moisture management properties of knitted PET fabrics ［J］. Fibers and Polymers, 2010, 11 （7）: 1003 － 1009.

［66］ Rim Kim H, Soon Song W. Lipase treatment to improve hydrophilicity of polyester fabrics ［J］. International Journal of Clothing Science and Technology, 2010, 22 （1）: 25 － 34.

［67］ Kim H R, Song W S. Optimization of papain treatment for improving the hydrophilicity of polyester fabrics ［J］. Fibers and Polymers, 2010, 11 （1）: 67 － 71.

［68］ Oeser T, Wei R, Baumgarten T, et al. High level expression of a hydrophobic poly （ethylene terephthalate） － hydrolyzing carboxylesterase from Thermobifida fusca KW3 in Escherichia coli BL21 （DE3） ［J］. Journal of Biotechnology, 2010, 146 （3）: 100 － 104.

［69］ Sinsereekul N, Wangkam T, Thamchaipenet A, et al. Recombinant expression of BTA hydrolase in Streptomyces rimosus and catalytic analysis on polyesters by surface plasmon resonance ［J］. Applied Microbiology and Biotechnology, 2010, 86 （6）: 1775 － 1784.

第六章　涂层整理

本章知识点

1. 涂层聚合物和涂层剂的种类及性能特点
2. 涂层头的种类及其特点
3. 涂层整理的加工方法及其特点，影响加工效果及产品性能的因素

第一节　涂层整理概述

涂层（Coating）是在纺织品的一面或两面，涂敷一层或多层连续的高分子聚合物，使纺织品具有特殊功能的一种表面整理技术。广义的涂层技术还包括层压加工。层压是采用两层或两层以上的材料，其中至少有一层是纺织品，其余层为聚合物薄膜、纺织品或其他材料，层与层之间通过黏合剂或材料自身的黏性，在热压的作用下，紧密黏合在一起而形成复合纺织品的加工过程。

涂层纺织品是纺织品与涂层聚合物的复合材料，其中涂层所用的纺织品又称为基布或基材。在涂层纺织品中，纺织品起骨架作用，决定涂层织物的力学性能（如拉伸强力、撕破强力）和尺寸稳定性；涂层聚合物则赋予涂层织物不同的功能性，如防水性、阻燃性、防微生物性能、防核生化物质性能等。

涂层整理有多种加工方式，如干法涂层、湿法涂层、泡沫涂层、转移涂层、热熔涂层、层压等。此外，为了便于基布的涂层加工，改善涂层产品的外观和风格，提高涂层织物的性能，涂层整理常与轧光、拒水、磨毛、水洗、揉搓、轧纹等技术相结合，涂层前对基布进行预处理，或涂层后对涂层表面进行后处理，以获得不同的加工效果和性能。

通过涂层整理，织物可获得以下三方面的效果：

（1）改变织物的外观，使织物呈现珠光、双面效应、皮革外观等效果；

（2）改变织物风格，使织物具有良好的回弹性、柔软丰满的手感和仿皮效果等；

（3）赋予织物不同的功能，如防水透湿、耐水压、防风、保暖、阻燃、防污性、耐化学品性能、化学防护性能、遮光等。

涂层整理工艺灵活，基布及涂层聚合物的选择范围广，产品结构设计多样化，纺织品经涂层加工后，应用范围都得到很大拓展。目前，涂层纺织品在服装、工业、农业、国防、建筑、交通运输、装饰材料、休闲娱乐、医用材料等领域得到了广泛应用[1,2]。

第二节 涂层聚合物和涂层剂

涂层和层压纺织品是聚合物膜与纺织品的柔性复合材料，其中涂层聚合物对复合材料的性能具有至关重要的影响。用于涂层加工的聚合物必须具有一定的聚合度、力学性能和化学稳定性，如热塑性、成膜性、硬度、黏合性、机械强度、柔韧性、弹性、耐磨性、耐候性、耐紫外线性能、耐老化性、不黄变等性能，能够在纺织品表面形成满足使用性能要求的薄膜，并且与纺织品基材具有良好的黏合力。

根据聚合物结构和性能的不同，涂层聚合物可分为热塑性聚合物和热固性聚合物两大类。热塑性聚合物为线性大分子结构，受热后软化，可重复加工，大部分涂层聚合物属于热塑性高分子材料。热固性聚合物具有立体网络结构，受热不软化，不能重复加工。热固性涂层聚合物在涂层后的纺织品上，通过交联反应而形成三维网络结构。

根据化学结构的不同，涂层剂主要有聚丙烯酸酯、聚氨酯、聚氯乙烯、有机硅（又称聚硅氧烷）、天然和合成橡胶等类型。

根据涂层聚合物是否具有反应性，涂层剂可分为非交联型、交联型和自交联型[3]。非交联型涂层聚合物分子结构中不含反应性的官能团，在涂层成膜过程中，基布上的涂层剂仅通过分子间的相互作用力而成膜，不发生交联反应，如聚氯乙烯、单组分聚氨酯等。交联型涂层聚合物分子结构中含有羟基、氨基等反应性的官能团，在涂层成膜过程中，能与交联剂分子发生交联反应，在基布上形成具有网状结构的薄膜，如双组分聚氨酯、部分聚丙烯酸酯等。自交联型涂层聚合物分子结构中含有反应性官能团，在涂层成膜过程中，聚合物分子间能发生交联反应，或聚合物与交联剂发生反应，形成网状结构的薄膜。根据加工工艺条件的不同，涂层剂又可分为低温交联型和高温交联型。

根据所用介质的不同，涂层剂主要有溶剂型和水基型两大类，也有一些涂层剂是无溶剂的聚合物流体或用于热熔涂层的热塑性聚合物。溶剂型涂层剂是用有机溶剂溶解涂层聚合物黏稠液体。水基型涂层剂包括涂层聚合物乳液和水溶型涂层聚合物两类[3]。

涂层聚合物的结构和性能对涂层和层压纺织品的生产加工、产品性能、使用寿命和用途等都有很大的影响[4,5]。对一些常用的涂层和层压聚合物的结构和性能介绍如下。

一、聚丙烯酸酯类涂层剂

聚丙烯酸酯（PA）涂层剂是由丙烯酸酯、甲基丙烯酸酯及其他不饱和单体共聚而成，其化学结构通式为：

$$\left(\!\!\begin{array}{c} R' \\ | \\ CH_2-C \\ | \\ COOR_1 \end{array}\!\!\right)_m \left(\!\!\begin{array}{c} R' \\ | \\ CH_2-C \\ | \\ R_2 \end{array}\!\!\right)_n$$

式中 R_1 为 $C_1 \sim C_4$ 的烷基，R_2 为羧基、腈基或酰氨基，R' 为 H 或 CH_3。

根据所用溶剂的不同，聚丙烯酸酯类涂层剂可分为溶剂型和水系型；根据交联性能的不同，又可分为普通型、交联型和自交联型。

溶剂型聚丙烯酸酯类涂层剂的涂层织物具有良好的防水性、耐久性等优点，但涂层剂的含固量较低（20%～25%），含有大量的易燃、易爆有机溶剂，使用时容易污染环境和发生火灾，且溶剂回收费用高，限制了其应用范围；水系型聚丙烯酸酯类涂层剂又分为乳液型、非皂乳液型和水溶型。

乳液型聚丙烯酸酯涂层剂采用乳液聚合法生产，产品含固量高于溶剂型涂层剂，一般为40%～60%，相对分子质量为 10 万～50 万。这类涂层剂在聚合时，需加入少量复合乳化剂，涂层剂在成膜过程中，一部分乳化剂被挤至膜与织物之间的界面，削弱涂层膜与织物的黏结强度，使产品的耐水压受到一定的影响；另一部分乳化剂被挤至涂层膜的外表面，引起膜表面的涩滞感，造成涂层织物的手感不爽。

在乳液型聚丙烯酸酯涂层剂的涂层配方中，必须加入增稠剂，以获得适当的涂层浆黏度。乳液型涂层剂与织物的黏合性较低，涂层膜不如溶剂型产品致密，通过将这类涂层剂与氨基树脂等交联剂共混使用，可提高涂层的性能[4]。为了改善乳液型聚丙烯酸酯涂层织物的耐水压、耐洗性和手感，避免涂层膜发黏现象，一般在涂层浆中加入交联剂。

非皂乳液型（也称为无乳化剂型）聚丙烯酸酯涂层剂不含乳化剂，主要用于防水涂层整理，涂层织物能保持原有的风格，具有柔软、滑爽的手感，黏合牢度高，具有较高的机械性能和良好的防水效果。

水溶型聚丙烯酸酯涂层剂又称超微粒子乳液涂层剂，它是在聚合物中引入亲水性官能团的胶体分散液，颗粒平均粒径在 50nm 左右，外观为透明或半透明状，聚合物相对分子质量一般在 10 万～20 万，涂层剂的含固量 20%～30%。通过反应性单体参与共聚反应，或在聚丙烯酸酯大分子上引入反应性基团，可制得水性自交联聚丙烯酸酯涂层剂，涂层膜具有较好的耐水压和黏合性。

聚丙烯酸酯涂层剂品种较多，通过多年的发展，已从单纯的防水型发展到具有防水透湿、阻燃等多功能的涂层剂。

二、聚氯乙烯涂层剂

聚氯乙烯（PVC）是氯乙烯均聚物，是一种用途广、成本低的聚合物，分子结构式：

$$\begin{array}{c} +CH_2-CH+_n \\ | \\ Cl \end{array}$$

聚氯乙烯是强极性聚合物，分子间作用力大，其熔融温度在 160～210℃ 范围内。

聚氯乙烯分子结构中含有氯取代基，其耐热稳定性和耐光稳定性差，在紫外光或热的作用下，会发生脱 HCl 反应，在 PVC 分子链上形成多烯链段，导致 PVC 颜色变化。PVC 受热后也容易发生分解，其分解温度低于熔融温度，当温度达到 130℃ 以上就会发生明显的分解，而且随温度升高，分解速度加快。

用于纺织品涂层和压延加工的聚氯乙烯包括糊树脂和普通型树脂，PVC 糊树脂采用乳液聚合及微悬浮聚合方法生产，普通型树脂采用悬浮聚合和本体聚合方法生产。

聚氯乙烯树脂在聚合时所形成的粒子称为初级粒子；经干燥、研磨后所得产品的颗粒称为二次粒子，它是由数个到数万个初级粒子聚集而成。聚氯乙烯糊树脂在增塑剂的作用下，其二次粒子崩解成初级粒子，并形成稳定的黏稠糊状物（增塑糊），适合于刮涂和浸渍涂层加工；普通型聚氯乙烯树脂在增塑剂中只能溶胀，而不能恢复为初级粒子，也不能形成糊状物，可通过压延或挤出成膜的方法，用于纺织品的层压复合加工。

对于 PVC 糊树脂，其初级粒子的大小和粒径分布对增塑剂糊的性能具有重要影响。PVC 糊树脂的初级粒子约为 $0.2 \sim 2.5~\mu m$，初级粒子的粒径增大，浸润颗粒表面所需的增塑剂量减少，形成的增塑剂糊黏度降低。当 PVC 糊树脂初级粒子的粒径大小分布较宽、并按一定比例呈"双峰"分布时，增塑剂糊中 PVC 大颗粒之间的空隙被小颗粒所填充，增加了颗粒之间的润滑性，增塑剂的需用量少，增塑剂糊的黏度、稳定性和流动性好。

增塑剂能降低 PVC 树脂的玻璃化温度、熔融温度、熔体黏度和弹性模量，提高聚合物的可塑性、柔韧性和膨胀性，改善加工性能，提高 PVC 涂层及层压织物的柔韧性和耐寒性。随增塑剂含量的增加，PVC 材料的柔韧性提高。

根据增塑剂与 PVC 树脂的相容性大小，增塑剂可分为主增塑剂和辅助增塑剂两类。主增塑剂与 PVC 树脂的相容性好，主要是苯二甲酸酯类、磷酸酯类和石油磺酸苯酯类。辅助增塑剂与 PVC 树脂的相容性一般，主要有脂肪族二元酸酯类、环氧化合物类和聚酯类等。辅助增塑剂一般不单独使用，而是与主增塑剂配合使用，以获得主增塑剂所不具备的性能。许多增塑剂存在生态性问题，对人体和环境有害，在选择增塑剂时，应注意采用无毒、环境友好的增塑剂。

将含有增塑剂的 PVC 涂层浆涂敷到织物上后，经热处理，PVC 分子溶解在增塑剂中，树脂发生熔融，冷却后形成具有强度的 PVC 涂层膜。

由于 PVC 的塑化温度与热分解温度相近，在涂层加工时，除加入增塑剂降低塑化温度外，还需加入热稳定剂，提高 PVC 的热分解温度。常用的热稳定剂有铅盐类（如三碱式硫酸铅）、有机锡类、金属皂类（如硬脂酸锌）、稀土类和有机锑类等。

为提高 PVC 涂层织物的使用性能，降低其老化速率，常在 PVC 涂层浆中加入抗氧化剂和光稳定剂（又称紫外线稳定剂），如抗氧化剂 1010、光稳定剂 UV - 327 等。

对于 PVC 压延层压织物，在 PVC 混炼、压延加工过程中，为减小摩擦效应，降低熔融物对加工设备金属表面的黏附性，需加入润滑剂，如脂肪酸酯、脂肪醇等。

为提高 PVC 涂层织物的其他性能，可在涂层配方中加入其他助剂，如交联剂可提高涂层织物的剥离强度，阻燃剂可提高涂层织物的阻燃性能，颜料可使涂层织物着色，加入碳酸钙填充料可降低成本。

聚氯乙烯涂层织物成本低，耐油性、耐溶剂性和耐磨性好，耐水性、气密性、阻燃性、电绝缘性等性能较好，可热焊接和高频焊接，但耐热性、耐寒性、耐臭氧性、耐老化性等性能较差。对 PVC 涂层织物，在使用过程中，涂层膜中的小分子增塑剂会迁移至涂层表面，导致涂层膜柔韧性变差，使用寿命缩短，而且涂层表面容易黏附灰尘等污物。

聚氯乙烯是一种常用的涂层聚合物，其涂层织物用途广泛，可用于防水油布、篷盖布、帐篷布、建筑膜材、广告灯箱布、装饰布、人造革、防护服等。

三、聚氨酯涂层剂

聚氨酯（PU）全称为聚氨基甲酸酯，是大分子主链上含有—HNCOO—结构单元的聚合物，一般由二异氰酸酯、聚酯二醇或聚醚二醇、链增长剂（如二胺或二醇）和催化剂，通过溶液聚合或本体聚合的方法制成，其分子结构式如下：

$$\left[R'O - \overset{\overset{\textstyle O}{\|}}{C} - NH - R - NH - \overset{\overset{\textstyle O}{\|}}{C} \right]_n$$

聚氨酯是由柔性链段（软段）和刚性链段（硬段）反复交替组成的嵌段聚合物，其软段部分所占比例较大。聚氨酯的软段部分由聚醚二醇或聚酯二醇构成，使聚氨酯柔软而有弹性；硬段由二异氰酸酯和小分子链增长剂构成，使聚氨酯具有强度和弹性模量[6]。

聚氨酯硬段的极性强，相互之间的吸引力大，硬段和软段在热力学上具有自发分离的倾向，硬段容易聚集在一起而形成许多微区，并分布在软段相中，这种现象称为微相分离。聚氨酯的性能不仅与化学结构有关，而且与微相分离的程度有关[7]。

根据软段结构的不同，聚氨酯主要分为聚酯型和聚醚型；根据硬段结构的不同，聚氨酯可分为芳香族聚氨酯和脂肪族聚氨酯。聚酯型聚氨酯和聚醚型聚氨酯相比，前者的成膜力学性能（如抗张强度、撕裂强度和断裂伸长率）好，耐候性、耐光性和耐热性较好，后者的耐水解稳定性、耐低温性能和耐霉菌性能较好，价格较低[8]。芳香族聚氨酯和脂肪族聚氨酯相比，前者的弹性、强力和伸长性较好，但耐光性较差，易泛黄，后者的耐光性较好，不易泛黄，但弹性和强力较差。

硬度是聚氨酯涂层剂的主要性能。在涂层加工时，根据涂层织物的使用要求选择适宜硬度的涂层剂。一般来说，箱包涂层材料宜采用高硬度涂层剂，合成革、鞋面材料和一般工业用布宜采用中等硬度的涂层剂，服装面料的涂层一般采用柔软类涂层剂。

聚氨酯是一类重要的涂层聚合物。用于纺织品涂层的聚氨酯可分为溶剂型涂层剂、水性涂层剂和热塑性聚氨酯（TPU）弹性体。

（一）溶剂型聚氨酯涂层剂

溶剂型聚氨酯涂层剂常用的溶剂有二甲基甲酰胺（DMF）、丁酮（MEK）、甲苯（TOL）及其混合物等，含固量一般在 25% ~40%，少数在 60% 以上。溶剂型聚氨酯涂层剂可用于湿法涂层、转移涂层和干法直接涂层，其中湿法涂层一般采用以 DMF 为溶剂的聚氨酯涂层剂。溶剂型 PU 涂层剂分为单组分和双组分两类。

单组分聚氨酯是由含端异氰酸酯基（—NCO）的预聚物与扩链剂反应而制得的线性聚合物，具有热塑性，其分子量较高，硬段较多，常用强极性溶剂（如 DMF）溶解。单组分聚氨酯涂层剂的含固量为 25% ~ 35% ，包括热塑性和反应性两大类。

单组分热塑性聚氨酯涂层剂包括脂肪族聚氨酯和芳香族聚氨酯，这类涂层剂涂层时不加交联剂，涂层膜具有热塑性，涂层织物可进行高频焊接、熔黏和轧纹等后加工。

单组分反应性聚氨酯涂层剂又称单组分黏结剂，涂层剂中含有交联剂成分，在室温下涂层剂不会发生交联反应，只有在涂层后的高温焙烘时，才会发生交联反应。

双组分聚氨酯涂层剂含有预聚物和交联剂两种组分，其中预聚物是由异氰酸酯与低聚多元醇反应生成的，末端为羟基，交联剂是含有多个异氰酸酯基的化合物。

双组分聚氨酯的相对分子质量较低，硬段较少，涂层剂的含固量为 50% ~ 70% 。涂层时，将两种组分及其他填料混合配成涂层浆，涂层后经烘干和焙烘处理，预聚物与交联剂反应，在织物上形成热固性网状薄膜。

双组分聚氨酯涂层剂的两种组分混合后，交联反应就立即开始，涂层浆的黏度不断增大，存放时间过长会导致涂层浆的黏度过高而无法使用。此外，双组分聚氨酯交联后形成热固性树脂，即使加热也无法恢复其流动性和黏合力，对涂层织物的焊接、熔黏和轧纹等后加工不利。

双组分聚氨酯涂层剂与纺织品和聚氨酯皮膜的黏合力好，涂层膜柔软，除用于直接涂层外，也适宜作为转移涂层等的黏结胶。

高含固型 PU 涂层剂的外观为粒状或粉状，含量在 90% 以上，使用时先用有机溶剂溶解，配成涂层浆，再进行涂层，主要用于干法直接涂层和转移涂层。

溶剂型聚氨酯涂层剂成膜性能好，与织物黏着力强，耐水压高，耐水洗，除可用于一般涂层外，更适于防水透湿涂层，但存在溶剂毒性大、易燃烧的问题。

（二）水性聚氨酯涂层剂

水性聚氨酯涂层剂是以水为连续相、聚氨酯为分散相的分散体系，包括乳液型和水溶型两大类。

在合成聚氨酯时，通过在聚氨酯分子中引入亲水性基团，利用聚氨酯的自乳化作用，在不添加乳化剂、不需强剪切力搅拌的条件下，可制备出自乳化型水性聚氨酯涂层剂。这类涂层剂的相对分子质量高，乳液稳定性好，颗粒细小，涂层膜的耐水性较好，可用于防水透湿涂层[10]。水性聚氨酯涂层剂包括离子型和非离子型。

对于非离子型聚氨酯，通过将亲水性低聚物（如聚乙二醇）接在聚氨酯分子链上，并且 —CH_2CH_2O— 链段含量达到一定程度时，非离子型聚氨酯就能自发地分散在水中，形成水分散体系，这类水性聚氨酯涂层剂不含乳化剂。

对于离子型聚氨酯，其分子链中除含有氨基甲酸酯基外，还有一些无规或均匀地分布在分子链上的离子性基团[9]，如磺酸基、羧基和季铵基等，这些离子基团通过扩链剂引入到聚氨酯分子中。离子型聚氨酯具有自分散性，这种聚氨酯涂层剂分散稳定性好，不含乳化剂，成膜性和黏合性良好，涂层膜的力学性能好[9]。但离子型聚氨酯涂层剂乳液对 pH 变化和电解质比较敏感。随离子型聚氨酯中离子性基团含量的增加，涂层剂分散液的透明度和稳定性提高，但涂层膜的亲水性增强，耐水性变差。

对于防水透湿涂层用水性聚氨酯涂层剂，其分子中含有大量的极性基团，如—OH、

—NH—、—NHCOO—、—SO₃H 和—COOH 等，这些亲水性基团是传递水分子的"化学阶梯石"，它们能以氢键的形式捕捉人体散发的水气，并借助聚氨酯大分子链热运动所形成的瞬间空隙，使水分子沿"化学阶梯石"在涂层膜内部扩散，并最终透过涂层膜，从而获得透湿功能。这种涂层剂具有良好的成膜性，能在织物上形成坚韧的无孔薄膜，具有良好的防水性和一定的透湿性。

水性聚氨酯涂层剂的成膜过程与溶剂型聚氨酯涂层剂不同，涂层膜的力学性能与成膜过程有关，决定水性聚氨酯涂层剂最终性能的关键因素之一是分散颗粒的成膜性能[10]。水性聚氨酯涂层剂在涂层后的烘干和焙烘过程中，聚氨酯乳粒相互靠近、聚集、熔融或黏结，形成连续的聚合物膜，聚氨酯分子链在膜中伸展、相互缠结而形成网状结构，使涂层膜具有一定的力学性能。提高热处理温度有利于涂层剂成膜。在涂层浆中添加交联剂，使聚氨酯分子产生交联，可提高涂层膜的耐水和耐溶剂性能。

与溶剂型聚氨酯涂层剂相比，水性聚氨酯涂层剂无游离的异氰酸酯，使用安全性好，无溶剂污染问题；此外，水性聚氨酯涂层剂的黏度与聚合物的相对分子质量无关，可制备高相对分子质量、高含固量（50%~60%）的涂层剂，而提高聚氨酯的相对分子质量，可改善涂层膜的力学性能。水性聚氨酯涂层剂在储存和运输过程中不宜受冻。由于水性聚氨酯涂层剂的黏度较低，涂层时需添加增稠剂。与溶剂型聚氨酯涂层剂相比，水性聚氨酯涂层剂的成膜强度、耐水和耐溶剂性等性能仍存在差距[11]。

水性聚氨酯涂层剂常用于干法涂层整理，为改善涂层织物的耐水性、柔软性和耐久性，在涂层加工时，需进行前防水和后防水整理。水分散型聚氨酯除用于直接涂层外，在转移涂层中也逐步取代传统的溶剂型聚氨酯涂层剂。

（三）热塑性聚氨酯弹性体

热塑性聚氨酯（TPU）是一种介于塑料和橡胶之间的弹性体，是线性聚合物，分子链之间借助氢键结合而形成网状结构，在有机溶剂的作用下，氢键被破坏，分子间作用力减弱，聚合物可用有机溶剂溶解。热塑性聚氨酯在温度低于软化点时为弹性体，当温度超过软化点（或熔点）后成为可塑体。

热塑性聚氨酯可分为聚酯型、聚醚型、聚醚/聚酯型、聚碳酸酯型。一般来说，聚醚型TPU 的耐水解性好，在潮湿环境中聚醚型 TPU 的水解稳定性远超过聚酯型 TPU，耐低温性好，耐微生物侵蚀，防霉菌；聚酯型 TPU 的耐候性、耐溶剂性和耐油性好。聚醚/聚酯型TPU 兼有聚醚型 TPU 和聚酯型 TPU 的优点。

热塑性聚氨酯不仅在硬段部分存在结晶，而且在软段部分也存在氢键和结晶，其数量足以影响材料的物理性能。

热塑性聚氨酯具有优良的力学性能和化学性能，在很宽的温度范围内（-40~120℃）具有柔性，耐磨性、抗撕裂性和屈挠强度优良，拉伸强度高，伸长率大，弹性好，具有耐油、耐溶剂和耐一般化学品腐蚀的性能，耐候性和耐臭氧性好。热塑性聚氨酯的耐磨性、弹性优于普通聚氨酯和聚氯乙烯（PVC），耐老化性优于橡胶，而且具有热塑性，可重复使用。

热塑性聚氨酯的形态可以是粒料或粉状物，用于纺织品的涂层和层压加工时，有多种使用方法，如用有机溶剂溶解后，可制成溶剂型涂层浆，用于纺织品涂层；加热熔融后，其熔融流体可用于纺织品的热熔涂层；粒料通过挤出机制成流涎膜后，可直接与纺织品进行层压复合；也可以先将 TPU 制成不同厚度的薄膜，然后再与纺织品层压复合。

TPU 在纺织品的热熔涂层和层压加工中应用广泛，其涂层与层压织物具有许多优异性能，而且加工过程无污染，因此，热塑性聚氨酯在纺织品涂层领域发展很快，结束了橡胶和聚氯乙烯在纺织品涂层领域长期占主导地位的历史，未来将会有更大的发展。

四、有机硅涂层剂

有机硅涂层剂主要是由具有活性基团的聚硅氧烷类弹性体组成。聚硅氧烷的主链是由硅和氧原子交替连接而成的 Si—O—Si 链，在硅原子上除可引入甲基外，还可引入氨基、甲氧基等基团，其结构式如下：

$$R-\underset{\underset{R}{|}}{\overset{\overset{R}{|}}{Si}}-O-\left[\underset{\underset{R}{|}}{\overset{\overset{R}{|}}{Si}}-O\right]_n-\underset{\underset{R}{|}}{\overset{\overset{R}{|}}{Si}}-R$$

硅氧烷类聚合物既有无机的硅氧结构，又含有有机基团，使其兼具有机物和无机物的特性，是一种典型的半无机半有机高分子物质。

由于有机硅主链上的 Si—O 键键能较高，因此有机硅弹性体具有优良的耐热性、耐寒性、耐紫外线性、抗臭氧性、耐候性和耐老化性，使用性能稳定，在 $-50 \sim 250℃$ 的环境下具有优异的弹性、撕裂强度和黏接牢度。通用型有机硅弹性体的脆化点为 $-60 \sim -50℃$，在室外的使用寿命一般可达 10 年之久。有机硅弹性体的抗张强度高，弹性好，伸长率大，与其他涂层剂相比，有机硅涂层织物的撕裂强度和断裂强力均有显著增加[12]。

由于 Si—O 键的键长较长，且 Si—O—Si 键的键角较大，使 Si 原子上的侧基转动位阻较小，硅氧烷链旋转自由，并可以多方向进行，自由空间增大，因此有机硅弹性体的透气性和透湿性较好。在室温下，有机硅弹性体薄膜对空气中 N_2、O_2、CO_2 等气体的透过率比天然橡胶高 $30 \sim 50$ 倍[12]。

有机硅弹性体的疏水性侧基（如甲基）能够将 Si—O—Si 主链屏蔽起来，使有机硅的表面张力低，其涂层织物具有良好的拒水性。

此外，有机硅弹性体无毒，对皮肤无刺激，而且具有优异的电绝缘性能。

聚硅氧烷弹性体（如端羟基聚二甲基硅氧烷、聚甲基氢硅氧烷等）具有活性基团，在金属盐或有机酸盐的作用下，可以进行交联反应。采用不同的聚硅氧烷弹性体和不同的催化剂，涂层纺织品具有不同的性能和风格[13]。

有机硅涂层剂的交联反应机理可分为加成反应、缩合反应和氧化反应，但氧化反应机理目前在织物涂层中已很少应用[14]。

1. 加成反应

加成反应类有机硅涂层剂是以含乙烯基的聚硅氧烷为基础的聚合物，以低相对分子质量的含氢硅油为交联剂，在铂催化剂作用下，加热交联成网状结构。含氢硅油的分子结构如下：

$$R-\underset{\underset{CH_3}{|}}{\overset{\overset{CH_3}{|}}{Si}}-\left[\underset{\underset{CH_3}{|}}{\overset{\overset{CH_3}{|}}{Si}}-O\right]_m\left[\underset{\underset{CH_3}{|}}{\overset{\overset{H}{|}}{Si}}-O\right]_n\underset{\underset{CH_3}{|}}{\overset{\overset{CH_3}{|}}{Si}}-R$$

加成反应式如下：

$$-O-\underset{\underset{CH_3}{|}}{\overset{\overset{CH_3}{|}}{Si}}-CH=CH_2 \ + \ H-\underset{\underset{\underset{\underset{O}{|}}{CH_3-Si-CH_3}}{\overset{O}{|}}}{\overset{\overset{CH_3}{|}}{Si}}-O-\underset{\underset{CH_3}{|}}{\overset{\overset{CH_3}{|}}{Si}}-O- \ \xrightarrow{[Pt]} \ -O-\underset{\underset{CH_3}{|}}{\overset{\overset{CH_3}{|}}{Si}}-CH_2-CH_2-\underset{\underset{\underset{\underset{O}{|}}{CH_3-Si-CH_3}}{\overset{O}{|}}}{\overset{\overset{CH_3}{|}}{Si}}-O-\underset{\underset{CH_3}{|}}{\overset{\overset{CH_3}{|}}{Si}}-O-$$

　　加成反应类有机硅涂层剂反应过程中和涂层生产过程中没有任何有害物质排出，涂层后的织物上没有不良残留物，但反应需要铂化合物作为催化剂，存在催化剂中毒问题。

2. 缩合反应

缩合反应是有机硅涂层剂中较为常见的反应机理，反应温度相对较低，反应过程中有副产物产生，通过加热、催化剂、交联剂和促进剂等可加速固化反应速率。聚硅氧烷的缩合反应举例如下：

$$HO\left[\underset{\underset{CH_3}{|}}{\overset{\overset{CH_3}{|}}{Si}}-O\right]_m H \ + \ HO\left[\underset{\underset{CH_3}{|}}{\overset{\overset{CH_3}{|}}{Si}}-O\right]_n H \ \xrightarrow{[Sn]} \ HO\left[\underset{\underset{CH_3}{|}}{\overset{\overset{CH_3}{|}}{Si}}-O\right]_{m+n} H \ + \ H_2O$$

缩合反应类有机硅涂层剂一般为溶剂型或水相体系，溶剂或水必须在交联固化前挥发去除。

有机硅涂层剂包括溶剂型、水性及100%有机硅涂层剂三种类型，可以是单组分或双组分涂层剂。单组分有机硅涂层剂含有聚硅氧烷聚合物、交联剂、填料等成分。双组分有机硅涂层剂按照聚硅氧烷聚合物、交联剂、填料、催化剂等成分化学性质不同，将它们分成两种组分，分别包装，涂层前需将两种组分按比例混合均匀，然后再进行涂层。

溶剂型有机硅涂层剂具有许多优点，在织物上的渗透性好，涂层浆黏度容易调控，但涂层后需烘干，以去除挥发性有机化合物，存在环境污染问题。水性有机硅涂层剂是硅橡胶的水性分散液，具有环保、无气味、可用水稀释等特点。

100%有机硅涂层胶是不含溶剂的液体硅橡胶，具有较好的流动性，不需要使用有机溶剂或少量使用有机溶剂，减少了环境污染和生产能耗。100%有机硅涂层胶主要是液体硅橡胶（LSR）和室温硫化有机硅弹性体（RTV）。液体硅橡胶（LSR）一般为双组分（A和B组分），两种组分在涂层前混合，涂层后在高温下能迅速固化，涂层膜的拉伸强度和撕裂强度高。室温硫化有机硅弹性体（RTV）一般是单组分体系，可在室温条件下固化，涂层膜的模量较低。

有机硅涂层剂的黏度、固化速度、相对密度和流变性等性能会影响涂层加工，其中流变性的影响更为重要。在涂层剂中加入填充剂会影响其流变性。

在有机硅涂层配方中加入一些功能性助剂，可改善涂层性能，如阻燃剂可改善涂层织物的阻燃性；热稳定剂可提高涂层的热稳定性。在有机硅涂层浆中加入导电材料，可用于电子工业的导电服涂层，以改善导电和防护性能。

有机硅涂层剂可以单独使用，也可与聚氨酯、聚丙烯酸酯等涂层高聚物混合使用，以赋予涂层织物良好的弹性和透气性，同时改善涂层织物的手感，增强涂层织物的撕裂强度、耐磨性和抗皱性能。

有机硅涂层织物具有优良的撕裂强度，耐热性和耐寒性好，在高温和低温下都有很好的柔韧性，耐紫外光性能、耐臭氧性和耐候性好，使用寿命长，对皮肤无刺激性，透气性较好，电绝缘性好，广泛用于船帆、热气球、滑翔伞、降落伞、安全气囊、篷盖布、防护服、运动装、产业用织物（如高温绝热织物、耐高温输送带、电气绝缘套管等）、建筑用织物（如屋顶膜结构织物、遮光帘等）、医用织物（如手术服、绷带等）等领域。

五、橡胶

橡胶具有高度伸缩性与极好的弹性。经硫化后，由线性大分子交联形成网状大分子，即由原料橡胶转变为硫化橡胶，习惯上前者称为生橡胶或生胶，后者称为橡胶或熟胶。橡胶材料一般能在很宽的温度范围内保持优良的弹性，伸长率大，弹性模量小，还具有较好的强度、气密性、防水性、电绝缘性及其他优良的性能。

根据来源不同，分为天然橡胶和合成橡胶，合成橡胶包括丁基橡胶（BR）、氯丁橡胶（CR）、丁苯橡胶（SBR）、丁腈橡胶（NBR）、氯磺化聚乙烯（CSM）、硅橡胶等。

为了提高橡胶的使用性能，需加入防老化剂、增塑剂、补强剂等其他助剂。防老化剂可抑制橡胶在使用过程中，由于热、氧、臭氧、太阳光等因素的作用发生的老化现象；增塑剂可降低橡胶分子间的作用力，增加橡胶的塑性，使其容易加工，并能改善橡胶的某些性能；补强剂能够提高硫化橡胶的拉伸强度、撕破强度及耐磨性等力学性能。常用的补强剂有炭黑、白炭黑、碳酸镁、活性碳酸钙、活性陶土等。

橡胶的玻璃化温度低，未硫化交联的橡胶具有塑性和黏性，经硫化交联后，橡胶大分子由线性结构变为网状体型结构，形成弹性体，而失去塑性。随着橡胶工业的发展，出现了一类不需硫化交联，常温下具有橡胶的弹性，受热时具有可塑性的高分子材料，称为热塑性橡胶（TPE）。这种材料可回收再加工，但耐热性、机械强度和变形性等较差。

橡胶用于纺织品涂层加工时，主要有两种涂层方法，一种是将橡胶混炼后进行压延涂层，另一种是用溶剂将橡胶制成胶浆，然后用浸胶或刮胶的方法对织物进行涂层加工。

橡胶是一类重要的纺织品涂层材料，其中天然橡胶在织物涂层领域有很长的应用历史。目前，丁基橡胶、氯丁橡胶、丁苯橡胶、丁腈橡胶、氯磺化聚乙烯、硅橡胶等广泛用于纺织品的涂层加工，其中丁基橡胶涂层膜的耐候性和抗氧化性好，透气性低；丁基橡胶和丁腈橡胶涂层膜的耐酸性好；硅橡胶涂层织物的性能好，但成本较高。

第三节　涂层与层压技术

　　涂层是将聚合物涂敷到纺织品基布上而形成涂层膜的加工方法，根据涂层聚合物在基布上成膜方法的不同，涂层方法可分为干法涂层、湿法涂层和热熔涂层；根据加工方式的不同，涂层方法可分为直接涂层和转移涂层。根据涂层装置的不同，涂层方法可分为刮刀涂层、辊式涂层、圆网涂层、撒粉涂层、浸涂、喷涂、挤出涂层等。涂层加工时，应根据基布的性质、涂层聚合物的形态、涂层浆的黏度、最终产品的用途和要求、涂层精度、加工成本等因素，合理确定涂层整理方法。

　　层压加工是另一种制备纺织品复合材料的方法，是借助黏合剂、热熔胶或热熔膜，将一种纺织品与另一种纺织品或薄膜黏合在一起的加工方法。层压加工包括焰熔层压、压延层压、热熔层压和黏合剂层压等方法。

　　由于涂层和层压产品的用途很广，对于不同使用要求的产品，其基布、涂层聚合物、涂层及层压的方法和工艺、加工设备等方面均有所差异。

一、涂层头种类

　　涂层设备通常由进布装置、涂层头、加热箱、打卷装置等部分组成，其中涂层头是将涂层聚合物涂敷到基布上的装置，可调节涂敷量的大小，是涂层设备的核心部分，对涂层均匀性、涂层浆在基布上的渗透程度和涂层织物性能等有很大影响。

　　涂层头种类很多，而且还有不同的组合，每种涂层头都有其最适宜的加工基布和涂层剂，应根据涂层剂、基布和涂层要求等因素，选择适宜的涂层头。

（一）刮刀式涂头

　　刮刀式涂头是传统的涂层装置，涂层浆通过刮刀施加到基布上。刮刀涂层包括悬浮刀涂层、辊衬刮刀涂层和橡胶毯上刮刀涂层等方式，其涂层示意图如图6-3-1所示。

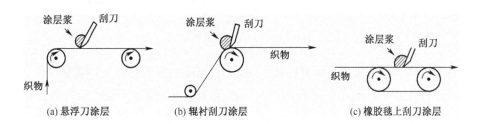

图6-3-1　刮刀涂层示意图

　　悬浮刀涂层时，刮刀直接接触织物，涂层浆所受刮涂压力大，在织物内部的渗透程度大，涂敷量小（可低至$7 \sim 8 g/m^2$），但涂层的均匀性和耐水压较差。涂层时，刮刀对基布的压力增加，导致结构疏松的织物变形程度增大。适合于轻薄涂层和基布的打底涂层。

对于橡胶毯上刮刀涂层，由于涂层织物受到橡胶毯的支撑，不易发生拉伸形变，适合于容易变形织物的涂层。涂层时，橡胶毯的张力会影响涂敷量的大小。

辊衬刮刀是在刮刀和基布之间存在一狭缝，通过调节刮刀与衬辊上基布的间距控制涂敷量的大小。这种方式涂层，涂层浆黏度适用范围宽，涂敷量调节范围大，但基布所受张力较大，适于尺寸稳定的织物。涂层时，刮刀可在衬辊正上方（图6-3-2a）；也可在稍后位置（图6-3-2b），类似于悬浮刀涂层，适合于起毛或起绒等厚重织物涂层。

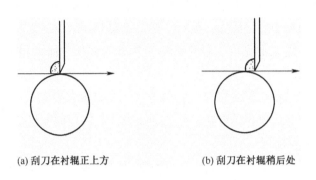

(a) 刮刀在衬辊正上方　　　　　　　　　(b) 刮刀在衬辊稍后处

图6-3-2　辊上刮刀示意图

对于刮刀涂层，涂敷量的大小除与涂层浆的含固量有关外，还与刮刀刀口的截面形状、涂层时刮刀角度有关。

刮刀刀口的截面形状有多种，如刀形、楔形、圆形、鞋形等（图6-3-3）。刀口截面形状会影响涂敷量的大小和涂层浆在基布上的渗透程度，一般来说，刀口宽，涂敷量大。刮刀刀口形状应根据涂层工艺要求、涂层浆黏度、基布品种规格等因素确定。

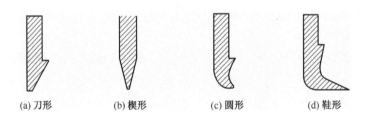

(a) 刀形　　　　　　(b) 楔形　　　　　　(c) 圆形　　　　　　(d) 鞋形

图6-3-3　刮刀形状示意图

对于刀形刮刀，其底部宽度一般在0.5～4mm，底部宽度越小，涂敷量越低。

楔形刮刀的刀刃是半径约1mm的圆弧，一般用于悬浮刀涂层，涂敷量较低；此外，刮刀对涂层浆的剪切作用时间短，涂层浆在基布上的渗透程度较小，涂层织物手感柔软。

圆形刮刀常用于辊衬刮刀涂层，刮刀对涂层浆的剪切和加压作用时间较长，涂敷量较大，涂层浆渗透程度大，涂层织物手感较硬。圆形刮刀适于高黏度涂层浆及转移涂层。

鞋形刮刀主要用于辊衬刮刀涂层，刮刀底部的平面越宽，涂敷量越大。但刮刀底部与基布之间夹角的大小对涂敷量也有影响，夹角增大，涂敷量增加。

在涂层过程中，涂层浆会黏附在刮刀的背面，并不断积累，达到一定程度后就会掉落在基布涂层液膜的表面，造成涂层不匀。鞋形刮刀可避免这种情况。

涂层时，刮刀的角度也会影响涂敷量的大小和涂层浆在基布上的渗透程度。与垂直放置的刮刀相比，刮刀前倾（图6-3-4a）时，涂层浆受到的刮压力较大，使涂层浆在基布上的渗透程度增大，涂敷量较高，而刮刀后倾（图6-3-4c）时，涂敷量较低。

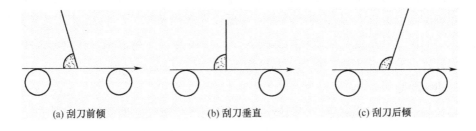

(a) 刮刀前倾   (b) 刮刀垂直   (c) 刮刀后倾

图6-3-4 刮刀涂层角度示意图

涂层刮刀的另一种形式是逗点辊刮刀（图6-3-5）。逗点辊刮刀的形状使其对涂层浆的剪切力较小，对于某些在高剪切力作用下容易产生问题的涂层浆，可采用逗点辊刮刀涂层；涂层浆在基布上的渗透程度较大，涂层膜与基布的黏合牢度较好；此外，刮涂后的涂层浆不易黏附在辊上，有利于提高涂层膜表面的平整度，适合于高速度（30m/min以上）的涂层[8]。与常规刮刀一样，逗点辊刮刀的角度和位置也可以进行调整。

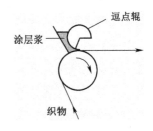

图6-3-5 逗点辊刮刀

（二）辊式涂头

辊式涂头是通过转动的辊筒对基布施加涂层浆，其涂布辊可以是具有凹槽的辊筒或表面光滑的辊筒。这种涂层方法可将涂层浆计量地均匀涂敷到基布上。辊式涂头有多种形式，如舔辊涂头、刻纹辊涂头、逆行辊涂头等，其示意图见图6-3-6。

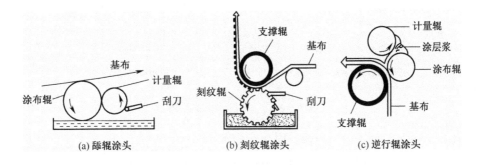

(a) 舔辊涂头   (b) 刻纹辊涂头   (c) 逆行辊涂头

图6-3-6 辊式涂头示意图

舔辊涂头通过涂布辊将涂层液施加到基布上，涂敷量可由涂布辊上的刮刀和计量辊调节，计量辊上的刮刀用于去除残留在辊上的涂层液。这种涂头常用于表面涂层，如涂层膜的表面功能处理、上光涂层、防水涂层等。涂敷量与涂布辊的带液量、涂层液的黏度等因素有关，涂层液黏度低，涂敷量较小。

刻纹辊涂头是通过将刻纹辊浸在涂层浆中，使涂层浆黏附在辊上，刻纹辊转动时，刮刀将辊上多余的涂层浆刮去，残留在凹槽中的涂层浆在刻纹辊与基布轧压时涂敷在基布上。这种涂层方式的涂敷量由刻纹辊上凹槽的数目和深度决定，可对基布进行定量涂敷，涂层膜可以是不连续的。

逆行辊涂头是通过计量辊与涂布辊之间的间隙，将涂层浆挤出，在支撑辊与涂布辊的轧点处，涂布辊的转动方向与基布的运行方向相反，通过揩擦作用，将涂层浆涂敷到基布上。涂敷量的大小取决于计量辊与涂布辊间隙的大小、涂布辊与支撑辊相对转速的大小。这种涂层方式均匀性好，涂层面光滑，常用于轻薄涂层和合成革的表面涂层[15]。

（三）圆网涂头

圆网涂头是通过刮刀或磁棒，将圆网内的涂层浆挤压透过圆网而涂敷在基布上，原理与圆网印花相同。涂敷量的大小与圆网的目数（1英寸长度上的孔数）、涂层刮刀或刮棒的压力等有关。圆网目数越大，开孔面积及网孔的孔径越小，涂敷量越低。圆网目数的选择应根据涂层浆的黏度和流动性能、填料粒子的大小及涂敷量等因素确定[8]。

对于刮刀式圆网涂头（图6-3-7a），涂敷量大小与刮刀刀片的高度、厚度和刮浆压力有关。对刮刀施加的压力大，刮刀片的弯曲程度大，刮印力大，透过圆网的涂层浆多，涂敷量大。但对于幅宽大的基布，刮刀的刮浆均匀性较差。

对于磁棒式圆网涂头（图6-3-7b），涂敷量与所施加磁力的大小和磁棒的直径有关，涂敷量的调节方便，刮浆均匀性好，特别适于宽幅织物的涂层。

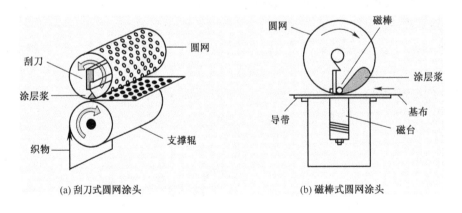

(a) 刮刀式圆网涂头　　　　　　　　(b) 磁棒式圆网涂头

图6-3-7　圆网涂头示意图

圆网涂层可用于普通涂层、泡沫涂层和热熔涂层，涂层浆在基布上的渗透程度小；基布所受张力小，不易发生变形，可用于对张力敏感的易变形基布的涂层，如针织物、非织造布及结构疏松的织物。圆网涂层适用于多种涂层剂，如聚氨酯、聚丙烯酸酯乳液及其泡沫体、PVC糊等，而且对涂层浆黏度的适用范围广（800~40000mPa·s），对于黏度大、流平性差的涂层浆，可在圆网涂头后加一刮刀，将基布上的涂层浆刮平。

（四）浸涂

浸涂是先将织物浸渍在涂层浆中，使涂层浆黏附在基布上，然后通过两个计量辊（挤压辊）或柔性刮刀，将基布两面多余的涂层浆挤除或刮掉，从而将涂层浆涂敷在基布的两侧，制得双面涂层织物，其涂层示意图见图6-3-8。浸涂一般用于基布的打底涂层。为了提高涂层浆在基布中的渗透程度，提高涂层织物的剥离强度，在浸涂前可预先浸润基布，以去除基布空隙中的空气，有利于涂层浆在基布中的渗透。

（五）狭缝式涂头

狭缝式涂头又称挤出涂头，热塑性涂层聚合物的熔融流体从槽口模的狭缝挤出，形成熔融状薄膜（流涎膜），涂敷在基布上，冷却后制得涂层织物，其涂头示意图见图6-3-9。

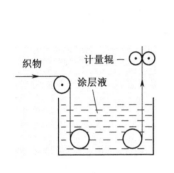

图6-3-8 浸涂示意图

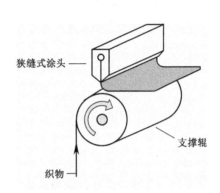

图6-3-9 狭缝式涂头示意图

采用狭缝式涂头涂层时，流涎膜的厚度与槽口模狭缝大小有关。通过调节熔融流体的挤出量，或改变基布的运行速度，可调整涂层膜的厚度。熔融流体的挤出量减小或基布运行速度加快，都会降低涂层膜的厚度。狭缝式涂头常用于热熔涂层和热熔层压加工。

（六）其他涂层头形式

除以上形式外，还有撒粉涂头、喷丝涂头、泡沫涂头、喷雾涂头、绕线辊涂头等形式。撒粉涂头是将粉状热熔胶撒布在基布上，然后进入烘箱加热，使粉体熔融，冷却后与基布黏合在一起，其涂层示意图见图6-3-10。撒粉涂层主要用于热熔黏合材料的加工；喷丝涂头是通过一系列喷丝孔，将热塑性聚合物熔体喷涂在基布上，冷却后在基布上形成丝网膜，喷丝涂头示意图见图6-3-11。喷丝涂头涂敷量的大小与喷丝口数量、喷丝口的喷胶量和基布运行速度有关。喷丝涂头可用于透气性涂层和层压加工。

二、涂层方法

涂层聚合物可以通过多种方法施加在纺织品上，并在纺织品上形成不透气的薄膜层或透气的微孔膜层，也可以通过多次涂层而获得具有多层结构的复合涂层织物。涂层整理方法主要有直接涂层、转移涂层和层压复合三类。

（一）直接涂层

直接涂层是将涂层聚合物直接涂敷在基布上而获得涂层织物的方法。根据涂层聚合物成膜方法的不同，直接涂层可分为干法涂层、湿法涂层和热熔涂层。

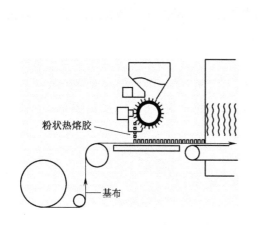

图 6 – 3 – 10　撒粉涂头示意图

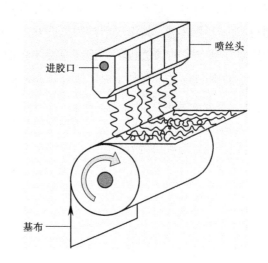

图 6 – 3 – 11　喷丝涂头示意图

1. 干法涂层

　　干法直接涂层是将涂层浆直接涂敷在基布上后，通过加热，使涂层聚合物在基布上成膜而形成涂层织物的方法。干法直接涂层是最常用的涂层方法，工艺技术简单，加工成本较低，适应性广，适用于溶剂型或水性涂层剂、PVC 糊树脂、橡胶等聚合物的涂层。

　　干法直接涂层时，在涂层剂中加入添加剂，如增稠剂、交联剂、着色剂、填料等，配成涂层浆，采用适当的方式，将涂层浆涂敷在基布上，然后在烘箱中，使溶剂或水挥发，涂层聚合物成膜。对于 PVC 糊树脂，在基布上涂敷 PVC 增塑糊后，通过加热使 PVC 溶解在增塑剂中而塑化，在基布上形成涂层膜。干法直接涂层的设备示意图见图 6 – 3 – 12。

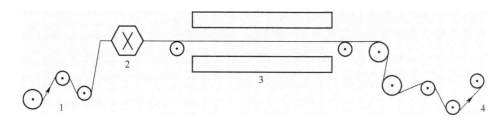

图 6 – 3 – 12　干法直接涂层设备示意图

1—进布装置　2—涂层头　3— 烘箱　4—打卷装置

　　对于需要双面涂层或多层涂层的产品，可在完成一次涂层后，再重新进布，进行另一次涂层；也可采用具有两个或三个涂头的涂层设备，在一台设备上完成多次涂层。

　　干法直接涂层的基本工艺流程为：

　　基布→涂层→烘干→焙烘→冷却→打卷

　　涂层前可对基布进行适当的预处理，如拉幅整纬、拒水处理、轧光等，以有利于涂层加工或改善涂层效果。涂层时，根据涂层聚合物的性能特点，合理确定烘干和焙烘的温度和时间，以使涂层聚合物能充分反应或塑化而形成坚韧的皮膜，同时应避免因溶剂或水挥发过快而导致的涂层膜出现针孔或起泡现象。涂层后可根据产品要求，进行适当的功能整理加工。

干法直接涂层时，涂层剂种类、涂层浆组成、涂层方式和涂层工艺是影响涂层产品性能的主要因素，应合理选择涂层浆的黏度、涂头形式、刮涂压力、烘干及焙烘的温度和时间等工艺参数，以获得满意的涂层效果。

干法直接涂层的涂层方式有多种，常用的涂层方式有刮刀涂层、辊式涂层、圆网涂层、绕线辊涂层等，可对基布进行面涂层、点状涂层或花型涂层，在基布上形成连续完整的封闭涂层膜或不连续的涂层膜。对于在基布上形成全覆盖涂层膜的面涂层织物，其耐水压高，阻隔性好，不透气，常用于篷盖布、帐篷、阻隔防护服、气囊、充气艇、产业用布等产品。点状涂层织物是采用浆点涂层的方法，将涂层浆以不连续的点状涂敷在基布上而形成的涂层织物，透气性好，常用于层压复合织物的加工。

干法直接涂层时，涂层剂可以浆状、糊状、泡沫状等状态涂敷在纺织品上。大部分干法涂层采用浆状或糊状液体涂层浆，为了获得良好的涂层效果，在配制涂层浆时，应避免涂层浆中含有大量气泡，有时需在涂层浆中加入消泡剂。

采用浆状或糊状涂层浆进行干法涂层时，涂敷量的大小与涂层浆（如黏度、流变性、含固量）、基布（如张力、运行速度、润湿和渗透性）、刮刀（如压力、位置、角度）等因素有关。

泡沫涂层是干法涂层的一种特殊方法，它是在涂层浆中加入发泡剂、稳泡剂及其他添加料，通过泡沫发生装置，使涂层浆与空气充分混合，形成含有大量微小气泡的流动性泡沫体，然后将泡沫浆涂敷在基布上，经加热处理后形成涂层织物。

泡沫涂层浆常用的发泡剂是阴离子型和非离子型表面活性剂，其中阴离子型表面活性剂的发泡速度较慢，但泡沫稳定性较好；非离子型表面活性剂的发泡性和润湿性好，但泡沫稳定性较差[16]。稳泡剂能够提高发泡原液的黏度或增加泡沫液膜的弹性，从而提高泡沫的稳定性，如聚乙烯醇、海藻酸钠、高黏度羟乙基纤维素、十二醇等。

泡沫涂层时，泡沫浆的发泡比、流变性、泡沫稳定性和均匀性等对涂层加工及涂层产品的性能有很大的影响。发泡比大，泡沫浆中气体含量多，密度低，黏度高，涂敷量低。泡沫涂层浆应具有适当的稳定性，而且气泡的大小应适宜，均匀性要好。一般来说，液体的黏度大，形成的泡沫稳定性好；泡沫的气泡小，稳定性好。

稳定泡沫具有较长的半衰期，涂敷在基布上后仍能保持稳定的泡沫状态，烘干后形成微孔性的涂层膜层。由于液体发泡后形成的泡沫体黏稠度增大，涂层时在基布上的渗透性小，与液体涂层浆相比，泡沫涂层的涂敷量小，涂层均匀性好，涂层织物的手感较柔软，透气性较好。稳定泡沫浆也可进行花型状或点状涂层，赋予涂层产品独特的外观和功能效果。稳定泡沫浆还可用于层压加工，通过将层压加工的黏合剂制成稳定泡沫浆，然后进行涂层和层压加工，所得的层压复合织物的黏合层是多孔的泡沫结构，层压织物的透气性和透湿性较好。

稳定泡沫浆的适应性广，可采用多种涂层头进行涂层，如刮刀涂层、圆网涂层、绕线辊涂层等。对于某些泡沫涂层产品，涂层烘干后需进行轧光或压泡处理，以提高涂层表面的平滑度、涂层膜的密实度和强度。稳定泡沫涂层常用于要求手感和悬垂性好的遮光窗帘的涂层加工，以及防水透湿服装面料的涂层和层压加工，如滑雪服等。

不稳定泡沫的稳定性差，泡沫施加到纺织品上后即发生破裂，释放出的液体在织物上发生渗透。当涂敷量低时，仅在织物单面渗透；在涂敷量足够高时，液体也可完全渗透织物。不稳定泡沫常作为染化药剂的载体，用于织物的染整加工，以提高加工均匀性，降低给液量，减少染化料的消耗，节能。由于稳定性差，不稳定泡沫在涂敷加工时，必须采用封闭式施加系统，如狭缝式涂头（图6-3-13）和狭缝式圆网泡沫涂头（图6-3-14），泡沫浆被挤出狭缝口后就直接涂敷在基布上，涂敷量的大小通过调节泡沫发生装置的泡沫输出量进行控制。不稳定泡沫涂层可用于织物的单面整理以及拒水/亲水等不同功能的双面整理加工。

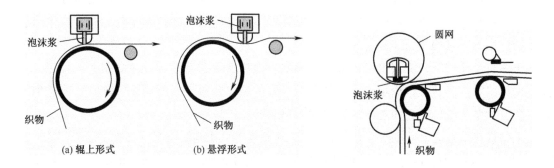

图6-3-13 狭缝式泡沫涂头示意图　　　图6-3-14 狭缝式圆网泡沫涂头示意图

半稳定泡沫具有较好的稳定性，泡沫涂敷到基布上后仅有部分发生破裂，破裂泡沫释放的液体在基布上发生一定程度的渗透，而未破裂的泡沫在烘干时发生塌陷，在基布表面形成涂层膜。半稳定泡沫适于既要求有稳定泡沫的涂层效果，又要求有不稳定泡沫的整理效果的涂层加工，如座套及垫子等的防滑涂层、装饰织物的背面阻燃涂层整理等。

总之，与液体浆涂层相比，泡沫涂层的涂敷量小，涂层均匀性好，涂层浆对基布的渗透程度小，涂层织物手感柔软，加工成本较低，可对织物进行单面或双面整理，但涂层膜的强度及其对织物的黏合牢度较低。

2. 湿法涂层

湿法涂层也称为凝固涂层，它是将溶剂型涂层剂直接涂敷在基布上，然后进入凝固浴中，经凝固浴中非溶剂的作用，使涂层聚合物在基布上形成多孔性涂层膜的加工方法。湿法涂层设备示意图见图6-3-15。

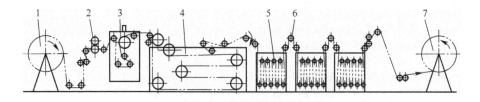

图6-3-15 湿法涂层设备示意图

1—基布　2—进布轧车　3—涂层装置　4—凝固槽　5—水洗槽　6—轧车　7—打卷

湿法涂层所用的涂层聚合物主要是溶剂型单组分聚氨酯。这种聚氨酯可溶于二甲基甲酰胺（DMF）等有机溶剂，但不溶于水，水是其凝固剂（或非溶剂）。以 DMF 为溶剂的聚氨酯涂层剂涂敷到基布上后，进入凝固浴中，聚氨酯涂层液膜中的 DMF 向凝固浴中扩散，而凝固浴中的水则向聚氨酯液膜中扩散，随着这种双向扩散的进行，基布上的聚氨酯涂层液发生相分离，并凝固而形成具有大量相互贯通的微孔的涂层膜。这些微孔的孔径很小，水滴无法透过，而水分子可以透过，使湿法涂层织物具有防水透湿功能。

湿法涂层用聚氨酯的性能会影响涂层产品的风格，如柔软性、抗粘连性等，一般采用高柔软度、低粘连性的单组分聚氨酯涂层剂。

在湿法涂层时，涂层工艺的关键是控制溶剂和非溶剂的双向扩散速度和涂层液膜的相分离速度，以获得具有适当孔径和形态的涂层膜。涂层膜中微孔的孔径大小及孔径分布、孔隙率、微孔膜的形态结构和厚度等因素都会影响涂层织物的透湿性和耐水压性能。

湿法涂层时，涂层浆由聚氨酯、表面活性剂、溶剂、着色剂等组成，其中溶剂采用DMF。涂层浆中聚氨酯的浓度增加，所得涂层织物微孔膜的孔径减小，透湿量降低，耐水压提高。在涂层浆中添加阴离子或非离子表面活性剂，有利于涂层液膜中 DMF 与凝固浴中水的双向扩散速度，对凝固速度和成膜的微孔结构有显著的影响。着色剂可采用有机颜料或无机颜料，应与聚氨酯涂层剂的相容性好。

凝固浴的组成、温度、凝固处理时间对涂层液膜的凝固速度和成膜的微孔结构有很大影响。凝固浴一般是 DMF 与水的混合液，其中 DMF 浓度为 25% ~ 30%，凝固浴中 DMF 浓度低，形成的微孔膜内部孔穴大，与基布的黏合牢度低，耐磨性差。凝固浴的温度低，DMF 与水的双向扩散速度较慢，成膜性较差，通常凝固浴的温度在 20 ~ 30℃。

聚氨酯凝固成膜后，需充分洗除残留的 DMF，以避免烘干时微孔膜出现孔的塌陷和表面粘连现象。

湿法涂层织物的防水透湿性好，穿着舒适，外观和手感接近天然革，但与干法涂层织物相比，涂层膜的模量较小，抗拉强度低，与基布的黏合力较小[17]。湿法涂层常用于防水透湿涂层织物、仿羊皮或仿麂皮绒、合成革等产品的加工。

3. 热熔涂层

热熔成膜是涂层聚合物在基布上的另一种成膜方法，它是采用固态热塑性聚合物，在热的作用下，使聚合物熔融并在基布上成膜的涂层方法。热熔成膜的涂层方法主要有粉末涂层和热熔涂层，粉末涂层又可分为撒粉涂层和粉点涂层。

撒粉涂层是将热塑性聚合物的固体粉末撒布在基布上，然后加热使粉末熔融，聚合物在基布上成膜并与基布黏合在一起，其涂层工艺流程为：

基布→撒粉涂层→热处理→冷却→成品

撒粉涂层主要用于层压织物的加工，特别是非织造布及发泡基材的层压复合加工，产品的透气性和手感较好。

粉点涂层是将粉状热塑性聚合物施加在加热的雕刻辊上，多余的粉末用刮刀刮掉，雕刻辊凹槽内的粉末受热后相互黏结在一起，并在雕刻辊与基布的轧点处转移在基布上，然后加热熔融，涂层聚合物与基布黏合在一起，形成点状涂层。粉点涂层主要用于层压织物的加工。

热熔涂层工艺流程为：

基布→热熔胶熔融体涂层→冷却→成品

热熔涂层可用于涂层织物和层压织物的加工。

用于热熔涂层的热熔胶包括共聚酯（coPES）、共聚酰胺（coPA）、乙烯—醋酸乙烯共聚物（EVA）、反应性聚氨酯（PUR）等。反应性聚氨酯热熔胶（PUR）也称湿固化反应性聚氨酯热熔胶，可加热熔融成流体，然后涂敷在基布上，冷却成膜后，在环境中水分的作用下发生交联反应，形成高分子聚合物，使涂层膜的黏合力、耐热性、耐化学品腐蚀性能和耐溶剂性能等显著提高。反应性聚氨酯热熔胶常用于热熔涂层和层压加工，其熔融温度低于一般的热熔胶，可在 100~150℃ 使用。

热熔胶的熔融主要有熔胶罐和螺杆挤出机两种熔融方式，熔融后的热熔胶流体输送到涂层头进行涂层，其涂层示意图见图 6-3-16。

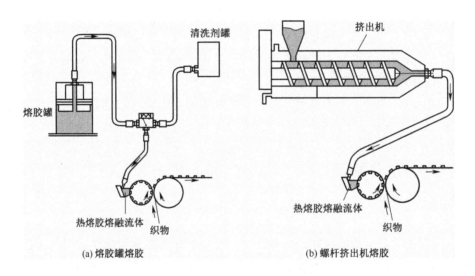

(a) 熔胶罐熔胶   (b) 螺杆挤出机熔胶

图 6-3-16　热熔涂层示意图

螺杆挤出机适合于较大的切片状热熔胶颗粒，其优点是热熔胶熔融后能迅速输送到涂层头进行涂层，而且可快速、无浪费地更换热熔胶。对于需高温熔融的热塑胶，一般采用螺杆挤出机熔融。

熔胶罐适合于中低黏度的热熔胶，对热熔胶的形状无限制，可以是块状、片状、粒状或粉状。对于湿固化反应性聚氨酯热熔胶（PUR），应采用带有气密封系统的熔融罐，并在熔融时通入惰性保护气体。

热熔直接涂层可采用圆网涂层、雕刻辊涂层、辊筒涂层、喷丝涂层、狭缝式挤出涂层等多种方法，可对基布进行全覆盖涂层、点状涂层或花型涂层。

采用圆网热熔涂层时，为弥补圆网带走的热量，Cavitec 公司在涂头上安装了加热罩，对圆网进行加热（图 6-3-17）。由于电镀镍网的最高工作温度为 180℃，而且刮涂热熔胶所产生的剪切力可能导致圆网破损，因此，圆网热熔涂层主要适用于中、低黏度的热熔胶，熔融黏度不大于 20 Pa·s[18]。圆网热熔涂层主要用于透气性涂层和层压织物的加工，如卫生领域用防护服、透气性包敷材料、透气薄膜的层压织物等。

辊筒热熔涂层是热熔涂层的主要方法之一。采用雕刻辊热熔涂层时，应根据产品品种和要求选择花型、凹点大小及凹刻深度等不同的雕刻辊，涂敷量大小与雕刻辊上凹点大小及深度、热熔胶种类、涂层温度、车速、基材种类等因素有关。多辊筒热熔涂层的涂敷量和涂层厚度取决于涂层辊和计量辊之间的间隙、涂层辊与基布的速度比等因素。

热熔喷丝涂层是将喷丝口喷出的丝状熔融聚合物直接涂敷在基布上，冷却后形成具有丝网膜的涂层织物。热熔喷丝涂层时，热熔的聚合物丝可以螺旋状、波浪状等形状涂敷在基布上。热熔喷丝涂层对基布的要求低，可对强力低、热敏性高的基布进行涂层，涂敷量的变化范围大（一般在 $3 \sim 20 g/m^2$），而且容易调控，生产速度快。

压延涂层可作为热熔涂层的一种特殊形式，它是通过涂层机上的热辊，将热塑性聚合物固体（如聚氨酯粒料）加热熔融，再从两辊间挤出，然后将热辊上的聚合物熔融膜与基布叠合热压而黏合在一起，冷却后形成涂层织物，其涂层加工示意图见图 6 - 3 - 18。

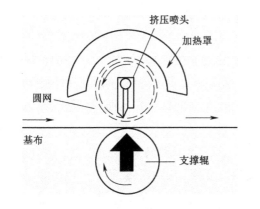

图 6 - 3 - 17 圆网热熔涂层示意图

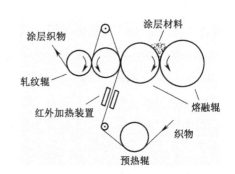

图 6 - 3 - 18 压延涂层

与传统涂层工艺相比，热熔直接涂层是一种新型的涂层技术，它采用不含有机溶剂和水的固态热塑性聚合物作为涂层剂，生产过程中无溶剂挥发问题，不产生废气、废水等污染物，符合环保要求，属于清洁生产加工技术。近年来，热熔直接涂层发展迅速，应用范围越来越广，是未来涂层技术的发展方向之一。

（二）转移涂层

转移涂层是先使涂层聚合物在离型纸上成膜，然后与基布黏合，再将离型纸剥离，从而在基布上获得涂层膜的加工方法。通过转移涂层，可获得表面更加光滑和美观的涂层织物。转移涂层常用的涂层剂是聚氯乙烯糊树脂和聚氨酯涂层剂。

转移涂层时，先将涂层剂涂敷在离型纸上，经热处理后，涂层聚合物在离型纸上形成均匀、连续的薄膜（又称皮层），然后再在这层涂层膜上涂敷黏结剂，并与基布贴合，经烘干和固化，中间的黏结层将基布与离型纸上的涂层膜黏合在一起，然后将离型纸剥离，涂层膜转移到基布上而得到涂层织物，其加工过程的示意图见图 6 - 3 - 19。

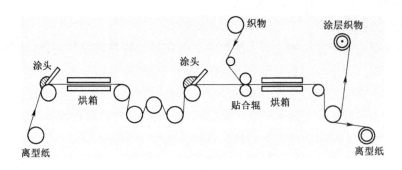

图 6-3-19　转移涂层加工示意图

离型纸又称转移纸，其性能对转移涂层加工及涂层织物的性能有很大的影响。离型纸应具有适当的强度和耐热性，不变形，重复使用性好，对涂层膜的黏附力适当。离型纸有硅纸和聚丙烯纸等品种，可制成花纹纸、高光纸、平光纸和消光纸等产品。根据用途的不同，离型纸可分为聚氯乙烯用离型纸和聚氨酯用离型纸两大类。有的离型纸不耐二甲基甲酰胺（DMF）的侵蚀，不能用于以 DMF 为溶剂的芳香族聚氨酯涂层剂，但可用于以芳烃和醇为溶剂的脂肪族聚氨酯。

在离型纸上涂层时，通常采用辊上刮刀的涂层方法。在与基布贴合前，一般在离型纸上进行两次或三次涂层，其中皮层由前一次或两次涂层制得，而最后一次涂层用于涂敷黏结层（或称黏合剂）。当皮层采用两次涂层时，可降低每次涂层的厚度，从而减少涂层膜出现针孔和气泡的概率，而且可缩短烘干时间，提高生产速度。

聚氨酯涂层剂品种较多，而且性能差异较大。采用聚氨酯转移涂层方法生产合成革时，通常在离型纸上进行三次涂层，即分别涂敷表皮层、皮层和黏结层，其中表皮层要求硬度较高、耐磨、触感好；皮层要求机械性能好、弹性高、柔韧性好；黏结层要求与皮层及基布的黏合性好，刚度小。因此，应合理选择每层涂层所用的聚氨酯涂层剂品种。

对于转移涂层，基布与离型纸上涂层膜的贴合工艺对涂层织物的性能有很大的影响。根据贴合时黏合剂所含溶剂量的不同，贴合方法可分为湿贴合、干贴合和半干贴合。

湿贴合方法是转移涂层传统的贴合方法，在涂层膜上涂敷黏合剂后不烘干，直接与基布进行贴合，然后进行烘干，冷却后将离型纸剥离。在贴合时，由于黏合剂含有很多溶剂，容易渗透到基布中，应合理控制黏合剂在基布中的渗透程度。一般来说，黏合剂在基布中的渗透程度大，黏合效果好，但涂层织物手感变硬。

干贴合方法是在涂层膜上涂敷反应性黏合剂后，在 80~100℃下烘干，然后再绕过一个120℃的金属辊，使黏结层发黏，再与基布进行热压贴合，然后再在 150℃烘箱中进行交联，冷却后将离型纸剥离。这种黏合方法对基布厚度和黏合剂涂敷量的变化不敏感。

半干贴合方法是在皮层膜上再涂敷一层单组分聚氨酯黏合剂，然后烘至半干，使溶剂不完全挥发，涂层膜表面仍很黏，然后与基布贴合，烘干，冷却后将离型纸剥离。

与直接涂层相比，转移涂层对基布的要求较低，适用于机织物、针织物及非织造布等基布的涂层；涂层浆在基布上的渗透程度小，手感好；可获得美观的涂层表面，如花纹表面、皮革表面等。转移涂层可用于服装面料、合成革、箱包布、装饰织物等的加工。

转移涂层所用的离型纸虽然可重复使用，但随着使用次数的增加，离型纸的使用性能变差，剥离性能降低，因此离型纸重复使用的次数较少，存在离型纸的废弃问题，这也是影响转移涂层织物加工成本的重要因素。

三、层压

层压是通过黏合物质的黏结作用，将一种纺织品与另一种纺织品或薄膜贴合在一起的加工方法。层压织物中至少有一层是纺织品。通过层压加工，可将不同结构和性能的纺织品及聚合物薄膜复合在一起，制备出兼具多种功能的多层结构复合织物。

层压加工包括焰熔层压、热熔层压、黏合剂层压及压延层压等方法。

（一）焰熔层压

焰熔层压是利用火焰将聚氨酯泡沫塑料层熔融，形成黏性物质，在压力作用下，将纺织品与其他纺织品或薄膜黏合在一起，形成层压复合纺织品。焰熔层压包括单面层压和双面层压两种加工方式，其加工示意图见图6-3-20。

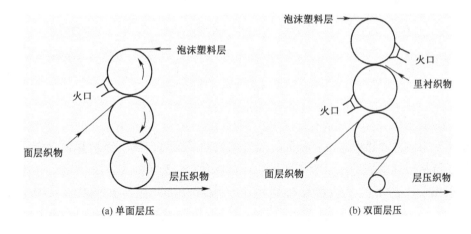

(a) 单面层压 (b) 双面层压

图6-3-20 焰熔层压示意图

焰熔层压所用的聚氨酯泡沫塑料薄膜的厚度与产品用途有关，厚度为0.5mm的泡沫塑料薄膜适宜用作黏合剂，1~3mm厚的泡沫塑料薄膜适宜用作服装面料的泡沫衬里，3~12mm厚的泡沫塑料薄膜适宜用作鞋和汽车内装饰材料的衬里。

在焰熔层压加工过程中，必须严格控制火焰温度、火口与轧点的距离、轧辊压力、车速等工艺参数。聚氨酯的熔点与其分子结构有关，聚醚型聚氨酯的熔点为120~150℃，若分子结构中含有芳环，熔点将会提高，但一般不高于250℃。火口与轧点的间距以2.5cm左右为宜。层压复合时，轧辊之间的间距对层压产品的剥离强度有很大影响。

焰熔层压织物具有隔音、隔热、弹性好的特点，可用于汽车座椅罩及汽车内部的装饰物；此外，焰熔层压织物还具有轻便、保暖、透气等优点，也可用于旅游鞋等鞋类产品。但焰熔层压加工会产生有毒烟雾，环境污染严重，使其应用受到很大的限制。

(二) 压延层压

压延层压是利用热辊，将混炼后的热塑性聚合物加热塑化，并在转向相反的热辊间挤压成膜，然后与织物层压复合的加工方法。压延层压主要用于 PVC 悬浮树脂、橡胶等材料的层压加工。

在压延加工过程中，压延机辊筒的温度从前到后逐步升高，辊速逐渐提高，辊间的间隙逐渐减小，最终获得所需厚度的薄膜。压延层压方法包括擦胶法、内贴法和外贴法，其层压示意图见图 6-3-21。擦胶法层压复合时，辊间贴合压力大，聚合物胶能进入织物内部，产品手感较硬。内贴法层压复合时，聚合物膜与基布之间的贴合压力可调节，为了提高黏合牢度，可在基布表面预涂黏合底胶。外贴法层压复合时，贴合轧辊与压延部分完全脱离，贴合时薄膜层温度有所降低，基布需预涂黏合底胶。

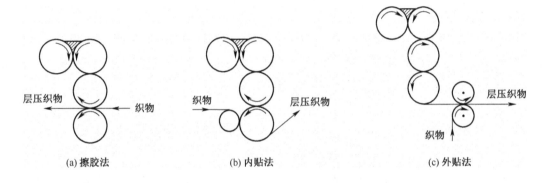

(a) 擦胶法　　　　　　　　(b) 内贴法　　　　　　　　(c) 外贴法

图 6-3-21　压延层压示意图

(三) 热熔层压

热熔层压是以固体热熔胶为黏合剂，通过加热使其熔融，然后借助其黏合作用，使纺织品与其他层压材料（纺织品或聚合物薄膜）层压复合在一起的加工方法。

热熔层压采用热熔胶或热熔黏合剂作为层压黏合剂，如共聚酰胺（coPA）、共聚酯（coPES）、EVA、聚氨酯、反应性聚氨酯等。湿固化反应性聚氨酯热熔胶（PUR）的层压织物黏合牢度好，耐热性及耐洗性优良，克服了其他热熔胶耐热性和耐洗性较差的缺点，是一种性能优异的层压黏合胶。

用于层压加工的热熔胶有粉状、粒状和薄膜等形状。热熔层压加工包括粉点法、浆点法、熔涂法和热熔膜层压法等复合方法。

粉点法是通过粉点涂层和撒粉涂层的方法，利用刻纹辊或针辊，将热熔胶粉涂布在基布上，然后进入烘箱加热，熔融后的热熔胶与基布黏合在一起，当涂敷有热熔胶的基布从烘箱出来后，立即与其他基材贴合，冷却后成为层压复合织物。这种层压方法适用于织物、非织造布、发泡基材、地毯等基材的涂层和层压。

浆点法是将热熔胶粉与基浆、增稠剂、水等按一定比例配成涂层浆，然后以雕刻辊涂层或圆网涂层的方法，在基布上进行点状涂层，烘干后与其他基材叠合热压，热熔胶发生熔融，并将层压基材黏合在一起[19]。采用热熔胶浆点法层压时，热熔胶浆的组成、黏度、涂层工艺、黏合工艺等因素都会影响层压复合织物的性能。

熔涂法是先将热熔胶熔融，然后通过雕刻辊涂层、圆网涂层、多辊筒涂层、狭缝式挤出涂层、喷淋涂层等方法，将热熔胶的熔融流体涂敷在基布上，并迅速与另一基材叠合热压，从而获得层压织物的方法。这种层压方法的优点是层压速度快，不需要烘箱。

根据热熔涂层头形式的不同，热熔涂层可将热熔胶在基布上涂敷成连续薄膜、线、网或点等形状。多辊筒涂层和狭缝式挤出涂层可使热熔胶熔融体在基布上形成连续的薄膜层，用其层压后的织物气密性好。雕刻辊涂层、多辊筒涂层、圆网涂层和喷淋涂层等方法可在基布上涂敷点状、花型状或网状等不连续的热熔胶膜（图6-3-22），用其层压后可获得透气性好、手感柔软的层压织物。

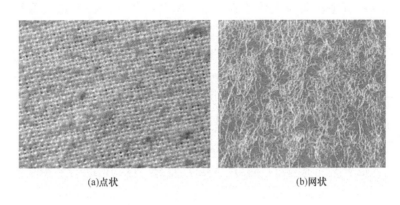

(a)点状　　　　　　　　(b)网状

图6-3-22　不连续的涂层表面

热熔膜层压法是采用已成形的固体热熔胶膜（又称黏合膜）作为中间黏结层，与织物及其他层压基材叠合热压，热熔胶膜发生熔融，将织物与其他基材黏合在一起。热熔胶膜的材料有聚酯、聚酰胺、EVA、聚丙烯、低密度聚乙烯等，可以是单层膜，也可以是双层或三层结构的复合膜，以满足不同性质材料的黏合要求，其外观为薄膜或网状膜。热熔膜层压法适用于非织造布、织物、塑料薄膜、金属箔片、泡沫塑料薄膜等材料的层压加工，特别是难以施加液体胶和粉状胶的基材的层压加工。

热熔膜层压法也可利用自身具有热熔黏合性的热塑性基材与基布进行层压复合。

（四）黏合剂层压

黏合剂层压法是传统的层压织物加工方法，采用溶剂型或水性黏合剂，通过刮刀涂层、辊筒涂层、圆网涂层等方法，将黏合剂涂敷在基布上，预烘后与层压基材加压贴合，然后在烘箱中高温处理，使黏合剂交联，将层压基材黏合在一起而形成层压复合织物。采用溶剂型黏合剂进行层压加工时，黏合牢度好，但存在溶剂挥发和污染环境的问题。

对于反应性黏合剂，通过在黏合涂层浆中加入交联剂，可提高层压织物的黏合牢度。

第四节　涂层整理产品

涂层和层压技术应用广泛，产品的品种很多，如防水透湿织物、NBC防护纺织品、合成革、建筑膜材、篷盖布、帐篷布、医用纺织品、装饰织物、土工布、广告布、充气材料等，广泛用于服装、工业、农业、军用、医疗卫生、休闲娱乐等领域。

一、NBC 防护纺织品

核生化（NBC）有害物质是指核放射性物质、生物毒剂、致病微生物、化学毒剂、危险化学品等，这些物质可以气态、液态、固态和气溶胶等状态与人体接触，对人的身体健康和生命安全产生极大的危害。

NBC 防护纺织品可以阻隔核生化有害物质与人体接触，对人体的皮肤、呼吸道、眼睛等提供保护，避免这些有害物质对人体造成伤害。NBC 防护纺织品有透气型和不透气型两大类。涂层和层压加工是防护纺织品重要的加工技术。

活性炭具有很强的吸附能力，常用于透气性生化防护纺织品的加工。通过将粉状活性炭与黏合剂等配制成涂层浆，然后采用浸渍、喷涂或刮涂等方法施加到纺织品上，再经高温处理，使活性炭与纺织品黏合在一起，可制成具有吸附作用的防护纺织品。

聚氨酯泡沫塑料具有重量轻、密度低、空隙大的特点，可为活性炭提供大量的附着表面，是粉状活性炭的良好载体。通过浸渍加工方法，利用黏合剂将活性炭颗粒黏附在泡沫塑料上，然后将含有活性炭的聚氨酯泡沫塑料层与织物层压复合，可制得透气性 NBC 防护纺织品。

德国 Blücher 公司的 Saratogatm 防护服材料采用粒径为 0.2~0.5mm 的球状活性炭作为吸附材料，通过特殊的黏合工艺，将活性炭球以点状黏合的方式黏附在织物表面，然后再与其他织物层压复合而形成三层结构的防护材料，在两层织物间的球状活性炭层厚度约 1mm，复合织物的吸附速度快，吸附容量较大，防护性能好。

采用聚四氟乙烯微孔膜与含活性炭的织物进行层压加工，所制备的层压复合织物对气态和液态毒剂、放射性尘埃等有害物质的防护性能优良，防护性能优于传统的活性炭防护材料，具有透湿性能好、穿着舒适、重量轻等优点，是一种新型高性能防护服材料。

不透气的 NBC 防护纺织品通常是在织物或无纺布上涂敷或层压聚合物层而制成的气密性防护材料，所用的涂层聚合物主要是耐化学品渗透性良好的丁基橡胶、氯丁橡胶、氟橡胶及其他弹性体材料，用于层压加工的聚合物薄膜有聚四氟乙烯（PTFE）无孔膜、聚乙烯膜、聚氯乙烯膜等[20]。

不透气的 NBC 防护纺织品也可采用复合涂层或层压的方法加工，将具有不同防护性能的聚合物层与织物复合在一起，可获得优良的防护效果。通过在丁基橡胶或氯丁橡胶涂层织物表面涂敷氟橡胶，利用氟橡胶优良的耐化学品性能，提高涂层防护织物的抗化学品腐蚀的能力。

不透气的 NBC 防护纺织品防护能力强，可阻隔气态、液态、固态等形态的有害生化物质，但作为防护服材料时，穿着舒适性差，这种防护纺织品复合材料主要用于制作 A 级防护服、防护手套、防护靴、防护掩体等装备。

二、建筑膜材

膜结构建筑是一种新型的建筑结构，是大跨度建筑的主要形式之一，广泛用于大型公共设施，如体育场馆的屋顶系统、机场大厅、展览中心、购物中心、站台等，还可以用于休闲设施、工业设施及标志性或景观性建筑等。

建筑膜材是膜结构建筑的主要材料，用于大型膜结构建筑的屋顶材料或顶棚，主要有聚氯乙烯（PVC）膜材、聚四氟乙烯（PTFE）膜材及乙烯—四氟乙烯共聚物（ETFE）膜材，其中 PVC 膜材和 PTFE 膜材是涂层和层压复合织物。

建筑膜材应具有良好的力学性能，如抗拉强度、模量、抗撕裂强度、剥离强度、耐挠曲性能、尺寸稳定性等，还应具有优良的耐老化性、耐候性、抗紫外线性能、自洁性、阻燃性等，同时应具有较好的透光性。与普通的涂层和层压织物相比，建筑膜材加工要求高，生产技术难度大，代表了涂层和层压复合织物的最高水平。

PVC 膜材是以高强低伸涤纶工业丝织物为基材，以聚氯乙烯为涂层聚合物，通过涂层加工而制成。为了提高 PVC 膜材的尺寸稳定性，可在涂层过程中对基布施加双轴向张力，以使涂层织物在经向和纬向均具有优良的尺寸稳定性。

由于 PVC 涂层织物的耐老化性、耐紫外线性和自洁性较差，使用寿命较短，在使用过程中会发生增塑剂向涂层表面迁移的问题，使涂层织物表面发黏，容易沾附尘埃和脏物，因此，PVC 膜材需涂敷面层，以提高耐老化性能，延长使用寿命，改善自洁性能。

PVC 膜材的表面处理有多种方法，如在 PVC 膜材表面涂敷聚丙烯酸酯、聚偏氟乙烯（PVDF），或在 PVC 膜材表面贴合聚氟乙烯（PVF）膜；也可在 PVC 膜材表面涂敷纳米 TiO_2 面层，利用纳米 TiO_2 的光催化作用，分解膜材表面黏附的有机污染物，赋予膜材优异的自清洁性能。

聚四氟乙烯（PTFE）膜材是在玻璃纤维织物上涂敷 PTFE 而形成的涂层织物，一般要求玻璃纤维基布的克重在 $150g/m^2$ 以上，PTFE 涂层克重在 $400 \sim 1100g/m^2$，膜材厚度在 0.5mm 以上。玻璃纤维的弹性模量和拉伸强度高，耐高温和耐紫外线性能好，不燃，但脆性大，需采用细的玻璃纤维（直径约 $3\mu m$ 左右）。PTFE 具有优异的化学稳定性、耐高温性、耐老化性能、阻燃性和自清洁性等性能。涂层加工时，玻璃纤维织物浸渍 PTFE 树脂，然后烘干、烧结，形成 PTFE 涂层膜。PTFE 膜材一般需经过十几次反复涂层，每次涂敷的 PTFE 树脂不宜过多，以免烧结时出现龟裂现象。PTFE 膜材加工难度大，产品性能好，使用寿命长，自清洁性能好，价格高，适用于永久性膜结构建筑，是一种高性能建筑膜材。

W. L. Gore 公司开发了一种建筑膜材，将膨化聚四氟乙烯（ePTFE）膜割裂成扁丝，扁丝加捻纺成纱后再织成织物，然后在织物双面贴合氟聚合物薄膜，制成高性能建筑膜材。这种膜材完全由含氟聚合物制成，具有优异的防紫外线辐射性能和防污性能，适用于永久性膜结构建筑；此外，这种膜材的透光性能好，用其建造的大型膜结构建筑白天可以不用照明，有利于节能[21]。

三、合成革

合成革或人造革是以机织物、针织物或无纺布为基布，在表面涂敷聚合物层而形成结构和外观类似皮革的一种材质，常用的涂层聚合物有聚氨酯（PU）和聚氯乙烯（PVC）。人们通常把 PVC 革称为 PVC 人造革，PU 革称为合成革。合成革和人造革是一类重要的涂层织物，包括服装革、鞋革、球革、箱包革、家具革和汽车内装饰革等产品。

PVC 人造革的加工方法主要有压延涂层法和转移涂层法。以针织物为基布的 PVC 人造革手感相对较好，主要用于服装革和装饰用革；以机织物为基布的 PVC 人造革一般用于箱包和鞋面革。

采用压延法制备 PVC 人造革时，一般是先在基布上涂敷 PVC 涂层糊，烘干后再与 PVC 压延膜进行一次或多次热复合，然后在烘箱中加热，使 PVC 层塑化和发泡，紧接着进行轧纹，最后进行人造革的表面处理[22]。

采用转移涂层法制备 PVC 人造革时，将 PVC 涂层糊涂敷在离型纸上，经烘燥成膜后，再在 PVC 皮层上涂敷黏合剂，然后与基布叠合，经发泡、冷却后，将离型纸剥离而制成 PVC 人造革。PVC 人造革的成本低，但皮感、手感和弹性较差，基布的黏接牢度差，易剥离，耐候性较差。

PU 合成革可采用湿法或干法工艺制备。PU 合成革包括普通 PU 合成革和超细纤维 PU 合成革，前者以针织物、机织物和无纺布为基布，所得的合成革不易变硬和变脆，但皮感一般，手感和弹性较差；后者以超细纤维无纺布为基布，合成革的皮感优良，手感和弹性良好。

采用湿凝固法制备 PU 合成革时，先将聚氨酯的 DMF 溶液与其他助剂配制成涂层浆，采用浸渍或涂层的方法，将聚氨酯涂敷在基布上，然后进入凝固浴，聚氨酯在基布上形成多孔的皮膜。湿法涂层 PU 革有人造麂皮和光面革两种产品。人造麂皮是在湿法涂层成膜后进行水洗、烘干，再用磨毛机磨去涂层膜的表面层，获得类似麂皮的绒毛。光面革是在湿法涂层产品上进行印花或轧纹，得到印花革或轧纹革。为了提高产品性能，可对 PU 合成革进行表面修饰处理，如防污处理、光亮处理、防脱色处理、消光处理等。

采用转移涂层方法制备 PU 合成革时，在离型纸上分别涂敷聚氨酯表皮层、皮层和黏结层，然后与基布或含有 PU 微孔膜的基布进行叠压贴合，将离型纸剥离后制得 PU 合成革。采用表面花型不同的离型纸，可赋予合成革不同的表面效果。

在外观、手感、弹性、吸湿透气性等方面，合成革与天然皮革存在一定差距。超细纤维无纺布具有三维网络结构，其结构与天然皮革中的束状胶原纤维相似，因此超细纤维无纺布是合成革的理想基布。超细纤维合成革在外观、手感和内在结构上都接近真皮。

采用超细纤维非织造布制备人造麂皮革时，工艺流程为[23]：

海岛型超细纤维非织造布→浸渍 PVA→定形→浸渍 PU 涂层液→凝固→水洗→减量抽出海组分→扩幅干燥→染色→磨毛→柔软等后整理工艺→成品

采用超细纤维无纺布制备光面革时，采用浸渍涂层的方法，在超细纤维无纺布上涂敷聚氨酯，然后进行湿法凝固成膜，再去除海岛纤维中的海组分，使基布的纤维成为超细纤维，获得含有束状超细纤维和聚氨酯微孔膜的基布，简称超细纤维合成革基布。为了使超细纤维 PU 合成革的表面具有酷似天然皮革的粒面风格，可采用干法造面或湿法造面的方法，在超细纤维合成革基布上制备合成革的表面层。

采用湿法造面时，在超细纤维合成革基布上涂敷 PU 涂层剂，通过湿法凝固成膜的方法制得合成革的表面层，然后进行上色、轧纹或表面处理，所得的超细纤维 PU 光面革具有较好的透气性和透湿性。

采用干法造面时，一般通过转移涂层的方法，在离型纸上涂敷表皮层、皮层和黏结层，然后在超细纤维合成革基布上进行贴面加工，获得合成革的面层，从而制得超细纤维合成革。超细纤维 PU 合成革耐酸、碱性等性能优于真皮，广泛用于服饰、箱包、高档家具装饰、高级轿车座套、鞋革、球革等领域[24,25]。

四、复合土工膜

复合土工膜（或防渗土工布）是以织物或无纺布为基布的涂层或层压复合织物，所用的涂层聚合物有 PVC、氯磺化聚乙烯、氯化聚乙烯（CPE）、高密度聚乙烯（HDPE）、乙烯—醋酸乙烯共聚物（EVA）、氯丁橡胶和丁基橡胶等，这些涂层聚合物具有相对密度较小、延伸性强，适应变形能力强，耐腐蚀、耐低温、抗冻性能好等特点。

复合土工膜中，不透水的聚合物薄膜赋予复合土工膜防渗功能，基布赋予复合土工膜抗滑稳定性和抗刺破性能。复合土工膜的加工方法主要有压延涂层和层压复合方法。

采用层压方法制备复合土工膜时，常用的聚合物膜有聚氯乙烯膜、聚乙烯膜、聚丙烯膜等，基布为涤纶、丙纶、锦纶等的无纺布或织物，通过将塑料薄膜加热软化，再与基布叠合热压而成。根据基布与塑料薄膜组合方式的不同，复合土工膜有一布一膜、两布一膜、两膜一布、多布多膜等产品。

当复合土工膜两面接触的介质都是有棱角的粗粒料时，可采用两面为基布、中间层为塑料薄膜的复合土工膜（两布一膜）。若接触介质一面是有棱角的粗粒料，另一面是粗中砂或土时，可选用单面复合土工膜（一布一膜）[26]。

对于基布在中间、两面为聚合物薄膜的复合土工膜（又称加筋土工膜），主要用于橡胶坝的坝袋，还可用于溢洪道护面以及帆坝和片坝的挡水膜片。

复合土工膜可用作许多工程设施的防渗透材料，如公路、铁路、蓄水池、渠道、垃圾填埋场、尾矿储存场、隧道及地铁工程等，此外，还可用于防止有毒废液的泄漏。

思考题

1. 简述涂层整理的目的。
2. 简述涂层聚合物的种类。
3. 简述涂层聚合物的成膜方法。
4. 影响涂层整理效果及性能的因素有哪些？

参考答案：

1. 改变织物的外观、风格，赋予织物不同的功能。
2. 聚氨酯、聚氯乙烯、聚丙烯酸酯、橡胶、有机硅等。
3. 干法、湿法、热熔。

4. 基布的组织规格及性能、涂层聚合物的结构和性能、涂层浆的组成及黏度、涂层方法及涂层工艺、涂层织物的预处理和后处理、生产设备性能。

参考文献

[1] GB/T 28464—2012 纺织品 服用涂层织物.

[2] GB/T 28463—2012 纺织品 装饰用涂层织物.

[3] 杨栋樑. 涂层整理（一）[J]. 印染, 12 (4): 55-60.

[4] 董永春. 织物用涂层胶 [J]. 中国粘合剂, 1993, 2 (6) 22-26.

[5] 沃尔特·冯. 涂层和层压纺织品 [M]. 顾振亚, 牛家嵘, 田俊莹, 译. 北京: 化学工业出版社, 2006.

[6] 张济邦. 聚氨酯（PU）涂层剂和产品（一）[J]. 印染, 1994, 20 (2): 37-41.

[7] 山西省化工研究所编. 聚氨酯弹性体手册 [M]. 北京: 化学工业出版社, 2001.

[8] 罗瑞林. 织物涂层技术 [M]. 北京: 中国纺织出版社, 2005.

[9] 杨栋樑. 水分散聚氨酯在功能性整理中的应用（一）[J]. 印染, 2009 (18): 51-54.

[10] 叶青萱. 织物涂层用聚氨酯 [J]. 聚氨酯工业, 1996 (1): 3-8.

[11] 杨栋梁. 水分散型聚氨酯在功能性整理中的应用（二）[J]. 印染, 2009 (19): 42-45.

[12] 黄良仙, 郭能明, 杨军胜, 等. 织物用有机硅涂层剂研究新进展 [J]. 有机硅材料, 2012, 26 (2): 112-116.

[13] 李正雄. 有机硅精细涂层胶 [J]. 印染, 2003 (增刊): 56-57.

[14] 石伟明. 有机硅涂层剂 [J]. 印染助剂, 2003, 20 (5): 39-43.

[15] 杨栋樑. 涂层整理（二）[J]. 印染, 1986, 12 (5): 304-309.

[16] 陈立秋. 泡沫染整技术的节能（一）[J]. 2010, 32 (9): 49-53.

[17] 杨栋樑. 涂层整理（三）[J]. 印染, 1986, 12 (6): 41-48.

[18] 康晓育. 热熔胶在涂层叠层复合技术中的应用 [J]. 产业用纺织品, 1998, 16 (5): 34-37.

[19] 迟克栋, 罗欣, 吴慧莉. 纺织品的清洁层压复合技术 [J]. 产业用纺织品, 2004, (2): 1-6.

[20] 霍瑞亭, 杨文芳, 田俊莹, 等. 高性能防护纺织品 [M]. 北京: 中国纺织出版社, 2008.

[21] 徐朴, 李桂梅. 膜结构建筑及膜材料的发展 [J]. 纺织导报, 2011 (5): 46-50.

[22] 邓光华. 压延法聚氯乙烯牛津人造革生产工艺 [J]. 塑料, 2000, 29 (5): 33-36.

[23] 中国塑协人造革合成革专业委员会. 国内外超纤人工革的技术发展 [J]. 国外塑料, 2008, 26 (6): 34-40.

[24] 张大省, 赵永霞. 国内外超细纤维合成革的发展现状及展望 [J]. 纺织导报, 2009 (8): 75-80.

[25] 中国塑料加工工业协会人造革合成革专业委员会. 我国人造革合成革现状及发展趋势（二）[J]. 塑料制造, 2010, (10): 46-52.

[26] 顾淦臣. 土工膜和复合土工膜的品种和特性 [J]. 水利规划设计, 2000 (3): 47-52.

第七章　泡沫整理

本章知识点
1. 泡沫的形成、破裂及性能表征
2. 泡沫整理用助剂
3. 泡沫发生及施加装置
4. 泡沫功能整理工艺

第一节　泡沫整理概述

一、泡沫整理及其发展历程

我国是纺织品生产和出口大国，同时印染废水的排放量也是惊人的，据 2003 年统计，纺织行业的年废水排放总量为 14.13 亿吨，其中印染废水约为 11.3 亿吨。同时在加工过程中，织物水分的烘燥需要消耗大量的电能和热能，约占染整总能耗的 60%。因此，改变染整的浸渍、浸轧的水系加工工艺，采用降低织物含水率的低给液率工艺，是减少染整用水量、减少污水排放、降低织物含水烘燥能耗、推广清洁生产的发展方向。

泡沫整理由于具有高生产率、高性能和节能显著的特点，被认为是最具发展前景的低给液染整生产技术之一。早在 1900 年以前，荷兰和比利时的专利中就有关于泡沫染色的记录[1]。20 世纪 70 年代，联邦德国赫司脱、瑞士汽巴—嘉基公司，在泡沫体系用于染整加工方面取得了较好的进展；20 世纪 80 年代，国内外对泡沫染整的研究给予了高度关注，我国也引进了泡沫染整的生产线，后来由于整理的均匀性问题没有得到很好解决，泡沫整理的实际应用有些降温。近年来，资源紧缺比以往任何时候更为突出，人们又开始了泡沫染整技术的研究，并在装备、工艺技术等方面取得了很大进展。美国的 UM&M 公司采用的滚筒上加刮刀、浮动刮刀等技术手段，其设备构造简单、成本较低。与此同时，我国也开始了泡沫染整加工技术的研究，设计制造的 PZ - 160 型生产型大样机与拉幅烘干机组成的泡沫整理生产线已投入生产[2]。目前，我国的上海誉辉化工有限公司、太平洋印染机械有限公司、太仓宏大方圆电器有限公司等也推出了自己设计制造的泡沫染整机，且泡沫整理技术已经在散纤维染色、非织造布及纺织品的整理中有研究和应用的报道。有人认为，泡沫染整技术将为现代染整加工技术带来重大突破[3,4]。

二、泡沫整理技术的特点

所谓泡沫整理技术是将染化料的承载介质由水替换为泡沫而进行的染整加工，与常规染整加工不同之处在于，它包括泡沫的发生与施加过程。泡沫染整技术具有如下特点。

1. 实现了低给液加工

通常将施加于织物少量工作液的染整加工称为低给液技术。如传统轧—烘—焙整理，织物带液率一般为 70% ~ 80%，而泡沫整理的带液量可降至 20% ~ 50%，如表 7 - 1 - 1 所示，泡沫整理可节水 50% 以上。

表 7 - 1 - 1　常规染整加工与泡沫染整给液率比较

	常规整理给液率（%）	泡沫整理给液率（%）
地毯	250 ~ 500	80 ~ 150
棉织物	60 ~ 80	30 ~ 40

2. 降低能源消耗

印染是高能耗产业，能量的消耗主要是在烘干阶段，水的比热容和汽化热都很高，因此，加热工作液至沸点和烘干耗能很大。据统计，烘燥消耗的能量是纺织品染整总的热能消耗的 40% ~ 60%。而泡沫染整加工织物的吸液率可从 60% ~ 80% 降到 30% ~ 40%，因此，可以推测烘干的热能消耗可下降 50% 以上。

3. 节约染化料

在保证同样的加工效果的同时，泡沫整理一般可降低主要化学品的使用量 10% ~ 15%，若考虑某些单面功能的特殊需要，如地毯的单面防污整理，施加的工作液只需作 65%（即 2/3）织物厚度的渗透量，如图 7 - 1 - 1 所示，这样不仅满足了对织物功能整理的需求，而且，与传统浸轧式 100% 渗透相比，化学品节省了 35%，而节能则达到 2/3 以上。

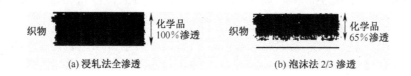

(a) 浸轧法全渗透　　　　　　　　　(b) 泡沫法 2/3 渗透

图 7 - 1 - 1　工作液不同渗透程度示意图

4. 实现特殊整理效果

因泡沫的含液量低、黏度大，容易实现工作液对织物的表面（单面）施加，如果使用泡沫双面施加装置，即可实现织物的双面异功能整理，如对织物一面防水，另一面亲水的所谓单拨单吸整理；也可把织物的两面染上不同的颜色，这是浸轧法无法实现的。

5. 提高加工质量和设备产能

如果织物带液量高，烘燥时容易造成染化料的泳移，引起整理效果不均匀，导致产品质量下降。泡沫加工能够减少泳移的发生，减少表面树脂，增进整理效果的均匀性。因织物带液量减少，烘燥车速成倍提高，从而提高设备的产能。与浸轧法比，泡沫整理减少了织物上过剩的化学药剂，使水洗更加容易；泡沫整理耗水量减少，排污减少，烘干耗能减少，产能提高。因此，泡沫整理具有降低成本和清洁生产的意义。

6. 产品和工艺适应范围广

泡沫整理适合于厚重的毯类织物、绒毛织物和稀薄的蕾丝、纱织物等；泡沫技术可以用于织物的前处理（退浆、丝光、真丝脱胶）、染色、印花、整理的加工中。

第二节　染整加工用泡沫及特性

一、泡沫的形成

在物理术语中，泡沫是一个充满气体的球形或多面体形的胶体化学体系，泡沫是由大量气泡聚集而形成的[5]。图7-2-1为气泡的结构，气泡是液体薄膜包围了一定体积气体的球状体，它由气体1、内外表面2和3、液膜4组成，内、外表面均有表面活性剂的吸附层，疏水基朝向空气；中间夹层为液膜，由含染化料的液体构成；液膜内部为空气。

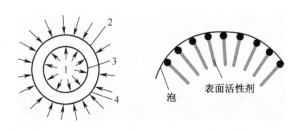

图7-2-1　气泡结构

1—气体　2、3—气泡外、内表面　4—液膜

图7-2-2为气泡的形成过程。因液膜的内、外表面均与空气接触，水和空气的表面张力相差较大，纯水不能形成一定稳定程度的气泡，只有在表面活性剂的存在下，相对稳定的气泡才能形成。如图7-2-2所示，在含有表面活性剂的溶液中通入空气，在水中形成气泡，在气泡的气—液界面上形成表面活性剂的吸附层，由于气泡受到浮力作用不断上升，与排列了表面活性剂的溶液表层形成了双层结构的液膜包围空气结构，即形成了气泡。当大量的气

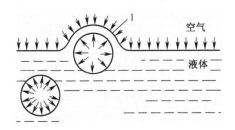

图7-2-2　泡沫气泡的形成

泡密集地聚集在一起时即形成了泡沫，如图 7 - 2 - 3 所示。气泡是组成泡沫的基本单位。在泡沫中连续相是液膜，分散相为空气。

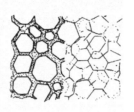

图 7 - 2 - 3　泡沫结构图

二、纺织品整理用泡沫性能

1. 泡沫的稳定性

泡沫的稳定性指从泡沫被制备出来到破裂维持的时间。就热力学方面而言，空气和水具有相反的性质，因此，泡沫是热力学不稳定体系，气体分散在液体中，具有比空气和液体各自的自由能之和还要高的自由能，由于各种因素的影响，泡沫将会发生一系列的变化，最终破裂。这一过程用图 7 - 2 - 4 表示。（a）为正常状态泡沫；（b）为液膜逐渐减薄，泡沫重新分布情况；（c）为随着时间的推移，液膜越来越薄，最终形成空壳泡[6]。

(a)　　　　　　　　(b)　　　　　　　　(c)

图 7 - 2 - 4　泡沫状态演变过程

泡沫本身是一个不稳定体系，诸多因素决定泡沫的生成、生长、老化和衰败。有人认为二维泡沫比三维泡沫更能体现出泡沫液膜的性质，并且可以直接观察气泡之间的气体扩散过程、气泡的生长和消失、气泡边数的分布等影响泡沫稳定性的因素。二维泡沫的动态变化及泡沫群里的气泡形状、气泡大小变化等具有拓扑学的性质。二维泡沫进化的拓扑学性质由三种过程组成：气泡边的交换重排、气泡的消失和气泡边液膜的断开[7]。

刚形成的泡沫，液膜较厚，一般为球形，当泡沫排液到一定程度后，液膜变薄，被薄液膜包围的气泡为保持压力平衡而变成多面体结构，多数情况下，泡沫群的气泡呈多面体结构。由于气泡在交换重排过程不会造成边数的改变，即对泡沫的平均面积没有显著影响，如图 7 - 2 - 5的拓扑图所示[8]。

根据 Plateau 定律，小气泡的压力大于大气泡的压力，小气泡中的气体会透过液膜扩散至大气泡中，直至小气泡消失，在泡沫进化过程中，破坏了整个系统中的力学平衡关系，从而导致周围气泡边缘的重排。图 7 - 2 - 6 为气泡边缘交换重排过程的平面图。

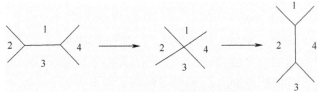

1、2、3、4分别表示相邻的四个气泡

图7-2-5 气泡边交换重排简易图

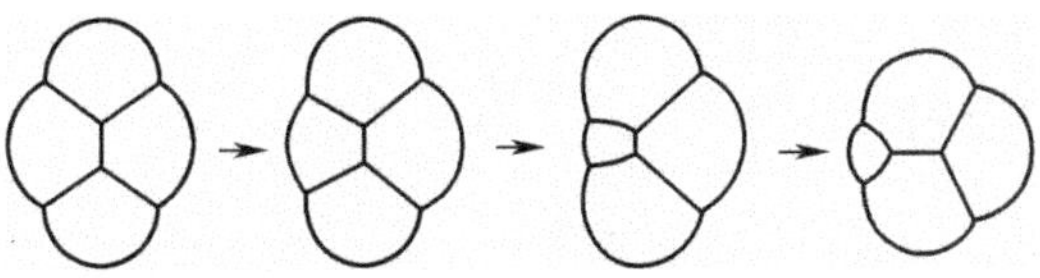

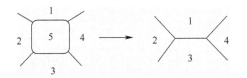

图7-2-6 气泡边缘重排平面图

图7-2-7为气泡消失过程的拓扑图，气泡数量在减少。图7-2-8为气泡液膜破裂过程拓扑图，气泡液膜破裂导致边数较少，并引起泡沫群体中气泡的平均面积的增加。

图7-2-7 气泡消失拓扑图 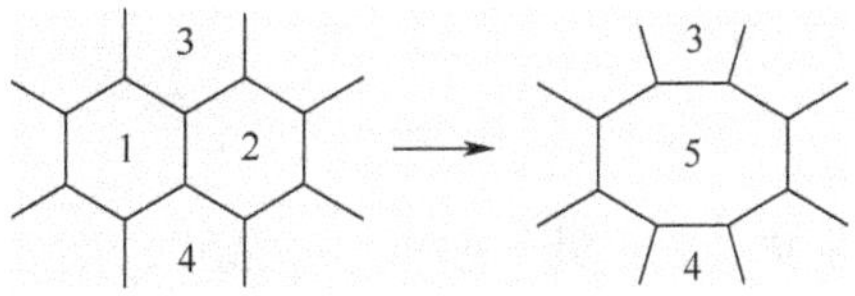　　　　图7-2-8 气泡液膜的破裂拓扑图

Von Neumann定律描述了气泡的面积随时间变化与它的边数的关系[9]：

$$\frac{\mathrm{d}A_n}{\mathrm{d}t} = K(n-6) \qquad\qquad (7-2-1)$$

式中：A_n——气泡的面积；

　　　t——时间；

　　　n——气泡的边数；

　　　K——常数。

由Von Neumann定律可知，在二维泡沫系统中，由于泡内气体的扩散运动，大于六边的气泡面积增大为$K(n-6)$，小于六边的气泡面积减少为$K(n-6)$，这种改变面积的过程，使网络拓扑结构发生变化，气泡边缘重排、气泡消失、气泡间液膜破裂等拓扑变化改变系统的气泡数目和边数分布等。因此，随着时间的延长，大气泡面积越来越大，而周围的六边形和小于六边形的气泡越来越少，最后整个体系因气泡数目太少而崩溃并消失[7]。

导致泡沫中气泡发生排液、重排、破裂的因素主要有以下几个方面：

（1）液膜中的压力差影响泡沫稳定性。泡沫在经过一段时间之后，直径大的泡由于内压

小，越来越大；直径小的泡由于内压大，越来越小，直至破裂，并导致泡沫的重新分布。

根据拉普拉斯定律（Laplace），泡沫的 P·B 边界为负压区，因此液体向 P·B 边界流动，如图 7-2-9（a）所示。随着时间的推移，液膜越来越薄，气泡最终成为五边形十二面体而趋于稳定，这种泡称之为"空壳泡"。这一过程可用 Laplace 公式说明[10]。图 7-2-9（b）为泡沫中三个相邻气泡形成 Plateau 交界，图中 P 点为三个气泡共用液膜。溶液的表面张力引起气泡曲面两边压力差。在气泡的任何一点，这种压力差由 Laplace 公式表示为：

$$\Delta P = P_i - P_e = \gamma(1/R_1 + 1/R_2) \tag{7-2-2}$$

式中：P_i、P_e——分别为气泡内、外压力；

R_1、R_2——分别为内、外曲率半径；

γ——表面张力。

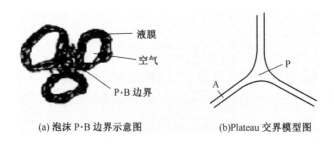

(a) 泡沫 P·B 边界示意图　　　　(b)Plateau 交界模型图

图 7-2-9　泡沫 Plateau 交界

在交汇点 P 处，曲率半径最小，则 ΔP 最大，即 $P_i - P_e$ 最大，而同一个气泡 P_i 相同，这说明 A 点的 P_e 较交汇处 P 点的 P_e 大，即 P 点的 P_e 较小，此时，在压力的作用下，液膜中的液体会自动由 A 处向 P 处流动，液膜逐渐变薄，到临界厚度时，气泡破裂。

（2）重力作用影响泡沫的稳定性。液膜中的水因重力作用不断从液膜中流失（排液），使液膜不断变薄，最终破裂。如将作用于液膜上的力分为垂直分力与水平分力，则重力为垂直分力。以图 7-2-10 所示的模型进行分析。设液膜幅宽为 W、厚度为 δ，重力加速度为 g，气泡与周围液体的密度差为 ρ，液体黏度为 η，则单位时间内流失的液体容积 dV/dt 可用下式表示：

$$dV/dt = g\rho W\delta^3 / 12\eta \tag{7-2-3}$$

由式（7-2-3）可知，如液膜厚度大、幅宽大、黏度小，则单位时间流失的液量就多，即泡沫稳定性差，特别是厚度，因为是 3 次方的关系，故它的影响很大[11]。

（3）泡沫再分布。在泡沫体系中，气泡的大小总是不均匀的，由于弯曲液面附加压力的作用，小气泡内的气体压力高于大气泡，在此压力差作用下，小气泡中的气体透过液膜扩散到大气泡中，导致小气泡越来越小，以致消失，而大气泡越来越大，最终破裂。而浮在液面上的气泡，气体就会透过液膜直接向空气中扩散，导致泡沫衰变、破灭。以图 7-2-11 为例，对这一过程进行阐述，设大气泡和小气泡的曲率半径为 R_1 和 R_2，大气压力为 P_a，该系统中的表面张力为 γ，两个气泡的内压为 P_1 和 P_2，根据拉普拉斯方程式，可用下式来表示。

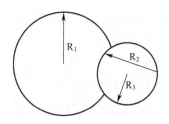

图 7 - 2 - 10 垂直液膜模型图

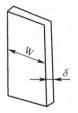

图 7 - 2 - 11 泡沫再分布

$$P_1 = P_a + 4\gamma/R_1 \qquad (7 - 2 - 4)$$
$$P_2 = P_a + 4\gamma/R_2 \qquad (7 - 2 - 5)$$

式中，$R_1 > R_2$，故 $P_1 < P_2$

即小气泡的内压力较大气泡的内压力大，因此，为了保持力学平衡，两泡之间的界面膜在小泡一面呈凸形。设此界面膜的曲率半径为 R_0，则：

$$4\gamma/R_0 = (4\gamma/R_2) - (4\gamma/R_1)$$

因而：
$$R_0 = R_1R_2/(R_1 - R_2) \qquad (7 - 2 - 6)$$

如气泡内的气体完全通过界面膜，这种力学平衡始终是稳定的，但因为不存在这种膜，气体通道界面膜从高压的小气泡向低压的大气泡方向扩散，故内压大的小气泡变小，大气泡变大，直至小气泡消失[11]。

（4）表面活性剂影响泡沫的稳定性。一般地讲，加入表面活性剂，溶液的表面张力降低，有利于泡沫产生和稳定。由 Laplace 公式，ΔP 正比于 γ，若 γ 降低，ΔP 将下降，P 点的 ΔP 比 A 点的 ΔP 降低的更多，因此，A 点与 P 点的 P_e 差减小，使排液速度减慢，有利于稳定。但溶液产生泡沫能力、泡沫稳定性并不完全与表面张力对应。如纯水的 γ 较大（72.8mN/m），不能形成泡沫，加入十二烷基硫酸钠后表面张力 γ 为38mN/m，溶液容易起泡且稳定性好。而乙醇的表面张力为 22.3mN/m，却不能起泡，有一些蛋白质的表面张力较高，容易起泡而且很稳定。

（5）表面黏度影响泡沫稳定性。表面黏度越大，液膜强度越高，泡沫稳定性越好。液膜强度是决定泡沫稳定性的关键因素，而液膜强度主要取决于表面吸附膜的坚固性，其坚固性以表面黏度表征。表 7 - 2 - 1 为几种表面活性剂溶液的表面黏度、表面张力和泡沫寿命。

表 7 - 2 - 1 表面活性剂溶液的表面黏度、表面张力和泡沫寿命

表面活性剂[①]	表面张力（mN/m）	表面黏度（Pa·s）	泡沫寿命（t/s）
TritonX - 100	30.5	—	60
Santomerse 3	32.5	3×10^{-4}	440
E607 L	25.6	4×10^{-4}	1650
月桂酸钾	35.0	39×10^{-4}	2200
十二烷基硫酸钠	23.5	55×10^{-4}	6100

①表面活性剂溶液浓度为 0.1%。

可见，表面黏度增加，表面张力降低，泡沫的寿命随之增加，但也有特殊情况。因此制备亚稳态泡沫，就要使液膜有较高的黏度，一般通过加入增稠剂和表面活性剂获得。

（6）液体蒸发的影响。液体蒸发液膜变薄，泡沫破裂。

（7）加热的影响。加热使气体膨胀，液膜变薄；加热使液膜黏度下降。

（8）施加压力的影响。外界施加压力下，气泡变形，液膜出现局部的薄区域，强力下降，容易破裂。

（9）剪切力的影响。剪切力使泡沫黏度下降，排液加快，促使泡沫破裂。

（10）消泡剂的影响。消泡剂的作用导致泡沫稳定性下降。

（11）真空度的影响。施加真空度，使气泡体积增大，稳定性下降。

（12）织物上泡沫的破裂。毛细效应使泡沫在接触到织物时，液膜中的液体被吸取，加速了排液的进行。在连续相的液膜通道中，液体沿连续通道排出，液膜变薄，泡沫破裂。

2. 亚稳态泡沫

泡沫施加到织物上分四个步骤，如图 7 - 2 - 12 所示，如果泡沫不稳定，施加于织物之前破裂，则施加到织物上的是液体或液体与泡沫的混合物，这样就难以在织物上均匀铺展，会产生块状和条状不均匀润湿，因此，不宜用于织物整理；若泡沫太稳定，在施加于织物上后不能均匀破裂而进入织物，导致整理效果的不均匀性，也不宜用于织物整理。对于泡沫稳定性的理想要求是，当泡沫与纤维接触时，马上能自身破裂。泡沫从与纤维接触到铺展于纤维表面的时间间隔应非常短暂。以美国 Gaston - County 的 FFT 为例，仅为 0.01s。在这一过程中，不允许整理剂借泡沫层而悬浮在织物的表面上。在泡沫整理中只有亚稳态的泡沫才适合于染整加工的需要。所谓亚稳态泡沫就是介于稳定泡沫与不稳定泡沫之间，在施加于织物之前是稳定的，而施加到织物上后易于排液破裂。亚稳态泡沫的连续相（液膜）液体的流出不是连续地进行，而是断续的进行，直至泡沫破裂。

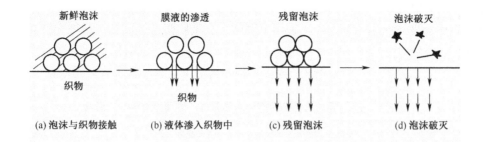

图 7 - 2 - 12　泡沫在织物上的施加过程示意图

三、表征泡沫特性的几个参数

1. 发泡比（blow ratio）[2]

发泡比也称发泡率、吹泡度，是泡沫加工中重要的参数，直接影响泡沫黏度、密度及产品的质量。发泡比定义为一定体积的待发泡液体的质量对同体积泡沫质量的比值。

$$发泡比 = \frac{发泡前一定体积液体重量}{发泡后同体积液体重量} = \frac{一定重量液体发泡后体积}{同重量液体发泡前体积}$$

2. 泡沫破裂半衰期（$t_{1/2}$）

泡沫破裂半衰期是在一定体积的泡沫中，流出其一半重量液体所需的时间，是表征泡沫稳定性的参数。半衰期越短脱水越快，泡沫稳定性越差。控制泡沫的半衰期，使泡沫施加到织物上以前很少或不排液，施加到织物上后迅速排液被织物吸收。

3. 润湿性

润湿性是指泡沫被织物吸收并扩展的性质。泡沫润湿性能好，破裂后就能均匀地渗透到纤维内部，否则纤维不能浸透，因此，要求泡沫的润湿性应足够好。泡沫的润湿能力主要与发泡剂、稳定剂性能及用量有关，测试方法有扩展面积百分率法和滴液法[12]。

4. 泡沫黏度和流动性

在生产中，采用不同的泡沫施加方式，由于受到剪切力、真空、毛细效应等作用，对泡沫的气液两相结构、黏度都有很大影响。如造成泡沫在气液两相的流速不相同，在流动时气液两相的流动结构又是多种多样的，相界面的形状及其分布也随着外界作用而实时变化。因而要准确地描述气液两相液体的流动状况是比较困难的。如果简单的把泡沫群看成近似气—液两相的混合体系，在这种混合相的流动系统中泡沫流体可压缩变形，可以视为弹性和黏性的结合体，与剪切力、剪切速度有一定的关系。因此，对泡沫的流变性建立了流变模型 $\tau = f(\gamma)$，考察剪切作用与体系黏度之间的关系，利用公式 $\mu = \tau/\gamma$ 可计算出泡沫黏度值。黏度 μ 的物理意义是产生单位剪切速度所需要的剪切应力；γ 为体系界面张力；τ 为剪切作用物理量。

染整用泡沫具有亚稳态性，亚稳态泡沫是一种假塑型流体，具有与非牛顿流体相似的剪切流变性，即随着剪切应力的增加，表观黏度急剧下降。如图7-2-13所示。

在将泡沫施加于织物上时，受刮刀或轧辊的作用，泡沫黏度下降，此时泡沫更容易向织物内部扩散。泡沫黏度用旋转黏度计测定，用流变仪可测试其黏度和流变性。

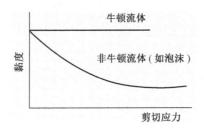

图7-2-13　泡沫流变性

5. 气泡大小

气泡大小首先以保证泡沫为亚稳态泡沫为前提，其次应尽可能的均匀，以保证染色、整理的均匀性；一般来讲，气泡越小泡沫越稳定；越接近多面体结构，也就越稳定。泡沫起着载体的作用，泡沫的大小及液膜厚度直接影响着泡沫承载染化料的量，染整加工用泡沫的平均大小，以直径 8μm 左右为宜。泡沫的粒径用生物显微镜观察测量[12]。

6. 泡沫的均匀性

泡沫的均匀性包括了多方面的均匀性，直径大小的均匀性、染料或助剂分布的均匀性、气泡在体系中分布的均匀性等，只有泡沫均匀性好，才有可能达到纺织品染整效果的均匀性。气泡分布的均匀性通过生物显微镜观察。

四、发泡用助剂

不同的加工方式对泡沫参数的要求不同，如表 7 - 2 - 2 所示。因此，应根据实际加工需要选择合适的发泡助剂。泡沫整理中的发泡助剂包括发泡剂、稳定剂、增稠剂、润湿剂。

表 7 - 2 - 2　不同加工方式对泡沫参数的要求

项目	染色、整理	直接印花
泡沫均匀性	均匀	均匀
发泡比	可变	高
泡沫稳定性	小	大
接触织物泡沫排水	快	快

（一）发泡剂

发泡剂是指在机械作用下为促进泡沫的产生而选用的助剂。理想的发泡剂要求：

①对 pH 不敏感；

②与工作液其他组分相容性好；

③有益于泡沫渗入织物、促进泡沫破裂的润湿性；

④不影响加工织物的性能，对染色牢度影响小；

⑤与织物的整理效果不抵触，如在拒水整理中发泡剂不宜有亲水性。

筛选发泡剂考核的主要性能是其起泡性和稳定性，用 Ross - Miles（罗氏）法测定泡沫性能，如图 7 - 2 - 14 所示。用 30℃ 的 200mL 试样溶液从 900mm 高度砸入 50mL 试样溶液中泡沫高度（h_0）作为评价起泡能力的指标，放置 5min 后的泡沫高度（h_5）作为泡沫稳定性的评价指标[13]。

用作发泡剂的表面活性剂主要是阴离子和非离子表面活性剂，阴离子类型的发泡剂有：十二烷基硫酸酯盐如 NaLS、十六烷基磺酸钠（AS）、十二烷基苯磺酸钠（ABS）、N - 十八烷基磺化琥珀酰胺，其中以 NaLS 和 N - 十八烷基磺化琥珀酰胺发泡力较强，稳定性最好。国

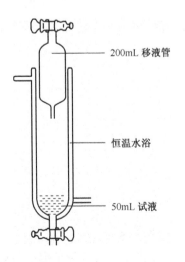

200mL **移液管**

恒温水浴

50mL **试液**

图 7 - 2 - 14　罗氏泡沫仪示意图

外还专门推出一些产品，如 Sancowad RK 是良好的活性染料用发泡剂。NaLS、月桂酸钠、硬脂酰硫酸钾等可以作为印花用发泡剂。用作发泡剂的非离子表面活性剂有：十二醇聚氧乙烯醚、十三醇聚氧乙烯醚、磺化琥珀酸二辛酯等。阴离子和非离子表面活性剂具有协同作用，复配体系选用时要结合功能整理的具体要求。

表 7 - 2 - 3 为几种表面活性剂发泡性能比较[13]，也作为选择发泡剂的参考。

表 7 - 2 - 3　不同发泡剂的泡沫性能比较

发泡剂名称	搅拌法		Ross - Miles 法	
	发泡比	泡沫半衰期	泡沫高度	
		$t_{1/2}$（min）	h_0（mm）	h_5（mm）
十二烷基硫酸钠（NaLS）	4.75	3.68	180	173
十二烷基苯磺酸钠（ABS）	4.63	3.05	168	157
烷基糖苷（APG）	4.60	4.58	162	152
茶皂素	4.40	3.78	145	139
净洗剂 JU	4.56	3.47	158	145
渗透剂 JFC	4.28	3.13	155	25
渗透剂 AT	4.21	3.00	136	30
精炼剂 AJ	4.52	2.95	150	120
平平加 O	4.00	2.70	138	6
乳化剂 TX - 10	4.20	2.60	147	120

注　发泡剂浓度为 5g/L。

（二）稳定剂

稳定剂就是使泡沫在一定时间内保持其初始密度及性质的化学品。具有提高泡沫薄膜的稳定性，减慢排液速度的作用。

1. 泡沫稳定性的测试方法

（1）泡沫初见液时间。首先，在室温下，将100mL待发泡原液置于500mL搪瓷杯中，用电动搅拌器搅拌（带有双层螺旋桨叶），设定转速为2000r/min 左右，搅拌 3min 后，迅速将泡沫倒入已知重量、带有刻度的高脚玻璃量杯中，见图 7 - 2 - 15，使泡沫体积与量杯容积相等，并立即按下秒表开始计时，同时，迅速对盛有泡沫的量杯称重，计算出泡沫含液量的体积（泡沫中空气质量忽略）。观察量杯底部，出现第一滴液体时记为泡沫初见液时间（t_0），泡沫析出总含液量体积的一半所需时间记为泡沫半衰期（$t_{1/2}$）[13]。

（2）近红外扫描仪法。近红外扫描仪法是依据分散体系的光散射原理，不同流体对光线有不同的透射率和反射率。在泡沫体系中，随着时间的推移，泡沫排液或重新组合，引起其对光散射率和透射率的变化。如图 7 - 2 - 16 所示。

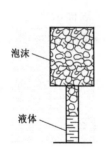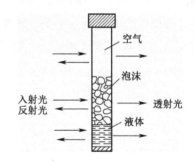

图7-2-15 玻璃泡沫量杯示意图 　　　图7-2-16 近红外扫描仪示意图

（3）光学法。通过直接测量气泡半径随时间的变化关系衡量泡沫的稳定性。如图7-2-17所示。该法可以实时监测泡沫的破裂、衰变的过程，测量数据比较准确。

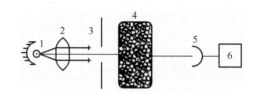

图7-2-17 光学法测量泡沫稳定性原理图[14]

1—光源　2—瞄准仪　3—遮光镜　4—玻璃容器　5—光电倍增管　6—检流器

2. 稳定剂应具备的特性

（1）加强泡沫壁，增进泡沫的稳定性，防止泡沫过早排液；

（2）控制气泡破裂速度，使之在织物中均匀渗透，破泡速度过快则难以均匀铺展；

（3）与工作液中其他助剂相容性好；

（4）不影响加工品的其他性能，稳定剂和发泡剂一样，往往会在织物上残留，影响织物手感和风格，故要选择高效和影响小的助剂。

3. 稳定剂种类

常用的稳定剂有小分子的有机物：脂肪醇、脂肪酸类，如月桂醇、月桂酸钠、十八醇、十八酸等；还有高分子的羟乙基纤维素、聚乙烯醇等，是优良的整理用稳定剂。随着稳定剂用量的增加，发泡原液的黏度提高，泡沫稳定性增加。此外，它属于非离子电荷性，能与多数阴离子、阳离子整理剂相溶。

（三）增稠剂

增稠剂的作用是进一步提高工作液的黏度，提高泡沫稳定性。一般而言，增稠剂和稳定剂都是为了增加泡沫的稳定性，有时难以严格界定。常用的增稠剂有聚丙烯酸、聚乙烯醇、天然胶类、淀粉及其衍生物等。羟乙基纤维素本身可以作增稠剂。

（四）渗透剂

渗透剂的作用是提高泡沫对织物的润湿性。泡沫施加到织物上后，应立即润湿并渗透到纤维内部，有时需要在整理液中加入渗透剂或润湿剂。如渗透剂 T - 磺化琥珀酸二辛酯钠盐、润湿剂 JFC 等都有较好的润湿效果。

第三节　泡沫染整加工设备

工厂采用泡沫染整加工时，可将浸轧设备中的给液轧车更换为泡沫发生与施加系统，即可实现泡沫的染整加工。因此，泡沫发生与施加系统是泡沫染整设备的关键组成部分。其基本组成主要包括：泡沫发生系统、泡沫输送系统和泡沫施加装置[14]。图 7 - 3 - 1 为泡沫整理设备示意图。

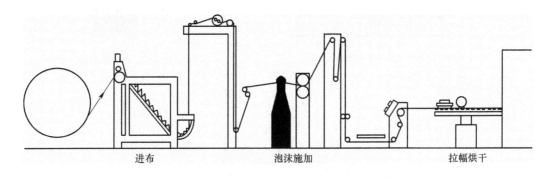

图 7 - 3 - 1　泡沫整理设备示意图

一、泡沫发生器

泡沫发生器的主要功能是制备满足染整加工需要的泡沫。工作原理如图 7 - 3 - 2 所示，储液槽中的工作液由输液泵定量输送给混合头，同时，空气经压力表和流量表控制以适宜的速度供给混合头，在混合头中空气和工作液按一定比例充分混合，形成泡沫。

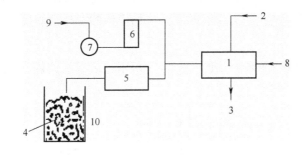

图 7 - 3 - 2　泡沫发生器示意图

1—混合头　2—冷却水进口　3—冷却水出口　4—泡沫　5—输液泵
6—流量表　7—压力表　8—液体入口　9—空气入口　10—储液槽

Autofoam 的动态式双转盘发泡器如图 7 - 3 - 3 所示。当工作液和空气进入混合头后，气、液混合物通过动齿和静齿间曲折的通道，在剪切力的作用下混合，产生泡沫。Autofoam 动态式双转盘发泡器产生的泡沫质量更加均匀[15]。上海太平洋机电集团印染机械分公司生产的泡沫整理机，其混合头如图 7 - 3 - 4 所示，发泡器采用目前流行的动态式泡沫发生器，通过转子与定子的相对转动将液体和气体剪切混合后形成泡沫，具有重现性好、可控性强和发泡倍率范围广等优点[16]。

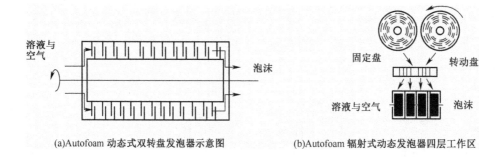

(a)Autofoam 动态式双转盘发泡器示意图　　(b)Autofoam 辐射式动态发泡器四层工作区

图 7 - 3 - 3　发泡器示意图

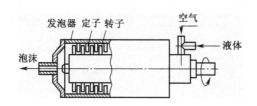

图 7 - 3 - 4　动态泡沫发生器混合头结构示意图

上海誉辉化工的 Neovi - Foam 泡沫发生器采用的转子与定子同时具有咬合拌针，保证了对化学品的稳定剪切。蛇形转子在弹性定子中往复轴向运转，双重气流控制包括精确气体质量流量计和多磁阀控制。这些精密的设计，使 Neovi - Foam 泡沫发生器达到了稳定的气体进出流量控制，适应大跨度变化的工作液的发泡，如发泡的工作液黏度高达 20000cps。精确控制了泡沫大小与均匀性。

其他还有填料式静态发泡器，如图 7 - 3 - 5 所示；多级网式静态发泡器，如图 7 - 3 - 6 所示[10]。

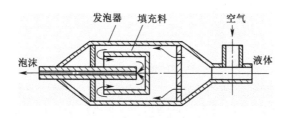

图 7 - 3 - 5　填料式静态发泡器结构示意图

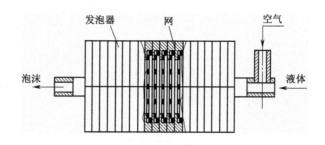

图7-3-6 网式静态发泡器结构示意图

二、泡沫施加系统

泡沫施加系统的作用是将泡沫均匀施加于织物。而泡沫的均匀施加是泡沫染整加工的关键。因此，泡沫染整技术的核心是泡沫施加装置[17]。泡沫施加装置有直接法和间接法。直接法是将泡沫直接铺展在布面上，直接泡沫施加装置有多种形式，适合不同的织物和加工工艺要求。直接施加法包括了刮刀式、网带式、圆网式、狭缝式和轧辊式等[10]。

图7-3-7（b）和图7-3-9泡沫施加装置，不对织物施加压力作用，适用于绒毛织物，如地毯、植绒织物、平绒织物，不会损伤绒毛等；图7-3-7（a）适用于普通织物单面需要施加泡沫的加工；图7-3-8适用于普通织物双面同功能整理。

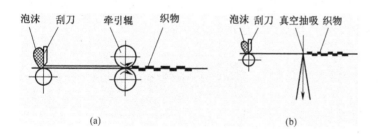

图7-3-7 刮刀式泡沫施加
装置示意图

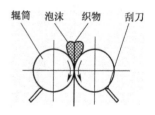

图7-3-8 卧式轧辊泡沫施加
装置示意图

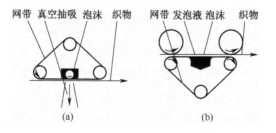

图7-3-9 网带式泡沫施加装置示意图

间接法泡沫施加装置有滚筒式（图7-3-10）和橡毯真空抽吸式（图7-3-11）。

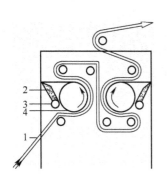 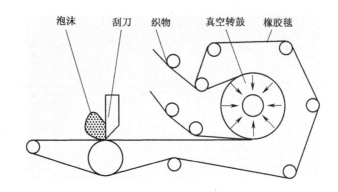

图7-3-10 Küster 滚筒式泡沫施加器示意图   图7-3-11 橡胶真空抽吸式泡沫施加装置示意图
1—织物 2—泡沫 3—调节辊 4—滚筒

间接泡沫施加装置，其优点在于，可以避免泡沫接触织物时加速排液，还可以避免织物运行速度影响给液率问题，若滚筒上施加的泡沫量不变，就能够保证织物均一的给液率。

Autofoam 泡沫施加系统采用了独特的螺纹棒装置[15,18]，如图7-3-12所示。图7-3-12（b）箭头所示方向是织物运动方向，与织物表面紧密接触的是泡沫施加螺纹刮棒，紧挨着刮棒的是待施加的泡沫，泡沫在刮棒的作用下施加于织物表面。这种施加装置的主要特点为泡沫施加均匀、操作简单。刮棒是由机械加工完成的，有很高的加工精度，泡沫整理过程中只要保证织物能紧密地贴附于刮棒，就可保证泡沫施加的均匀性。

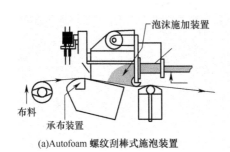 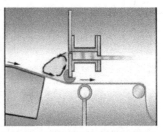

(a)Autofoam 螺纹刮棒式施泡装置   (b)Autofoam 螺纹刮棒式施泡原理图

图7-3-12 Autofoam 螺纹刮棒式施泡装置

Autofoam 标准的泡沫施加装置，使泡沫从主管道到分支管，再到一缓冲槽，经过一条狭缝溢出，并通过 Autofoam 专利螺纹刮棒将泡沫施加到织物上。螺纹刮棒有各种材料和尺寸，有用于地毯加工的大型螺纹刮棒和用于织物加工的小型螺纹刮棒；Autofoam 低张力泡沫施加系统采用低压力气囊使织物与泡沫接触，并以辊筒代替刮棒以降低织物张力，可用于加工非织造布和经编、纬编针织物；Autofoam 高级地毯泡沫施加系统（Autofoam Advanced Carpet Applicator System）能以超低带液率（6%～12%）对地毯绒毛纱进行防污、抗静电和防虫整理[1]。

图7-3-13（a）的施加装置可实现织物单面施加泡沫；（b）对织物两面施加相同的泡

沫；（c）可以获得织物双面具有不同功能的整理[2]。

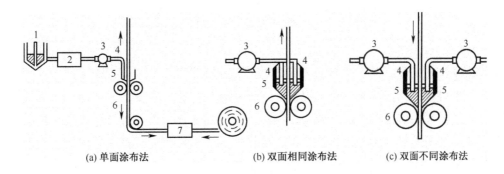

(a) 单面涂布法　　　　　(b) 双面相同涂布法　　　　(c) 双面不同涂布法

图 7 - 3 - 13　几种泡沫施加装置示意图[2]

1—液槽　2—发泡装置　3—泵　4—织物　5—轧辊　6—导辊　7—处理装置

FFT（Foam Finishing Technology，即泡沫染整技术）是美国 Gaston County 和 Union Carbide 公司合作设计制造的泡沫工艺涂布系统。特点在于泡沫的施加是在压力下进行的。这个系统包括供液槽、流量调节装置、泡沫发生器、泡沫施加装置和工艺控制装置。其泡沫施加装置如图 7 - 3 - 14 所示，因为这种泡沫施加装置是在压力作用下将泡沫施加于织物上的，这样能够保证泡沫突破织物的物理阻力，达到满意的渗透效果。

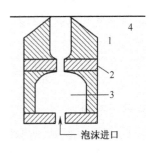

图 7 - 3 - 14　FFT 工艺泡沫施加装置示意图

1—泡沫涂布室　2—泡沫分布板
3—泡沫缓冲室　4—织物

英国 Autofoam 公司的泡沫染整装置有多种配置要求，用于织物整理的 Autofoam 标准泡沫施加系统采用动态泡沫发生器，可产生微小泡沫，气泡直径在 200 ~ 400μm。Auto - foam 自动泡沫控制器 FACT（Autofoam Applicator Control Terminal）控制泡沫生成和调节化学药剂，以获得最佳的泡沫连续性。对产生的泡沫以受控及均匀的方式施加于织物上。

美国 Gaston System 公司的 CFS（Chemical Foam System）泡沫施加系统采用独特的抛物型泡沫施加装置，将受限、加压泡沫进行连续和均匀地分配和施加。CFS 系统已广泛用于织物的多种整理，可进行单面或双面施加，正反两面同时进行不同整理。CFS 系统显著的优点：降低水耗可达 80%；通过化学品的精确配置，降低化学品用量；降低能耗。

德国 Hansa Industrie - Mixer 公司生产的"不规则四边形"不锈钢施泡机，采用泡沫分配管将泡沫分配到分支管进行施加；意大利 Bombi Meccanica srl 公司的连续式泡沫发生系统，具有自动调节和计算机程序控制泡沫密度的特点。该系统采用无活动部件及高精度的全电子流速计计量。泡沫混合头可产生微小、均匀的泡沫。德国 Monforts 纺织机械有限公司的 Monforts Vacu - Foam 泡沫染整机械，产生的泡沫通过一条"Z"字形的软管用刮板涂敷到橡胶带，适用于机织物和针织物的单面和双面整理[1]。

第四节　泡沫整理工艺分析

泡沫染整加工的过程是，在含有一定发泡助剂的染整工作液中，用机械方法打入空气，并通过机械搅拌使工作液与空气充分混合，形成一定发泡比、黏度、大小的泡沫，然后施加于织物上。泡沫瞬时铺展到全部纤维表面，达到一定的深度，再通过挤轧或真空抽吸，使泡沫破裂，溶液渗透至纤维内部，再经烘干、焙烘（或汽蒸）固着、水洗完成加工。施加染化料或整理液的量，可以通过改变泡沫厚度来控制[19,10]。

一、发泡比和产泡量的调节

发泡比与产泡量一般需要通过试验来确定。根据泡沫发生的原理，发泡比和产泡量与供气量、供液量有直接的关系。试验发现，用供液量调节发泡比有一定的范围，因此，应固定供液量，通过调节供气量调节发泡比。供液量对产泡量的影响显著，供液量平均增加1%，产泡量增加2kg/h，因此，调节产泡量需要调节进液量。

二、吸液率控制

一般而言，泡沫整理吸液率不能低于被处理织物的自然吸水率。可参照吸液率制订泡沫的施加量及其他整理工艺参数。吸液率的设计还要考虑染整加工的类型。如树脂整理时，泡沫法的吸液率在26%~28%范围内时，与浸轧法吸液率65%时具有相同的折皱回复性。泡沫法的吸液率在23%以上，拒水效果与浸轧法相当，吸液率在20%以下，拒水效果急剧下降。吸液率与整理类型、发泡原液的浓度、整理织物的增重率均有关系。可见，吸液率的最佳量需要通过试验确定。

三、整理效果均匀性

影响泡沫整理均匀性的因素很多，除了影响常规整理均匀性的因素如烘干、焙烘、汽蒸等之外，还有：

1. 泡沫与泡沫施加均匀性要求

与常规整理方式相比，泡沫的均匀性与泡沫施加的均匀性对织物整理效果的均匀性有更大的影响。如浸轧工艺的吸液量为60%，对于±3%的误差，轧液量的波动范围为57%~63%。而泡沫加工时，若泡沫施加量为30%，同样的精度要求，则吸液量波动范围只允许在±1.5%。因此泡沫的均匀及泡沫施加的均匀性应具有足够的精度。

2. 泡沫破裂与泡沫接触时间[2]

泡沫平衡接触时间ECT（equilibrium comtact time）为在一定的泡沫和一定的织物条件下，织物按一定的给液率吸附泡沫所需的时间。

设备接触时间MCT（Machine Comtact Time）为泡沫与织物的接触时间。

当 ECT≥MCT 时，亚稳态泡沫施加到织物上后立即排液破泡，并润湿渗透织物，若要满足泡沫在被处理织物上的均匀覆盖，则应满足 ECT≥MCT；当 ECT＜MCT 时，会出现泡沫供应不足，被处理织物上泡沫覆盖不匀，产生斑点或呈波浪形不匀。

四、泡沫整理的应用

泡沫染整技术用于织物整理，开发了具有独特风格的产品，节约能源，降低环境污染。在纺织品后整理中，可实施的功能整理包括抗皱整理、防缩整理、拒水拒油整理、亲水整理、抗菌整理、阻燃整理、柔软整理、防异味整理、防沾污、易去污、智能调温 PCMs（相变材料）等各种功能性整理。应用泡沫整理技术还可以把织物加工成双面分别为拒水/阻燃、拒水/吸水、防紫外线/防污的多种功能组合，这是采用浸轧工艺所无法实现的[18]。在非织造布和地毯领域，泡沫技术可实现浸胶、背涂胶的加工。将水性聚氨酯或丙烯酸酯发泡后进行织物的防水透湿整理，不仅可获得理想的功能，其手感较常规涂层织物更具软弹感；聚氨酯或丙烯酸酯发泡后涂于牛仔布表面，不仅有增厚感，还具有皮质的软弹感。泡沫技术除大量用于纺织品的功能整理外，在纺织品其他的加工方面也有很多应用，如用泡沫技术对涤纶织物进行单面上浆处理，以用作数字喷墨印花的预处理，其做法是，将配置好的浆料原液进行发泡，再均匀受控地涂覆于织物的一面，并确保上浆仅限于待印花的织物表面。在染色方面的应用，牛仔布的活性染料和涂料的套染或单独上色已在生产中很好地应用，针织物的上色也已经开始应用。应用 Autofoam 泡沫系统进行活性染料染色，可以更方便地实现一浴一步无盐染色[1]。

五、泡沫整理应用工艺

1. 牛仔布泡沫光亮涂层整理

牛仔布光亮整理常规做法是采用湿涂层，即将聚氨酯（PU）类或丙烯酸酯（PA）类涂层胶，通过刮涂方式施加到织物表面。湿法涂层的缺点是织物表面胶层较厚，有明显的皮层感。泡沫涂层涂覆量明显减少，可获得较薄的胶层，且因涂层胶透明而不会遮盖牛仔布的底色，显示特殊的光亮效果[20]。

多组分复配发泡剂：

月桂基硫酸钠（K12）36	35%
十二烷基苯磺酸钠（LAs）	25%
脂肪醇聚氧乙烯醚（AEO 9）	25%
仲烷基磺酸钠（SAS 60）	15%

泡沫胶液配方：

光亮涂层胶	100 份
发泡剂	1～2 份
黏度调节剂	1 份
增稠剂	0.5 份

防黏剂	1~2 份
发泡比	1:9.36

工艺流程：

底布→刮刀式施加泡沫浆液→烘干→轧光→焙烘（130~150℃）

2. 纯棉针织物的防缩整理

纯棉针织物要达到标准规定的缩水率，一般要经过多次的松式处理过程，不仅浪费了大量的能源，也降低了生产效率。有人采用 Autofoam 泡沫系统进行树脂防缩整理，既达到了防缩的目的，又可使强力降低减小。纯棉针织物防缩整理工艺如下[18]：

工艺处方：

树脂	80~120g/L
催化剂	18~22g/L
起泡剂	15g/L
泡沫稳定剂	1.0~1.5g/L
强力保护剂	1.0~1.5g/L
发泡比	1:(4~6)

工艺流程：

施加泡沫（带液率30%~35%）→烘干（90℃）→焙烘（150~160℃，60~90s）→水洗→烘干

3. 拒水拒油整理

涤纶斜纹梭织物单面拒水拒油整理。整理工艺为[21]：

工艺处方：

氟系拒油拒水剂	20~40g/L
10% SDS 溶液	10~20g/L
羧甲基纤维素钠 CMC	10g/L
羟乙基纤维素钠 HEC	0.5g/L
增稠剂 PTF	5g/L

泡沫密度为0.611g/cm^3，泡沫半衰期为45min。

工艺流程：

配制涂层剂→机械发泡→涂层→预烘（80℃，2 min）→焙烘（160℃，2min）

4. 棉织物防皱整理

棉织物经树脂整理后折皱回复角的提高是以牺牲织物的强力和耐磨性能为代价的。若使用泡沫整理技术，带液量减小，织物烘干时水分蒸发减少，织物毛细管中的整理液泳移量降到10%以下，因而显著提高了整理的均匀性，在达到相同防皱整理效果时，降低了织物的强力损伤，且织物手感得到改善[22]。纯棉斜纹织物超低甲醛抗皱整理举例：

工艺处方：

超低甲醛免烫树脂 NSD	80（g/L）

催化剂 CS – 200	24（g/L）
纤维保护剂 DT – 6500	25（g/L）
柔软剂 DT – 520	35（g/L）
十二烷基甜菜碱	20（g/L）
海藻酸钠	1（g/L）
羧甲基纤维素钠 CMC	0.5（g/L）
发泡比	1∶17.72

工艺流程：

泡沫整理→预烘（100℃，2min）→焙烘（160℃，4min）

与常规浸轧法抗皱整理相比，泡沫抗皱整理在满足较高的折皱回复角的同时，显著地提高了织物断裂强力和撕破强力的保留率[23]。

5. 拒水防污整理

工艺处方（按浴量计）：

羟乙基纤维素	0.2%
二甲基二羟基乙烯脲	30%
非再润湿型表面活性剂	3%
脂肪族耐久性拒水剂	10%
抗污和拒水剂 FC – 208	4%
氯化镁类催化剂	7.5%
水	45.3%
发泡比	1∶10
给液率	24%

树脂整理中，泡沫整理26% ~28%的吸液率与浸轧法65%的吸液率折皱恢复角相当，曲磨好于浸轧法；防水整理23%的吸液率与常规浸轧整理效果相当。

6. 涤纶针织物抗静电整理

工艺处方（按浴量计）：

Valstat 阴离子抗静电剂	1.5%
Acrysol ASE – 60（增稠剂）	3%
油酰硫酸钠乳液（发泡剂）	0.1%
氨水（调节 pH 至 9 ~10）	0.5%
硬脂酸铵（33%溶液）	3%
水	80.9%

发泡比4∶1，刮刀涂覆于针织物上，厚度1.27mm，轧辊压力212kPa（2.12kg/cm²），给液率63%，160℃下2min烘干、焙烘完成。

7. 纯棉织物的抗紫外整理（纯棉平纹织物）

工艺处方：

抗紫外剂 HTUV – 100　　　　　　50（g/L）

交联剂 HTUV – 100　　　　　　50（g/L）

十二烷基硫酸钠　　　　　　　20（g/L）

海藻酸钠　　　　　　　　　　1（g/L）

羟甲基纤维素钠　　　　　　　0.5（g/L）

发泡比　　　　　　　　　　　1:16.15

工艺流程：

Autofoam 发泡机泡沫整理→预烘（100℃，2min）→焙烘（160℃，2min）

经整理后织物的 UPF 为 20.8；TUVA 为 9.9%；TUVB 为 3.5%。具有抗紫外性能[24]。

☞ 思考题

1. 名词解释

①亚稳态泡沫。

②发泡比。

③泡沫破裂半衰期。

④低给液整理技术。

2. 发泡用助剂包括哪些？各助剂作用是什么？

3. 从环保角度阐述泡沫整理技术的低碳生态意义。

4. 在设计泡沫整理工艺时如何考虑给液率？

参考答案：

1. 亚稳态泡沫：介于稳定泡沫与不稳定泡沫之间，在施加于织物之前是稳定的，而施加到织物上后易于排液破裂。

发泡比：一定体积待发泡液体的重量对同体积泡沫重量的比值。

泡沫破裂半衰期：在一定体积的泡沫中，流出其一半重量液体所需的时间。它是表征泡沫稳定性的参数。

低给液整理技术：通常是指施加于织物少量工作液使染整加工过程得以实现的加工技术。

2. 发泡助剂包括发泡剂、稳定剂、增稠剂、润湿剂。发泡剂：在机械作用下为促进泡沫的产生而选用的助剂；稳定剂：提高泡沫薄膜的稳定性，减慢排液速度；增稠剂：提高工作液的黏度，提高泡沫稳定性的化学品。渗透剂：提高泡沫对织物的润湿性

3.（1）降低了水的消耗；

（2）降低了热能的消耗；

（3）废水排放量减少。

4.（1）吸液率的下限不能低于被处理织物的自然吸水性水平以下；

（2）吸液率大小与整理内容有关；

（3）吸液率与整理剂浓度、增重率有关。

参考文献

[1] 叶早萍, 译. 突破耗能桎梏的泡沫整理 [J]. 印染, 2010 (10): 55-56.

[2] 周宏湘. 泡沫染整 [M]. 北京: 纺织工业出版社, 1985.

[3] 李珂, 张健飞. 纺织品泡沫染整加工技术 [J]. 针织工业, 2009 (3): 37-41.

[4] Sarah Spresny, 郭春花. 泡沫技术为纺织品后整理开辟新途径 [J]. 纺织服装周刊, 2006 (44): 13.

[5] H. RÊsch. 染整加工中泡沫的形成与消除 [J]. 国际纺织导报, 2007 (10): 50-52.

[6] 邱静云. 泡沫整理工艺与设备 [J]. 纺织设备, 2003 (3): 17-21.

[7] 李珂. 染整用泡沫体系及其在纺织品加工过程中的渗流行为研究 [D]. 天津: 天津工业大学, 2010.

[8] COX S J, VAZ M F, WEAIRE D. Topological changes in a two-dimensional foam cluster [J]. The European Physical Journal E: Soft Matter and Biological Physics, 2003, 11 (1): 29-35.

[9] C. W. J. BEENAKKER. Evolution of two-dimensional soap-film net-works [J]. Physical Review Letters, 1986, 57 (19): 2454-2457.

[10] 邱静云. 泡沫整理工艺及设备 [J]. 纺织机械, 2003, 8 (30): 17-21.

[11] 顾德忠. 泡沫的形成和特性研究 [J]. 纺织学报, 1985, 6 (6): 52-57.

[12] 陈立秋. 泡沫染整技术的节能 (一) [J]. 染整技术, 2010, 32 (9): 9-55.

[13] 李永庚, 许海育. 泡沫整理发泡原液组成的研究 [J]. 印染, 2008 (18): 23-27.

[14] RUSANOV A I, KROTOV V V, NEKRASOV A G. New methods for studying foams: foaminess and foam stability [J]. Journal of Colloid and Interface Science, 1998, 206 (2): 392-396.

[15] By G. ROBERT TURNER. Foam technology: What's it all about? [J]. Textile Chemist and Colorist, 1981, 13 (2): 28-33.

[16] 潘煜标. Autofoam 泡沫整理系统 [J]. 印染, 2003 年增刊: 60-62.

[17] 陈立秋. 泡沫染整技术的节能 (二) [J]. 染整技术, 2010, 32 (10): 49-53.

[18] 姜灯辉, 李维维, 王邵辉. 低给液泡沫染整加工技术 [J]. 印染, 2009 (4): 38-44.

[19] 董振礼. Autofoam 泡沫系统与针织物染整 [J]. 针织工业, 2009 (05): 42-44.

[20] 王国庆, 朱永军. 泡沫染整与泡沫发生器 [J]. 纺织机械, 2009 (02): 35-37.

[21] 文水平. 牛仔布泡沫整理 [J]. 印染, 2011 (21): 31-34.

[22] 王博, 赵明, 崔永珠. 涤纶织物拒水拒油泡沫涂层工艺研究 [J]. 上海纺织科技, 2011, 39 (3): 29-31.

[23] 刘夺奎, 董振礼, 潘煜标. 纺织品泡沫染整加工 [J]. 印染, 2005 (17): 26-29.

[24] 郑阳, 张健飞. 泡沫抗皱整理 [J]. 印染, 2012 (14): 30-32.

[25] 郑阳, 张健飞. 抗紫外线泡沫整理工艺的优化 [J]. 印染, 2012 (1): 32-34.

第八章　功能整理的研究展望

一、标准与测试方法

随着科学技术的进步，功能纺织品产业发展迅猛，产品种类丰富，但对纺织品功能性评价缺乏统一的技术规范和测试评价标准。各地、各单位检测方法和标准不一致，因此需要加强对功能纺织品测试方法和评价标准的研究与管理。

从目前情况看，功能纺织品性能检测与评价体系总是滞后于生产技术的开发和产品的市场推广。国外一些实力雄厚的厂商、集团公司为规范市场、防止假冒，推出专用标志，作为向消费者提供产品功能性质量的保证。例如：杜邦公司的"Teflon"三防产品、防紫外线"ANTI－UV"标志等。也有通过第三方机构检测合格后，获授专用标志，作为向消费者保证产品质量的凭证。例如，日本纤维制品新功能评议协会（简称JAFET）推出抗菌防臭整理纺织品SEK标志，分为蓝色SEK、橙色SEK和红色SEK三种，分别表示功能性要求不同的抗菌整理纺织品。

国内对纺织品功能性检测和评价制订了一些检测标准和方法，但与国外比，有些功能性尚无有效的检测方法和评价标准。

二、多功能纺织品的开发

多功能复合整理是将两种或多种功能复合于一种纺织品的加工技术，如棉及其混纺织物的防皱免烫/酶洗复合整理、防紫外线/抗菌整理、阻燃/免烫整理等；真丝织物的抗皱/抗紫外线/防泛黄整理等；化纤织物的吸湿排汗/防水防污整理、防紫外线/负离子整理/阻燃整理等。多功能纺织品可以通过以下方式获得：

①功能纤维结合纺纱织造技术，例如采用吸湿排汗特细涤纶，通过低特高密织造，或织入一定比例的导电纤维，能获得吸湿排汗/防辐射功能织物或吸湿排汗/防水防风功能织物；

②功能纤维结合后整理技术，在采用功能纤维为纺织原料时，必须注意避免织物在印染加工中功能纤维的功能性受损和流失问题，针对不同的功能纤维特性，为防止纤维功能性流失，应优选不同的染整加工路线和加工工艺条件，保留原有的功能性，再经后整理功能助剂加工，获得理想的多功能纺织品；

③不同的功能整理剂采用一浴一步法或两浴两步法或涂层法获得纺织品多功能性，如采用含氟化合物可以获得防水防油/防污抗皱性纺织品，采用超细氧化锌通过轧烘焙法或涂层法整理，可获得较好的抗紫外线性能和杀菌除臭功能等。

多功能复合整理可以满足人们追求纺织品具有"生态、时尚、舒适、健康和功能"于一体的需要，使服装面料成为可穿型化妆品和可穿型医疗品，成为人体的"第二层皮肤"。

三、生态安全性与环保性

大多数功能纺织品是通过施加整理剂获得功能性，在功能整理加工过程中，用到各种化学品及整理剂，在获得各种功能性的同时，残留在纺织品上的物质很可能对人体健康造成危害，如部分抗菌杀虫整理剂、阻燃整理剂的毒性问题；而在加工过程中排污和加工的废弃物会破坏生态环境。这些问题制约了功能纺织品的生产和推广应用，开发不含有毒有害助剂的环保型整理剂，以及开发环保型节水节能整理加工技术和设备也是纺织品功能整理需要考虑的问题。

四、高新技术及学科交叉

功能性纺织品主要依赖助剂后整理加工，不能做到多学科交叉研发，因此，产品技术含量少、档次低，缺乏技术创新和价值创新。将等离子体技术、微胶囊技术、纳米技术、微波加热技术、激光刻蚀技术等高新技术与纺织品功能整理相结合，不仅能获得高附加值、高技术含量的功能性纺织品，而且可以提高生产效率、节能减排、降低环境污染。

功能纺织品开发应从纤维原料、纺纱织造、印染、服装全方位考虑，提高功能纺织品的技术含量及产品功能的耐久性，使功能纺织品的功能性、时尚性和舒适性有机结合。

附录

实验一　阻燃整理及阻燃效果评价

纺织纤维燃烧时，首先是纤维高聚物在热源作用下分解出可燃性气体，这些可燃性气体浓度达到一定程度后，与周围空气混合着火燃烧，放出的热量返回到聚合物上继续使其加热，促使纤维分解。如果能终止任何一个环节，即能起到阻燃作用。

织物阻燃整理是采用适当的方式将阻燃剂施加到织物上，有些阻燃剂在较高温度下分解，使织物的表面形成覆盖层或生成不燃烧的气体，隔断纤维与空气中氧的接触，从而达到阻燃的目的；有些阻燃剂在较高温度下发生熔融或升华，使燃烧产生的热量迅速扩散，织物达不到燃烧温度，从而起到阻燃作用；有些阻燃整理剂改变纤维的热裂解过程，使纤维大分子在断裂前迅速大量脱水，大大降低可燃性气体和可挥发性液体的量，抑制有焰燃烧达到阻燃目的。

通过本实验了解织物阻燃整理机理，掌握常用阻燃整理工艺及阻燃效果的测试评价方法——垂直燃烧法和极限氧指数法。

一、实验材料、药品及仪器设备

1. 实验材料

纯棉漂白布、阻燃整理剂。

2. 仪器设备

均匀轧车、热定形机、烧杯、量筒、玻璃棒、搪瓷盘。

二、阻燃整理工艺

1. 实验处方

阻燃整理剂　　　　　　x

2. 工艺流程

浸轧（轧液率为80%）→烘干（80℃，3min）→焙烘（160℃，4min）→水洗→烘干

3. 实验步骤

按实验处方配制整理液，搅拌均匀后倒入搪瓷盘，将纯棉漂白织物浸入整理液中，浸渍2min左右，在均匀轧车上二浸二轧，轧液率为80%，浸轧后立即在热定形机上80℃烘3min，

然后将热定形机升温至160℃，焙烘4min，整理后织物做阻燃效果测定。

三、阻燃性能测试

1. 垂直燃烧法（按照 GB/T 5455—1997 标准测试）

试样为 300mm×80mm，经纬向各5块，测试条件：10~30℃，相对湿度为30%~80%。

将试样放入试样夹，试样下端与框夹下端对齐，打开燃烧箱门将试样夹垂直挂于箱体中央，关闭箱门，接通气源，通气灯亮，按下"点火"按钮，点燃燃烧器，待火焰稳定30s后，按下"启动"按钮，燃烧器移到试样悬挂位置，点燃试样，12s后燃烧器停止供气并复位，计时开始，用秒表测定续燃时间（以s计），测定结束，关电源停机。打开燃烧箱门，取出试样夹，卸下试样，根据织物的重量选定重锤，测量损毁长度。

表1 织物重量与选用重锤重量的关系

织物重量（g/m²）	重锤重量（g）	织物重量（g/m²）	重锤重量（g）
101 以下	54.5	338~650	340.2
101~207	113.4	650 以上	453.6
207~338	226.8	—	—

损毁长度测量：在试样烧焦区的一端，距侧边和下边各6.4mm处剪一小洞，在该小洞处悬挂一重锤，然后将试样平放于桌面上，抓住烧焦区未挂重锤的一端，缓缓提起试样和重锤，并离开桌面，使试样在自然状态下从损毁处裂开（为提高测量准确度，防止撕裂方向改变，应在炭化中心处先剪一段距离），裂缝逐步增大，直到不开裂为止。测量撕裂顶端到末端的距离（以cm表示），即为损毁长度。

2. 极限氧指数（按照 GB/T 5454—1997 标准测定）

试样 150mm×58mm，经纬向各5块，测试条件：10~30℃，相对湿度30%~80%。

将试样装在U形试样夹中间并加以固定，然后垂直安插在燃烧玻璃筒内的试样支座上。打开电源开关，按照操作界面提示执行。

实验结束后，计算机自动计算出试样的极限氧指数值，分别测定阻燃前后各5块试样的极限氧指数值，取平均值。

实验二 拒水拒油整理及效果评价

拒水拒油整理是在亲水性纤维织物表面引入临界表面张力小于水（$72×10^{-5}$ N/cm，25℃）或油的拒水拒油整理剂，如有机硅类、有机氟类整理剂等，使织物表面润湿角增大，不易被水或油润湿，但织物表面有孔隙，空气和水蒸气能顺利通过。

拒水拒油整理一般采用轧、烘、焙工艺，通过本实验掌握亲水性织物的拒水拒油整理工艺，了解不同拒水拒油整理剂的整理效果，掌握测试评价拒水拒油整理效果的方法。

一、实验材料、药品和仪器

1. 实验材料

纯棉漂白织物。

2. 药品

拒水拒油整理剂 FG – 910，交联剂 FBA、催化剂 $MgCl_2$。

3. 仪器设备

均匀轧车、热定形机、烧杯、量筒、玻璃棒、搪瓷盘等。

二、拒水整理工艺

1. 实验处方

拒水拒油整理剂 FG – 910	20g/L
交联剂 FBA	15g/L
催化剂 $MgCl_2$	8g/L

2. 工艺流程

浸轧（二浸二轧，轧液率80%）→烘干（80℃，3min）→焙烘（160℃，1min）

3. 实验步骤

按实验处方分别用蒸馏水配制整理液，搅拌均匀后倒入搪瓷盘，将纯棉漂白织物放入整理液中，待织物完全润湿后，浸渍2min，在均匀轧车上二浸二轧，轧液率为80%，浸轧后在热定形机上80℃烘3min，然后将定形机升温至160℃，焙烘1min，整理后的织物做拒水效果测定。

三、拒水拒油整理效果的测定

1. 织物防雨性能测试（GB/T 14577—1993）

准备四块试样（14cm×14cm），测试水温（20±2）℃。将试样固定在试样夹上，放到防雨性能测试仪中，将100mL/min流速的水喷淋到试样表面，喷淋时间10min，喷淋完毕，放置1min，然后观察织物表面润湿或带水珠情况，目测评级。分别测试四块试样，最终结果为四块试样测定结果的平均值。评价标准为：

5级——小水珠快速滴下；

4级——形成大水珠；

3级——部分试样沾上水珠；

2级——部分润湿；

1级——整个表面润湿。

2. 织物拒水性能测试（GB/T 4744—1997）

准备直径为165mm的试样5块，测试水温（20±2）℃或（27±2）℃（温度可选，应在报告中注明测试温度）。调节织物静水压测试仪升压速度，将试样放到测试头上，使试样与水面接触，放上压头，转动压紧螺杆压紧试样，将"升压"开关拨向"升压"，启动升压泵，加压开始。由于试样的变形会导致升压速度变慢，此时可微微转动"升压调节阀"使升压速度达到合适的数值（20kPa 以下为 1kPa/min，20kPa 以上为 10kPa/min），观察试样表面渗水情况，当试样表面出现第三处水珠时立即记下显示的压力数值（压力单位为 50Pa），测试 5 块试样的静水压，求平均值。

$$静水压 = 显示压力数值 \times 50Pa$$

测试完毕，关闭加压阀，打开"卸压"阀，当压力显示为 0 时，关闭"卸压"阀。

3. 织物拒油性能测试（AATCC－118 拒油测试标准）

首先用最低号的实验液体，以 0.05mL 液体小心滴于织物上，如果在 30s 内无渗透和润湿现象发生，则紧接着用较高编号的实验液体滴于织物上，实验连续进行，直至实验液体在 30s 内润湿液滴下方和周围的织物为止。织物的拒油等级以 30s 内不能润湿织物的最高编号的实验液体表示。

表2　拒油测试液体

拒油等级	标准测试液体体系	表面张力（dgn/cm）
1	白矿油	31.2
2	白矿油：正十六烷 = 65：35	28.7
3	正十六烷	27.1
4	正十四烷	26.1
5	正十二烷	25.1
6	正癸烷	23.1
7	正辛烷	21.3
8	正庚烷	19.8

实验三　防水透湿涂层整理及效果评价

涂层整理是在纺织品表面（单面或双面）均匀涂布成膜高分子化合物，使纺织品具有不同功能的表面加工方法。涂层整理可以改变纺织品的外观和风格，也可以赋予纺织品功能性，使纺织品具有拒水、耐水压、透湿、透气、防污、反射和阻燃等效果。对服用纺织品的涂层整理，以提高防水性为主要目的，同时，为适应穿着舒适性的要求，还必须具有透气性和透湿性。

选用聚硅氧烷涂层剂和聚氨酯涂层剂涂布于织物上，高温条件下在织物表面形成一层微细多孔性高分子化合物薄膜，使整理后的纺织品具有防水透湿效果。防水性取决于涂层连续膜厚和聚硅氧烷的拒水作用。而透湿、透气性能则依赖于聚硅氧烷良好的透气性和聚氨酯分子中亲水基团的作用。

一、实验材料、仪器设备和药品

1. 实验材料

涤棉混纺织物。

2. 实验设备

涂层机、YG（B）461D 型数字式织物透气量仪、烘箱、小型焙烘定形机、电子天平、量筒、烧杯等。

3. 实验药品

PU 水乳性涂层剂、有机硅涂层剂。

二、实验方法

1. 工艺处方

PU 水乳性涂层剂	500g/L
有机硅涂层剂	500g/L

2．工艺流程

织物→刮刀涂布→预烘（80~90℃，5min）→焙烘（150℃，2~3min）

3. 实验步骤

分别称取 PU 水乳性涂层剂和有机硅涂层剂各 100g，配制 200mL 整理液，搅拌均匀后备用。

将织物绷在涂层机针框上，刮涂整理液，然后预烘和焙烘，试样留作测试。

三、性能测试

1. 防水性能测试

耐静水压测试方法见实验二测试方法 2。

2. 透湿性测试

吸湿法（GB/T 12704.1—2009 纺织品　织物透湿性试验方法　第 1 部分：吸湿法）。

蒸发法（GB/T 12704.2—2009 纺织品　织物透湿性试验方法　第 2 部分：蒸发法）。

3. 透气性测试（GB/T 5453—1997 纺织品 织物透气性的测定）

透气性指织物在两面存在压差情况下，透通空气的性能。在规定的压差条件下，测定一定时间内垂直通过试样给定面积的气流流量，计算出透气率。

取面积为 20cm² 的试样 5 块，将试样定值圈安装在仪器上，试样放在定值圈上，向左扳动压紧手柄，将试样压紧。测试点应避开布边及折皱处，夹样时采用足够的张力使试样平整又不变形，为防止漏气，在试样的低压一侧应垫上垫圈；喷嘴安装在气流量筒内，接通仪器电源，进行参数设定；按下"工作"键，仪器启动，开始实验，至达到设定压差时，仪器自动停止，透气量/压差显示屏自动显示出透气率（mm/s）。在同样条件下，对每种织物（不同部位）测 5 次，取平均值。

实验四　羊毛织物蛋白酶防毡缩整理

酶是一种生物催化剂，具有作用条件温和、催化效率高、专一性强、无污染等特点，羊毛织物用蛋白酶防毡缩处理，一方面能消除传统氯化处理有机卤素（AOX）污染环境，另一方面蛋白酶作用条件温和，可降低对羊毛的损伤，可生物降解，减少对环境的污染。

羊毛表面鳞片中胱氨酸含量较高，蛋白酶可高效催化胱氨酸肽键的水解，即蛋白酶与羊毛鳞片层中的胱氨酸作用，把部分二硫键转变为硫氨酸，局部鳞片层受到破坏，从而降低羊毛织物的毡缩性能。

一、实验材料、仪器设备及药品

1. 实验材料

纯羊毛针织物或精纺机织物。

2. 实验仪器设备

织物缩水率试验机、电热鼓风干燥箱、分析天平。

3. 药品

蛋白酶、35%双氧水、平平加、焦磷酸钠、Na_2CO_3。

二、实验方法

蛋白酶是相对分子质量很高的蛋白质，渗透性差，只能作用于羊毛纤维表面，而羊毛鳞片层中含硫量高，结构坚硬，水中难以膨化。为提高蛋白酶的作用效果，先用氧化剂预处理羊毛织物，使鳞片层中部分二硫键断裂，使蛋白酶充分与鳞片层中含硫氨基酸大分子接触起到催化作用。

1. 预处理条件

H_2O_2（35%）	5g/L
平平加 O	1g/L
焦磷酸钠	3g/L
pH	7 ~ 8
温度	50℃
时间	40min

2. 蛋白酶处理

工艺处方：

蛋白酶	5%（owf）
平平加 O	2g/L
pH	8

浴比   25∶1

工艺流程：

织物→浸渍酶液（50℃，60min）→酶失活（NaCO₃ 5g/L，80℃，10min）→水洗→烘干

三、性能测试

1. 减量率

将未处理的羊毛织物在标准条件下放置24h，称重为W_m，由标准回潮率γ计算干重W_0：

$$W_0 = \frac{W_m}{1 + \gamma}$$

将处理后的羊毛织物在清水中漂洗干净，然后放入烘箱中（105±3）℃烘至恒重，称重为W_1。

羊毛织物减重率由下式计算：

$$减重率 = \frac{W_0 - W_1}{W_0} \times 100\%$$

2. 毡缩率

测试标准参照"AATCC 99—1993 羊毛机织物或针织物的尺寸变化：松弛、定形和毡缩""GB/T 8628—2001""GB/T 8629—2001"。试验中先把布样放在标准大气条件下平衡4h以上，再摊平后在织物试样上用涤纶线缝制标记。洗涤条件：洗衣粉0.5g/L，40℃，浴比1∶40，在织物缩水率试验机中以delicate cycle程序洗涤，洗涤完毕脱水烘干，并在标准准大气中平衡4h，计算面积收缩率。

$$面积收缩率 = \frac{1 - 洗后织物面积}{洗前织物面积} \times 100\%$$

实验五　泡沫树脂整理

泡沫整理是将气体通入含有表面活性剂的工作液中，通过泡沫发生器混合剪切后生成众多均匀而微小气泡组成的体积庞大的泡沫，然后以泡沫的形式被施加到织物上，使织物的带液率由传统的60%～90%降低为15%～30%，从而可节约烘燥能耗的一种纺织品整理方法。泡沫整理技术已被应用于各种织物的后整理加工中，如泡沫树脂整理、泡沫柔软整理、泡沫阻燃整理、泡沫防紫外线整理、泡沫上浆增白整理以及泡沫多功能整理等。

树脂整理是纯棉和涤/棉织物传统防皱整理方法，织物经树脂整理后，能达到满意的折皱回复角，但要以牺牲织物的强力和耐磨性能为代价，树脂整理时整理剂施加不均匀是织物强力损失的主要原因之一，而产生不均匀施加的主要原因是织物在烘干过程中整理剂发生泳移，使用浸轧—预烘—焙烘的加工方式时，纯棉织物上会有30%左右工作液发生泳移，使用泡沫整理方式可大大降低泳移量或消除泳移现象，改善织物上树脂分布不均匀性，从而提高织物的强力。随织物上带液量减小，烘干时水分蒸发减少，织物毛细管中的整理液也不会随着表

面液体减少产生的液差而泳移到织物表面，从而减少了烘燥过程中的泳移量。另外，泡沫整理工艺比常规浸轧法节省树脂及助剂用量约10%左右，而且可改善手感。

一、实验材料、仪器设备及药品

1. 实验材料

纯棉卡其布。

2. 仪器设备

Autofoam 泡沫实验机、YGB 541D – Ⅱ型织物折皱回复角测试仪、YG 065 型织物强力机、DK – 5E 型针板焙烘机。

3. 药品

树脂 NSD、硅油 AM – 208、催化剂 CS – 200、海藻酸钠、十二烷基甜菜碱。

二、实验方法

1. 工艺处方

树脂 NSD	100g/L
催化剂 CS – 200	25g/L
十二烷基甜菜碱	20g/L
海藻酸钠	1g/L
硅油 AM – 208	8g/L

2. 工艺流程

配液→发泡→泡沫施加→预烘（80℃，5min）→焙烘（160℃，3min）

三、性能测试

1. 折皱回复角

参照标准 GB/T 3819—1997《纺织品　织物折痕恢复性的测定　回复角法》测定，整理前后织物经纬向各取五块试样，测定折皱回复角，取平均值。

2. 拉伸断裂性能测试

参照标准 GB/T 3923.1—1997《纺织品 织物拉伸性能 第1部分：断裂强力和断裂伸长率的测定 条样法》测定。整理前后经纬向各取3块试样，在多功能织物强力机上测定断裂强度和断裂伸长率，取平均值。